天津大学创新人才培养精品教材

制冷与热泵技术

Refrigeration and Heat Pump Technology

主　编　杨　昭
副主编　马一太
参　编　王飞波　李敏霞　王　派

中国电力出版社
CHINA ELECTRIC POWER PRESS

内 容 提 要

本书是作者长期从事制冷、空调与热泵相关的教学和科学研究工作，结合近年来国内外制冷与热泵新技术的发展而编写的教材和技术参考书。

全书共分9章。第1章绪论，介绍了国内外制冷与热泵技术的发展史；第2章制冷与热泵原理，重点分析了各种蒸气压缩式制冷循环过程及其改进的热力学原理热力学基本原理；第3章制冷剂、载冷剂与润滑油，重点给出了各种制冷剂的性质、特点及环境特性；第4章～第6章分别介绍各种压缩机，换热器及节流机构和辅助设备；第7章介绍吸收式和吸附式制冷与热泵系统；第8章制冷与热泵系统及应用，较全面列举了制冷与热泵的分类及主要性能；第9章制冷与热泵的围护结构，简要介绍了建筑物采暖、通风及空气调节和冷库设计等相关技术。

本书首先是为我国高等工科院校热能与动力专业或类似专业的专业课或制冷学科专业基础课的教学用书或教学参考书，也可供制冷、空调与热泵产品设计、生产及服务的技术人员和从事能源和节能工作的科技人员参考。

图书在版编目（CIP）数据

制冷与热泵技术/杨昭主编 . —北京：中国电力出版社，2020.7（2024.3重印）
ISBN 978 - 7 - 5198 - 3776 - 1

Ⅰ. ①制… Ⅱ. ①杨… Ⅲ. ①制冷技术－高等学校－教材②热泵－高等学校－教材 Ⅳ. ①TB66②TH3

中国版本图书馆 CIP 数据核字（2019）第 221454 号

出版发行：中国电力出版社
地　　址：北京市东城区北京站西街 19 号（邮政编码 100005）
网　　址：http://www.cepp.sgcc.com.cn
责任编辑：未翠霞（010 - 63412611）
责任校对：黄　蓓　朱丽芳
装帧设计：张俊霞
责任印制：杨晓东

印　　刷：三河市航远印刷有限公司
版　　次：2020 年 7 月第一版
印　　次：2024 年 3 月北京第三次印刷
开　　本：787 毫米×1092 毫米　16 开本
印　　张：14.5
字　　数：356 千字
定　　价：48.00 元

序

近年来，随着我国经济高速发展和人民生活水平的不断提高，制冷空调与热泵已经成为人们的普遍需求。家用空调与电冰箱、冷冻冷藏、中央空调已经走进了人们的日常生活。与此同时，我国的制冷空调制造业也得到了高速发展，已经开始从制冷制造大国向创新强国迈进。

随着节能减排、治理雾霾规定的发布，热泵供热已经从夏热冬冷地区走向了北方寒冷地区，已经成为北方清洁供热的重要途径，规模将日益扩大，可以预见空调热泵产业将进一步得到发展。

制冷空调行业是耗能大户，制冷剂引发的环境问题受到全球广泛关注。目前，国内的相关教材，其中有的偏重暖通（或称建筑环境）专业，有的偏重制冷专业，且大多是把制冷和热泵分开对待，鲜有教材对热泵的基本原理和相关技术进行详细的分析介绍。同时，制冷与热泵基本原理相同，主要是输出功能不同，往往一般教材中侧重制冷原理的讲授，忽略了热泵供热的特殊性和复杂性。

该书调研了国内外关于制冷与热泵技术的最新进展，紧跟制冷技术进步的进程，对行业内的前沿技术进行讲解，例如：低环境温度空气源热泵及三转子双级压缩，EVA 压缩机，直流永磁变频压缩机和磁悬浮离心式压缩机，CO_2 制冷与热泵系统等。全书也概括了作者近三十年的教学与科研工作的成果，更加贴近技术前沿。同时，教材强调了今后自然工质的重要性，有关内容在各个章节中都有所体现。

该书特别着重把制冷与热泵进行理论上的统一，对制冷与热泵的制冷剂和各个部件也是合并介绍。这样可以提高学生知识的适应性和广泛性。该书秉承了循环原理、制冷剂、重要部件、制冷与热泵产品及其维护结构的编写结构，是一部理论与实际密切结合的教材。

在制冷与空调应用方面，针对建筑物供暖与空调、冷库等系统，作者力图用相似的原理，将不同冷热对象的冷热源与围护结构的热平衡计算，进行系统的用能效率分析，以使学生能举一反三，加强知识的互相融通。

此书首先可作为科研单位、高等院校相关专业的科研和教学参考书，也可作为我国制冷、空调与热泵研究设计单位从事设计、生产的技术人员的专业用书。衷心感谢天津大学杨昭教授、马一太教授及其团队给制冷空调和热泵行业提供了新的知识食粮。

2020 年 6 月

前　言

　　随着我国国民经济的快速发展和人民生活水平的迅速提高，制冷、空调与热泵产品在工业、商业、民用等范围的应用越来越多，中国已经是制冷空调工业的制造大国和使用大国，无论是设备装机容量，还是制造或使用的品种，中国已经位居世界前列。制冷空调和热泵技术提高了人们的生活质量，需要越来越多的人员从事这个行业，尤其是新技术和新产品的研发，从而进一步提高产品的能源效率。另外，各种制冷剂泄漏引起的臭氧层破坏和温室效应等环境问题也越来越严重。本书重点介绍应用二氧化碳、氨等自然和环保工质制冷系统及节能先进技术。

　　作者及其团队从 20 世纪八九十年代就在我国热泵节能技术的创始人和开拓者吕灿仁教授的指导和带领下，开展制冷及热泵循环的前沿研究和本科生及研究生教学工作。21 世纪以来我国制冷与热泵产业快速发展，大量创新技术不断涌现，作者多年来收集了大量国内外研究发展信息，将这些研究成果和最新资料加以总结并编写了本教材，希望有助于制冷与热泵人才的培养，并告慰吕灿仁教授在天之灵。

　　在本书的编写过程中，杨昭负责第 1 章至第 3 章和第 8 章（部分）内容的编写，马一太负责第 4 章至第 9 章的编写。王飞波进行各章文字校对和修改，王派、李敏霞负责资料收集与各章节文字、图表整理工作。上海交通大学王如竹教授对书稿进行了审阅，并提出了宝贵的修改意见，在此谨致谢意。

　　本教材是热能与动力工程专业或相近专业中继工程热力学、传热学、流体力学等课程之后的专业基础课，课程设置 48 学时为宜；可以作为本科生的专业课教科书，学过本书之后再通过一些专业实践和课程设计，基本可以在毕业后从事制冷、空调和热泵方面的技术工作。本书的内容较为宽泛，有些内容可以作为课堂以外的扩展内容，留作学生自学参考。由于二氧化碳、氨等自然工质本身具有环境友好特性，本书对这些自然工质的应用给予了特别的关注。

　　本书的出版得到了天津大学研究生创新人才培养项目（项目编号 YCX19046）的资助；本书在撰写过程中，得到了国内外同行以及各制冷空调与热泵主机和部件生产企业的大力支持；另外，詹浩淼、张启超对本书的编写提供了帮助；在此一并表示感谢。

　　由于作者能力所限，书中的内容难免有不足之处，希望广大读者能给予批评指正。

作者

2020 年 6 月

目　　录

第1章 绪 论

1.1 制冷、空调和热泵的基本概念和定义

使自然界中某物体或某空间达到低于周围环境的温度，并使其维持这个温度所采用的技术，称为制冷。

从环境介质中吸取热量，并将其转移给高于环境温度的加热对象的技术，称为热泵制热。

空调是空气调节的简称，指对人们生活、学习、工作或娱乐等区域空气的温度、湿度、风速和空气质量等参数进行调节和控制。

根据热力学第二定律，热量只能自发地从高温物体传给低温物体，因此实现制冷或热泵制热必须有消耗高品位能量的补偿过程，如消耗电能、高温热能、机械能等。制冷与热泵原理图如图 1.1-1 所示，表示了制冷或热泵系统的温度能量关系，其中 T_0 为环境温度。

蒸气压缩式制冷与热泵循环所需要的工作介质，称为制冷剂或工质。目前主要用的有氨、CO_2 和氟利昂类，后者是烃类的卤素衍生物。在制冷与热泵行业，规定用 R＋编号表示某种制冷剂，如 R22 和 R134a 等。这个 R 也可以更具体地用 HC 表示碳氢类，CFC 表示氯氟碳类，用 HCFC 表示氢氯氟碳类，如 HCFC22，用 HFC 表示氢氟碳类，如 HFC134a 等。

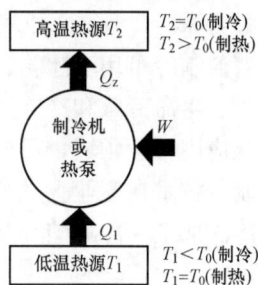

图 1.1-1 制冷与热泵原理图

由于碳氢化合物含氯和溴的衍生物排放到大气中后会破坏臭氧层，含氟的衍生物通常有较强的温室效应。为保护地球的环境，对臭氧层破坏严重的衍生物已经被淘汰，比较轻微的正在被淘汰，温室效应强的衍生物未来将被淘汰。虽然已经出现了烯烃即丙烯和丁烯的衍生物制冷剂，其在大气中的寿命很短而有很低的温室效应，但生产复杂价格较高或分解产物尚不确定，今后主要应用的制冷与热泵工质是氨、碳氢化合物、CO_2 和 R32 等自然工质或其他环境友好工质。

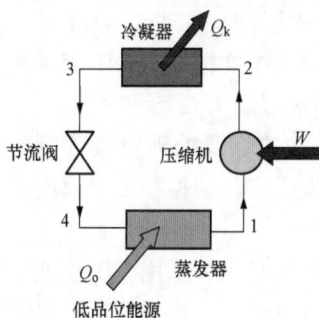

图 1.1-2 蒸气压缩式制冷与热泵循环原理

制冷与热泵都属于热力学逆循环装置，在蒸气压缩式制冷与热泵循环中，最基本的构件是压缩机、冷凝器、节流阀和蒸发器，行业内称为"四大件"，如图 1.1-2 所示。对于完成循环的四个过程，这四大件是缺一不可的，其中压缩机是循环的"心脏"，其功能是把制冷剂从低压升为高压；冷凝器的功能是对外部放热；节流阀则是将高压液态制冷剂变为低压汽液两相状态；在蒸发器中处于液状的制冷剂沸腾时

吸收外部热量并全部变为气态后进入压缩机,从而完成一个循环过程。制冷和热泵装置还有些必要的辅助零部件,如干燥过滤器、润滑油系统和油泵、油分离器和汽液分离器等,另外,对于任何一个制冷、热泵装置,为了能安全运行,仪表和控制系统也是必需的。

1.2 制冷、空调与热泵的分类与应用

1.2.1 制冷空调的分类与应用

实现制冷有两种方式:天然冷源和人工制冷。天然冷源是用深井水或天然冰冷却物体,这样得到的制冷温度受到冷源的限制;人工制冷分别有液体汽化制冷(主要包括压缩式制冷、吸收式制冷、喷射式制冷)、吸附式制冷、气体膨胀制冷、热电制冷、半导体制冷、磁制冷等,不同制冷方法适用于获取不同的温度。人工制冷方式的种类繁多,形式各异。蒸气压缩式和吸收式制冷是目前普遍采用的制冷方式。

制冷按照制取低温的温度来区分,120K($-153.15℃$)以上的制冷为普通制冷,或简称为普冷,1~120K(-272.15~$-153.15℃$)以下为低温制冷(Cryogenic refrigeration),或简称为深冷,1K($-272.15℃$)以下的制冷称为超低温制冷。

普通制冷可用于冰箱、冷库、空调机等,低温制冷和超低温制冷用于气体液化、超导、超流动、生命冷藏和冷冻医疗等。

从应用行业领域,可分为商业制冷、民用制冷和工业制冷。

制冷技术在商业上的应用主要是对易腐食品(如鱼、肉、蛋、蔬菜、水果等)进行冷却、冷冻加工、冷藏储存及冷藏运输,所采用的制冷装置有冰箱、冷柜、制冰机、低温制冷机组等。

空调即空气调节在公共与民用建筑和工业的应用也越来越广。空气调节分为舒适空调和工艺空调。舒适空调是用来满足人们舒适需要的室内空气参数,而工艺空调是为满足生产中工艺过程或设备需要的室内或工艺过程空气参数。舒适空调主要的处理参数包括温度、湿度、风速、空气质量。其控制标准表达方式为空调基数。例如,普通办公室的舒适性标准为:温度18~22℃,风速小于等于 $0.2m/s$,新风量 $30m^3/(h\cdot人)$。五星级宾馆客房标准为:温度23~25℃,相对湿度50%~60%,风速 $0.25m/s$,新风量 $100m^3/h$,含尘量<$0.15mg/m^3$,噪声<30dB。工艺空调主要的处理参数包括温度、湿度、洁净度、风速、压力。其控制标准表达方式为空调基数+允许波动范围。例如,精密仪器制造车间要求为,温度(20 ± 0.1)℃,相对湿度(50 ± 5)%;超大规模集成电路生产车间要求洁净度标准为 M1 级(直径为 0.1mm 的尘粒个数<350 粒/m^3);合成纤维生产车间要求相对湿度为(55 ± 2)%。

工业生产过程中,制冷应用也很广泛。如机械制造中,对钢的低温处理以改善钢的性能;化学工业中,气体的液化,某些化学反应过程的冷却、吸收反应热和控制反应速度等过程,都需要应用制冷技术。

建筑工业中,在挖掘矿井、隧道,或在泥沼、地下砂水处掘进时,可采用冻土法使工作面不坍塌,保证施工安全。建设水电大坝,为避免混凝土凝固放热而产生热应力,在水泥砂浆中混拌碎冰,精确地中和水泥凝固反应的放热。

在农业方面,对农作物种子进行低温处理,人工配种时牲畜良种精液的低温保存,模拟阳光的日光型植物生长箱育秧等均需要制冷或空调技术。

在现代医学方面，利用低温技术保存如疫苗、菌种、病毒、血液等生物活性制品，以及用于医学移植的皮层、角膜、器官、骨骼、心瓣膜等组织；用低温真空干燥技术制作各种动植物标本。

另外在航空航天、核能利用、物质原子结构探索、量子通信工程等科学研究中，都离不开制冷及低温技术。

1.2.2　热泵的分类与应用

热泵（Heat Pump）是一种利用逆循环原理，把低品位的热能提升为较高品位的热能并将其输送到所需要的场所的装置，是利用高品位能源（电能、机械能或较高温度的热能）开采低品位能源的节能技术。热泵产品分类，原则上是和制冷产品的分类相一致的。如按功能分为民用、商业用和工农业用。它也有单独的分类方式，如果按低温热源种类不同主要分为：空气源热泵和水源热泵。按高品位驱动能源种类，可分为电动热泵、燃气热泵等。按供热温度来分，有普通热泵和中高温热泵。按供热介质，有热水型热泵和热风型热泵等。

在住宅和公共建筑中，热泵用于提供生活热水以及供暖，在节能减排的当今，其应用越来越广泛。热泵还能利用废热来给建筑供热，例如，利用热泵技术可将电厂 30℃左右的循环冷却水提高到 60℃，用于区域供暖。在工业蒸馏和干燥过程中，热泵广泛用于纸浆和纸张生产，各种食品生产，木制品和木材的干燥，以及对温度敏感的产品干燥。制药业中，热泵技术可严格控制温度防止变质。在化工和食品加工中，热泵可用于蒸发和蒸馏过程。

1.3　制冷与热泵技术的发展历史与现状

1.3.1　制冷技术的历史和现状

古代用藏冰或蒸发冷却的方法得到低温。有文献记载，古埃及和古希腊人都将猎物保存在充满冰雪的洞穴中，使其长期保鲜。以后，将天然冰储存到夏天，再用于食物保鲜的技术得到广泛的应用。国外制冷史上，冰箱本来就是"Ice box"，多为木制小柜，上部有一空间放置天然冰块，下面放置食物。利用冬季窖冰到夏天用于降温之用，在我国也有悠久历史，并可能有很多的方式。

1978 年，在湖北省随州市城西一公里的擂鼓墩考古发现了春秋战国时代曾国之君主曾侯乙墓（建于公元前 433 年）。在出土的大量青铜器中包括了"冰鉴缶"（见图 1.3 - 1 和图 1.3 - 2），这个缶为双层结构，由铜鉴、铜缶组合而成，缶套置于鉴内，鉴和缶都为方形结构，夹层里面放冰，缶里面放食物饮料，外部还可从环境吸热冷却周围环境，这可能是中国最早的利用天然冷源的装置，就是古代的冰箱加空调。

三国时期（曹魏时期）的"三台"中的一个是"冰井台"，用于储存冬天从漳河得到的冰，在夏天用于食物保鲜及降温。

我国至少到明朝时，北京城里的皇宫或官邸也有这种用天然冰降温的冰箱。

现代制冷技术的发展：

1748 年，英国人柯伦证明乙醚在真空下蒸发可产生制冷效应。

1834 年，美国人珀金斯制造世界上第一台压缩式制冷机，并制出了冰。原理图如图 1.3 - 3

所示。

图1.3-1 湖北曾侯乙墓青铜冰鉴缶

图1.3-2 冰鉴缶开盖的情况

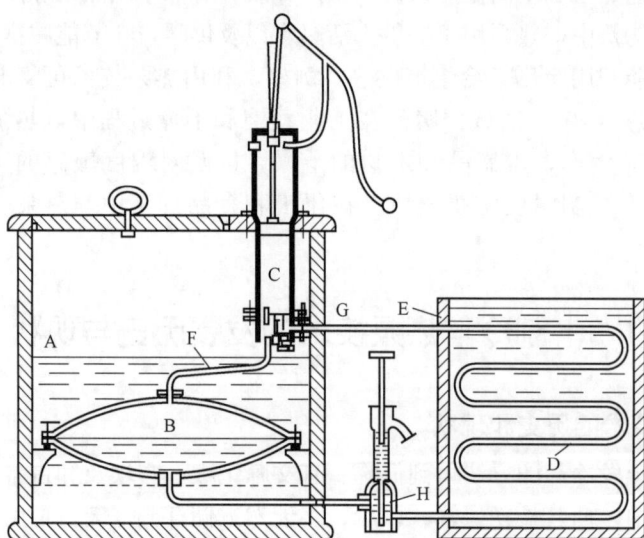

图1.3-3 珀金斯发明的压缩式制冷机的原理图

A—存水容器；B—蒸发器；C—压缩机；D—冷凝器；E—冷凝器的存水容器；
F—吸气管；G—排气管；H—节流阀

图1.3-4 早期的CO_2制冷压缩机

1874年，德国人林德（Karl von Linde）建造第一台氨压缩制冷机。

1882年，林德为埃森的 F. Krupp 公司设计开发出了采用 CO_2 作为工质的制冷机。早期的 CO_2 制冷压缩机一般都比较笨重，图1.3-4为其外观示例。

1918年，美国考布兰发明第一台电冰箱。

1929年，氟利昂开始出现，首先被大量应用的是 R12、R11 和 R22 等。

1974年，美国两位科学家莫利纳和罗兰德发现大气臭氧层的破坏机理，即含氯（和溴）的氟利昂制冷剂因排放后上升到臭氧层分解反应的结果。从而推动了不破坏臭氧层的新制冷剂的研究，并改进相关的制冷设备。

改革开放以来，经过近 40 年的经济和工业的迅猛发展，中国制冷、空调行业已经成为世界主要冷冻空调设备的最大生产国和最大消费市场，在产品品种、质量和技术水平方面均取得长足进步，无论是家用还是工商用制冷空调设备的产量，目前都在世界上名列前茅。除满足国内市场需求之外，还大量出口世界各地。

从 1999 年到 2012 年，我国 GDP 增长了近 6 倍，年增长率为 14.8%，而制冷行业全行业产品产值却增长了 8.3 倍，平均年增长 17.7%，如图 1.3-5 所示。

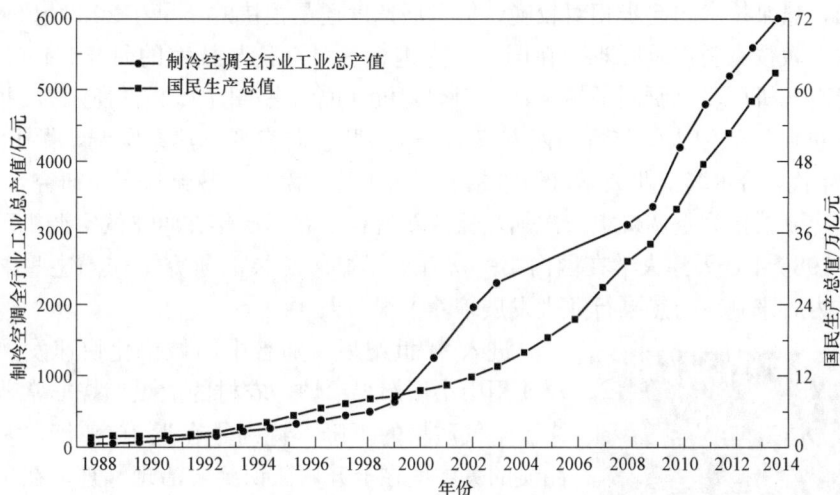

图 1.3-5 制冷行业全行业工业总产值与国民生产总产值

但从制冷设备的需求层面来讲，我国与发达国家相比差距不小。第一，我国的关键设备如压缩机的制造业并不强，多数压缩机的生产还是外资企业；第二，我国的合成制冷剂基本依靠国外大公司的产品或国外专利产品的生产，全行业还面临新型环保制冷剂的替代压力；第三，很多制冷行业具有巨大的发展空间，如我国冷链物流发展滞后，致使农产品冷链流通率仅为 5%～20%，而农产品流通腐损率约 15%～30%，美国等发达国家则分别为 95% 以上和 5% 以下。根据测算主要农产品年流通腐损价值超过 5500 亿元，即占 GDP 约 1.4% 的价值因冷链产业落后而浪费。未来我国冷链需求将步入快速增长期，冷链设备行业的增速有望更快。

1.3.2 热泵的历史和现状

法国科学家萨迪·卡诺（Sadi Carnot）于 1824 年首次在论文中提出了"卡诺循环"理论，这为热泵技术奠定了理论基础。1852 年，英国科学家开尔文（Kelvin）提出，冷冻装置可以用于加热，将逆卡诺循环用于加热的热泵设想。他第一个提出了一个正式的热泵系统，当时称为"热量倍增器"。之后，许多科学家和工程师对热泵进行了大量研究。

1912 年，瑞士的苏黎世成功安装一套以河水作为低位热源的热泵设备用于供暖，这是早期的水源热泵系统，也是世界上第一套热泵系统。热泵工业在 20 世纪 40 年代到 50 年代早期得到迅速发展，家用热泵和工业建筑用的热泵开始进入市场，热泵进入了早期发展阶段。

20 世纪 70 年代以来，热泵工业进入了黄金时期，世界各国对热泵的研究工作都十分重视，诸如国际能源机构和欧洲共同体，都制订了大型热泵发展计划，热泵新技术层出不穷，热泵的用途也在不断地开拓，广泛应用于空调和工业领域，在能源节约和环境保护方面起到了重大作用。

近几十年来，能源环境形势紧张，燃油价格忽升，经过改进发展成熟的热泵以其高效回收低温环境热能、节能环保的特点，登上历史舞台，成为当前最有前景的开发利用可再生能源的节能环保设备。

在中国，热泵技术的起步相对较晚，但发展速度还是很快的。早在 20 世纪 50 年代，天津大学吕灿仁教授克服重重困难，在国内率先进行热泵理论与技术的研究。1965 年，天津大学与天津冷气机厂联合研制了热泵式三用空调机（说明书如图 1.3-6 所示），并小批量出口古巴。1966 年，天津大学与青岛四方车辆研究所联合研究列车热泵空调，做了大量实验。20 世纪 60 年代，哈尔滨工业大学（原哈尔滨建筑工程学院）对热泵进行了研究，在 1965 年提出将辅助冷凝器作为空调机组二次加热器的新流程，并于次年在哈尔滨空调机厂制作出第一台样机。1986 年，天津大学在国内第一次开展了燃气热泵的研究工作。这些中国早期的热泵研究，为后来制冷与热泵行业大发展培养了很多人才。

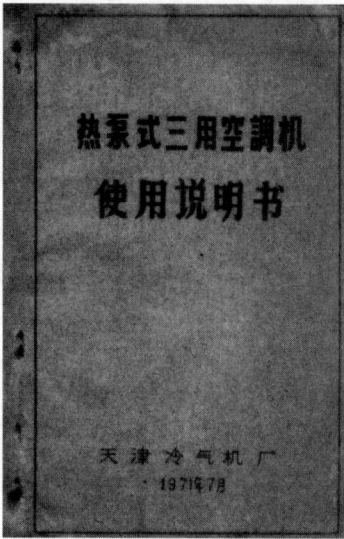

图 1.3-6　热泵式三用空调机
使用说明书

进入 21 世纪后，随着中国城市化快速发展，城镇广泛使用中小型燃煤锅炉，农村的散煤燃烧非常普遍，也带来了空气质量的下降。特别是在近 10 来年，人们对空气品质的关注度在上升，认识到要治理雾霾，在《环境空气质量标准》（GB 3095—2012）中引进了 PM2.5 的概念。要实现无煤化和少煤化的清洁供暖，热泵供暖是最合理的技术。我国的发电装机容量和发电量已经居世界第一，火力发电厂排放指标的先进性已居世界前列，并实现了长距离的超高压、特高压交直流大功率输电，这都给大规模应用热泵采暖提供了基础。按我国目前燃煤电厂平均发电效率 38.6%，输配电效率 94%，热泵的平均制热系数 3.5 计算，热泵对燃煤的一次能源利用率为 127%。而按一般中小燃煤锅炉效率为 70%，煤炭运输效率 80% 计算，锅炉对煤炭的一次能源利用率为 56%，可见热泵是锅炉能量利用率的 2 倍。此外，电厂在燃烧排放标准方面远远高于中小型锅炉。近年来，国家实施了"蓝天保卫战""煤改电"和"清洁供暖"一系列战略措施，拉动了中国热泵制造业的发展，促进了热泵在中国的应用，热泵技术的研究也不断创新。

第 2 章　制冷与热泵原理

2.1　制冷与热泵的理想循环

热力学第二定律指出：热量不可能自发地从低温传到高温，或不可能把热量从低温转移到高温而对环境不产生其他影响。空调或热泵系统就是借助外界对系统输入的功而实现热量从低温到高温的传输。

蒸气压缩制冷循环是利用工质从液态蒸发为气态的沸腾换热过程的吸热效应来制冷的。液体在蒸发器内沸腾相变形成蒸气，通过汽化潜热便可以冷却物体，使被冷却对象变冷并维持在某一低温，达到制冷的目的。在制冷过程中，为实现在环境温度下蒸气的冷凝过程，就需要将蒸气的压力提高到高于环境温度对应的饱和压力。方法是在制冷系统中通过压缩机使气态制冷剂压力升高，这种制冷方式就称之为蒸气压缩制冷。从以上可以看出，蒸气压缩制冷的工作原理是使制冷剂在压缩机、冷凝器、节流阀和蒸发器等热力设备中进行压缩、冷凝放热、节流和蒸发吸热四个主要热力过程，从而完成制冷循环。

热泵的作用是从周围环境中吸取热量，并把它传递给需要加热的对象（温度较高的区域或物体）。其工作原理与制冷机相同，都是按逆循环工作的，所不同的只是工作温度范围不同。热泵供热相比于燃料燃烧或电加热等方式，更加高效、节能和环保。

卡诺循环是在两个温度不相同的定温热源之间进行的理想热力循环，正卡诺循环是理想的动力循环，逆卡诺循环是制冷或热泵的理想循环。正卡诺循环和逆卡诺循环都是可逆循环。图 2.1-1 给出了逆卡诺循环 1—2—3—4—1 的温熵图，它是由两个等熵过程和两个无温差传热的等温过程所组成。其压缩过程是没有任何损失的理想压缩，膨胀过程是没有任何损失的理想膨胀。它是消耗功最小的循环，即效率最高的制冷或热泵循环，因为它没有任何不可逆损失。

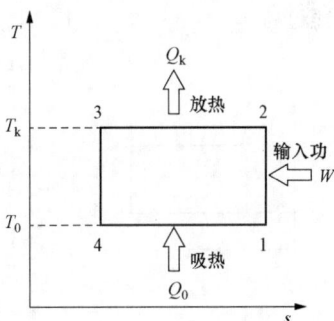

图 2.1-1　逆卡诺循环温熵图

在逆卡诺循环中，2—3 等温过程是释放高温热能的过程，即向高温热源供热；而 4—1 等温过程则是从低温热源中吸取热量。若设 2—3 等温过程放出的热量为 Q_k，4—1 等温过程吸取的热量为 Q_0，循环 1—2—3—4 所消耗的功为 W，则根据热力学第一定律，$Q_k=Q_0+W$。循环中的 1—2 和 3—4 过程，熵保持不变，而在 4—1 过程中，熵增加了 Q_0/T_0，在 2—3 过程中，熵减少了 $Q_k/T_k=(Q_0+W)/T_k$，由于整个循环是可逆循环，因此总熵保持不变，即

$$\Delta s = \frac{Q_0}{T_0} - \frac{Q_0+W}{T_k} = 0 \tag{2.1-1}$$

因此，有

$$W = Q_0 \frac{T_k - T_0}{T_0} \qquad (2.1\text{-}2)$$

逆卡诺循环的制冷系数为

$$\varepsilon_r = \frac{Q_0}{W} = \frac{T_0}{T_k - T_0} \qquad (2.1\text{-}3)$$

逆卡诺循环的制热系数为

$$\varepsilon_{h.c} = \frac{Q_k}{W} = \frac{Q_0 + W}{W} = \frac{Q_0}{W} + 1 = \varepsilon_r + 1 = \frac{T_0}{T_k - T_0} + 1$$

$$\varepsilon_{h.c} = \frac{Q_k}{W} = \frac{T_k}{T_k - T_0} \qquad (2.1\text{-}4)$$

从这里可以看出，理论上热泵的产热量恒大于热泵所消耗的功量，多出的热量是从环境抽取来的，所以热泵是一种节能、高效的能量利用装置。

2.2　蒸气压缩制冷与热泵的理论循环

逆卡诺循环与外界的换热是两个可逆等温过程，而纯工质或共沸混合工质的定压蒸发和冷凝是等温过程，因此，利用此类工质，在其湿蒸气区域内进行的制冷循环有可能实现逆卡诺循环。而理想制冷循环——逆卡诺循环的一个重要条件就是制冷剂与被冷却物或被加热物之间必须在无温差的条件下进行传热，但实际的热交换过程总是在有温差的情况下进行的。如果要实现理论上的无温差换热，则蒸发器和冷凝器具有无限大的传热面积，这当然是不可能的。显然，在这种情况下，就不能认为制冷系数只与高温热源和低温热源的温度有关，还与热交换过程的传热温差有关。图 2.2-1 给出了逆向卡诺循环向蒸气压缩制冷理论循环的演变过程。

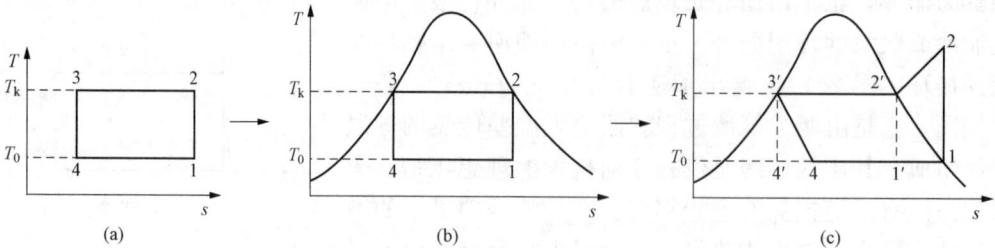

图 2.2-1　逆向卡诺循环向蒸气压缩制冷理论循环的演变过程
（a）逆向卡诺制冷与热泵循环；（b）湿蒸气压缩制冷与热泵循环；（c）过热蒸气压缩制冷与热泵循环

2.2.1　温熵图和压焓图

由热力学状态原理可知，物质状态变化可由状态参数的变化所表示，状态参数是热力系统状态的单值函数，状态参数一旦完全确定，工质状态也就确定了。研究热力过程常用的状态参数有压力 p、温度 T、比容 v、内能 u、焓 h 和熵 s。其中，压力和温度可直接用仪器测量，比容 v 可以间接测量，其余状态参数可根据这三个参数间接计算得出。工质的任何状态可以用两个独立状态参数表示。

工质状态参数常用温熵图和压焓图表示。温熵图以熵作为横坐标，以温度作为纵坐标，其特点是热力过程线下面的面积即为该过程的热量，很直观，便于分析比较。

由于制冷循环过程的换热量以及绝热压缩过程压缩机的耗功量都可以用过程初始和终了状态的焓差计算，所以，进行制冷循环热力计算时常使用压焓图。压焓图的横坐标是焓，纵坐标是压力，为了清楚地表示低压部分，采用对数坐标。

图 2.2-2 表示在温熵图和压焓图上的等参数线。图上绘有等温线、等压线、等熵线、等焓线、等比容线和等干度线，其中在温熵图中的等压线和压焓图中的等温线最为复杂。饱和曲线以临界点 C 为区分点，左侧干度等于 0 的曲线为饱和液线，右侧干度等于 1 的曲线为饱和蒸气线。饱和曲线将图分为 3 个区，饱和液线左侧为液相区，饱和蒸气线右侧为过热蒸气区，中间为湿蒸气区。循环分析时，温熵图和压焓图各有特点，可交替使用。每种工质都有自己的温熵图或压焓图，形状相似但不相同，查图时要注意图上的说明。

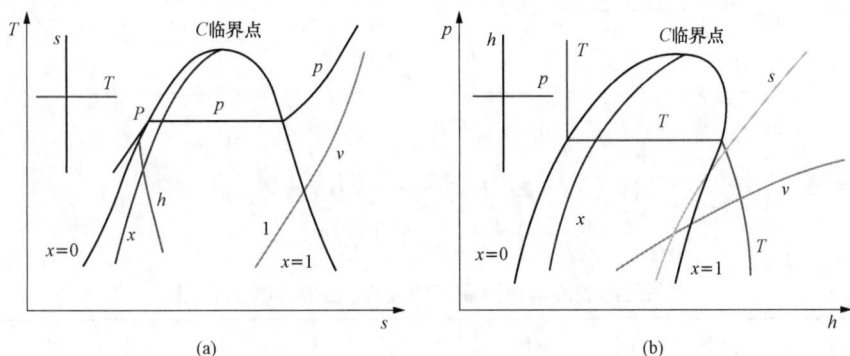

图 2.2-2　温熵图和压焓图的等参数线

（a）温熵图；（b）压焓图

2.2.2　蒸气压缩制冷与热泵的理论循环

人们通过探索，发现可以用蒸气压缩制冷循环来接近逆向卡诺循环。

蒸气压缩制冷循环的 4 个基本过程是：

（1）通过压缩机将低温低压蒸气压缩为高温高压蒸气；

（2）通过冷凝器将热量放给外界，高压蒸气变为液体；

（3）节流阀降低高压液体压力，使其变为低压汽液混合物；

（4）通过蒸发器从低温物体吸收热量，低压液体变为低压蒸气。

如此循环往复，如图 2.2-3 所示。

如图 2.2-1 所示，蒸气压缩制冷与热泵的理论循环是在具有温差传热的两相区的逆向卡诺循环基础上改造而成的。它与理想的逆卡诺制冷与热泵循环相比，有以下三个不同点：

（1）用节流阀代替膨胀机，使设备大为简化；

（2）蒸气的压缩在过热区进行，而不是在湿蒸气区进行，以取代在两相区内的不易实现的湿压缩过程；

（3）两个传热过程均为等压（部分等温）过程，并且具有传热温差。

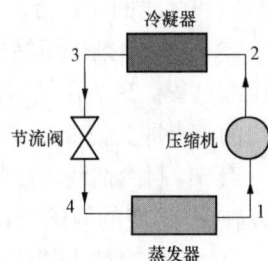

图 2.2-3　蒸气压缩制冷与热泵循环部件图

图 2.2-4 是蒸气压缩制冷与热泵理论循环在温熵图和压焓图上的表示。在这两个图上，线段 1—2 表示等熵压缩过程；2—2′—3 表示冷凝过程，它包括冷却（2—2′）及凝结（2′—3）两个阶段，2—2′ 阶段在较高温度下释放出显热，2′—3 阶段在冷凝温度 T_k 下释放出凝结潜热；3—4 表示节流膨胀过程，工质在节流前后的焓值没有改变，但工质压力、温度同时降低，并进入两相区；4—1 表示蒸发过程，在此过程中工质从环境介质中吸取热量。蒸气压缩制冷与热泵循环的过程、主要部件及作用见表 2.2-1。

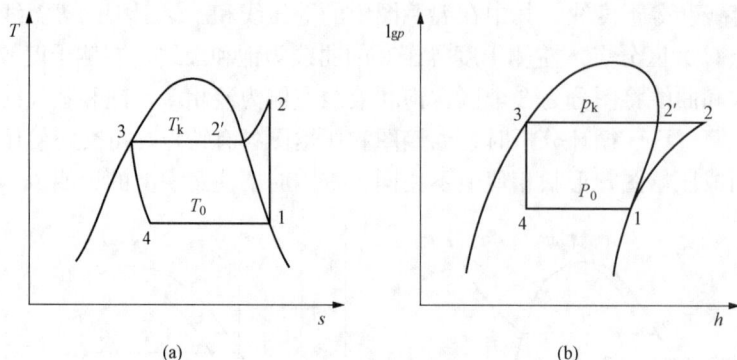

图 2.2-4 蒸气压缩制冷与热泵的理论循环
（a）温熵图；（b）压焓图

表 2.2-1 蒸气压缩制冷与热泵循环的过程、主要部件及作用

序号	过程	部件	作　　用
1—2	等熵压缩过程	压缩机	压缩蒸气使其从低压变为高压
2—3	等压冷凝过程	冷凝器	高压蒸气向外界流体放热变为高压液体
3—4	节流过程	节流阀	节流降压使高压液体变为低压汽液混合物
4—1	等压蒸发过程	蒸发器	低压液体从外界流体吸热汽化

有关制冷与热泵循环过程各特征点的分析如下。

点 1：制冷剂蒸气进入压缩机的状态。如不考虑管路的冷量损失，则压缩机的吸气温度 t_1 即为制冷剂出蒸发器时的温度，即 $t_1 = t_0$。在理想情况下，进压缩机的制冷剂蒸气为饱和状态。如已知蒸发温度 t_0，便能知道制冷剂蒸发压力 p_0。这样，便能够根据 p_0 不变的等压线和饱和汽线的交点得出点 1。

点 2：制冷剂出压缩机的状态，即进冷凝器的状态。过程 1—2 为制冷剂在压缩机中等熵压缩过程。理想压缩过程中熵不变，即 $s_1 = s_2$，该过程沿点 1 的等熵线进行，它与 p_k 的等压线的交点即为点 2。

点 3：制冷剂液体冷却后的状态。因为制冷剂液体在过冷过程中压力等于冷凝压力 p_k，所以在 p_k 不变的等压线和饱和液线的交点得出放热结束的 3 点。

点 4：制冷剂出膨胀阀的状态，也是进蒸发器的状态。因为节流前后的焓值不变，而压力降低至蒸发压力 p_0，温度为蒸发温度 t_0，所以，由点 3 作等焓线与 t_0 的等温线相交即得点 4。

这样，根据图上所得的参数值便可进行循环的热力分析与计算。

2.2.3 蒸气压缩制冷与热泵理论循环的热力计算

对照图 2.2-4（b）根据稳定流动能量方程式可得：

单位质量工质制热量： $\qquad q_k = h_2 - h_3 \qquad$ (2.2-1)

单位质量工质制冷量： $\qquad q_0 = h_1 - h_4 \qquad$ (2.2-2)

单位质量工质耗功量： $\qquad w = h_2 - h_1 \qquad$ (2.2-3)

制冷循环的热力计算是根据所确定的蒸发温度、冷凝温度、液态制冷剂的过冷度和压缩机的吸气温度等已知条件，求出各状态点的状态参数，计算下列数值。

（1）单位容积制冷能力 q_v。单位容积制冷能力是指压缩机吸入 $1m^3$ 制冷剂所产生的冷量。

$$q_v = \frac{q_0}{v_1} = \frac{h_1 - h_4}{v_1} kJ/m^3 \qquad (2.2-4)$$

式中 v_1——压缩机入口气态制冷剂的比容，m^3/kg。

（2）制冷系统中制冷剂的质量流量 M_r 及体积流量 V_r（即压缩机每秒钟吸入气态制冷剂的体积量）。

$$M_r = \frac{Q_0}{q_0} kg/s \qquad (2.2-5)$$

$$V_r = M_r v_1 = \frac{Q_0}{q_v} m^3/s \qquad (2.2-6)$$

式中 Q_0——制冷系统的制冷量，kW。

（3）冷凝器的热负荷（即冷凝负荷）Q_k。

$$Q_k = M_r q_k = M_r(h_2 - h_3) kW \qquad (2.2-7)$$

（4）压缩机的理论耗功率 P_{th}。

$$P_{th} = M_r w_c = M_r(h_2 - h_1) kW \qquad (2.2-8)$$

（5）理论制冷系数。

$$COP_{th} = \frac{Q_0}{P_{th}} = \frac{q_0}{w} = \frac{h_1 - h_4}{h_2 - h_1} \qquad (2.2-9)$$

对于采用蒸气压缩制冷循环的热泵系统而言，热泵循环的理论制热系数（通常称为热泵的性能系数）是指单位理论耗功率的供热量，即

$$COP_{h,th} = \frac{Q_k}{P_{th}} = \frac{q_k}{w} = \frac{h_2 - h_3}{h_2 - h_1} \qquad (2.2-10)$$

$$COP_{h,th} = 1 + COP_{th} \qquad (2.2-11)$$

必须注意的是：式（2.2-10）是热泵循环供热系数的理论表达式，只有当热泵循环的工况（即冷凝温度、蒸发温度、过冷度、过热度）与理论制冷循环完全相同时，此时的理论供热系数和理论制冷系数之间才有式（2.2-11）所示的关系。

【例题 2.2-1】 某空气调节系统需要 20kW 冷量，采用 R22 为制冷剂的蒸气压缩制冷循环。已知：蒸发温度 $t_0 = 4℃$，冷凝温度 $t_k = 40℃$，无过冷却，而且压缩机入口为饱和蒸气，试进行制冷与热泵循环的热力学计算。

【解】 根据已知工作条件，参照图 2.2-5，从 R22 压焓图上查出各状态点的状态参数见表 2.2-2。

注：例题中的状态参数是计算机程序查得，所列压焓图是为了直观，不用于查数据。

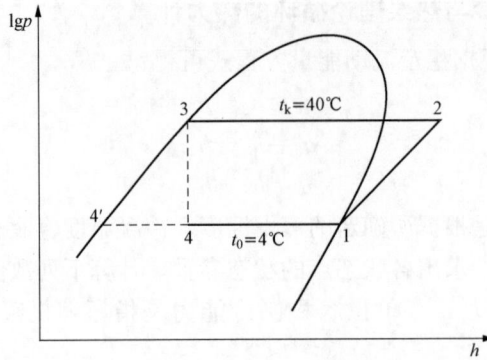

图 2.2-5　R22 压焓图

表 2.2-2　　　　　　　　　　　　R22 循环节点参数

状态点	温度/℃	绝对压力/MPa	焓/（kJ/kg）	熵/[kJ/（kg·K）]	比容/（m³/kg）
1	4.0	0.566 1	406.5	1.745	0.041 59
2	55.9	1.533 6	431.179	1.745	0.016 84
3	40.0	1.533 6	249.647	1.166	0.000 886 1
4′	4.0	0.566 1	204.712	1.017	0.000 788 8
4	4.0	0.566 1	249.647	1.179	0.009 875

$$x_4 = \frac{h_4 - h_{4'}}{h_1 - h_{4'}} = 0.223$$

$$v_4 = v_{4'} + x_4(v_1 - v_{4'}) = 0.009\ 887 \text{m}^3/\text{kg}$$

单位质量制冷能力：

$$q_0 = h_1 - h_4 = 156.853 \text{kJ/kg}$$

单位容积制冷能力：

$$q_v = \frac{q_0}{v_1} = 3771.4 \text{kJ/m}^3$$

制冷剂质量流量：

$$M_r = \frac{Q_0}{q_0} = 0.127\ 5 \text{kg/s}$$

制冷剂体积流量：

$$V_r = M_r v_1 = 0.005\ 302 \text{m}^3/\text{s}$$

冷凝负荷：

$$Q_k = M_r q_k = M_r(h_2 - h_3) = 23.15 \text{kW}$$

压缩机理论耗功率：

$$W = M_r(h_2 - h_1) = 3.147 \text{kW}$$

理论制冷系数：

$$\text{COP}_{\text{th}} = \frac{Q_0}{W_{\text{th}}} = 6.356$$

理论制热系数：

$$\text{COP}_{\text{h,th}} = \frac{Q_{\text{k}}}{W} = 7.356$$

【例题 2.2 - 2】 制冷量与工作条件同 [例题 2.2 - 1]，如果制冷剂为 R410A，试进行制冷理论循环的热力计算。

【解】 根据已知工作条件，参照图 2.2 - 6，从 R410A 压焓图上查出各状态点的状态参数见表 2.2 - 3。

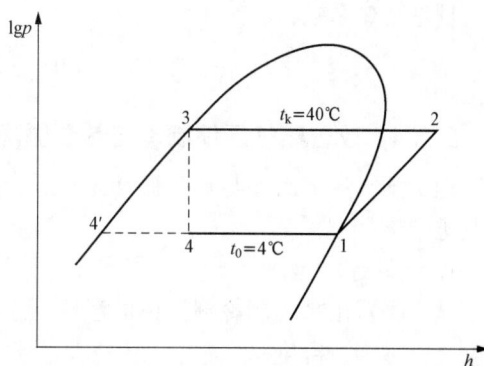

图 2.2 - 6 R410A 压焓图

表 2.2 - 3　　　　　　　　　　　　　　　　　**R410A 循环节点参数**

状态点	温度/℃	绝对压力/MPa	焓/(kJ/kg)	熵/[kJ/(kg·K)]	比容/(m³/kg)
1	4.0	0.9048	423.67	1.8734	0.0288
2	55.3	1.9828	450.20	1.8734	—
3	40.0	1.9828	267.55	1.2917	—
4′	4.0	0.9048	207.33	1.0926	0.000 867
4	4.0	0.9048	267.55	—	0.008 64

计算状态点 4 的状态参数，需应用该压力下饱和状态点 4′ 的状态参数，见上表：

$$x_4 = \frac{h_4 - h_{4'}}{h_1 - h_{4'}} = 0.2784$$

$$v_4 = v_{4'} + x_4(v_1 - v_{4'}) = 0.008\ 64\text{m}^3/\text{kg}$$

单位质量制冷能力：

$$q_0 = h_1 - h_4 = 156.12\text{kJ/kg}$$

单位容积制冷能力：

$$q_{\text{v}} = \frac{q_0}{v_1} = 5420.8\text{kJ/m}^3$$

制冷剂质量流量：

$$M_{\text{r}} = \frac{Q_0}{q_0} = 0.128\ 1\text{kg/s}$$

制冷剂体积流量：

$$V_{\text{r}} = M_{\text{r}}v_1 = 0.003\ 689\text{m}^3/\text{s}$$

冷凝负荷：

$$Q_{\text{k}} = M_{\text{r}}q_{\text{k}} = M_{\text{r}}(h_2 - h_3) = 23.40\text{kW}$$

压缩机理论耗功率：

$$W = M_{\text{r}}(h_2 - h_1) = 3.398\text{kW}$$

理论制冷系数：

$$\text{COP}_{\text{th}} = \frac{Q_0}{W} = 5.885$$

13

理论制热系数：

$$\text{COP}_{\text{h, th}} = \frac{Q_{\text{k}}}{W} = 6.78$$

2.2.4 改善蒸气压缩制冷与热泵循环的措施

理论蒸气压缩制冷与热泵循环并不适合实际应用，为了系统安全可靠地运行，通常有如下改进措施。

1. 液体过冷

从冷凝器出来的制冷剂液体的温度低于冷凝压力所对应的饱和液体温度称为过冷。两者温度之差称为过冷度。

液体过冷主要是保证冷凝器出口流出是液体，否则工况的微小波动会有未冷凝的气态制冷剂流向节流阀，造成节流不畅。另外，液体过冷带来一定的节能效果，因为制冷剂节流后进入湿蒸气区（两相区），节流后制冷剂的干度越小，它在蒸发器中汽化时的吸热量（即制冷量）越大，循环的制冷系数越高。在一定的冷凝温度和蒸发温度下，采用使节流前制冷剂液体过冷的方法可以达到降低节流后干度的目的，同时也可避免冷凝器中凝结的不彻底气流两相进入节流阀的现象。

由图 2.2-7 中可以看出，液体过冷量有所增加，增加量可用 4 和 4′ 两点的焓差（$h_4 - h_{4'}$）表示。（$h_3 - h_{3'}$）表示单位质量制冷剂在过冷过程中放出的热量。

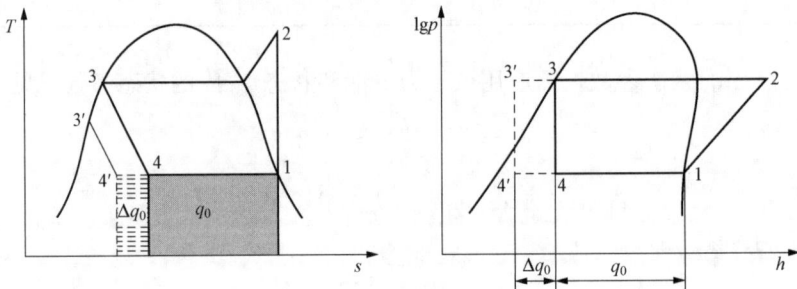

图 2.2-7 具有液体过冷的循环

节流阀前的制冷剂液体冷却到该压力对应饱和温度以下的温度 $t_{3'}$，称过冷温度，而且有：$t_3 - t_{3'} = \Delta t_{\text{u}}$，称过冷度。$\Delta t_{\text{u}}$ 加大，节流后的干度变小，得到的制冷量增大，增量为

$$\Delta q_0 = h_4 - h_{4'} \qquad (2.2-12)$$

$$\text{COP}' = \frac{(h_1 - h_4) + (h_4 - h_{4'})}{h_2 - h_1} = \text{COP}_0 + \frac{c' \Delta t_{\text{u}}}{h_2 - h_1} \qquad (2.2-13)$$

有无液体过冷的两种循环的耗功一样，因冷量的增加，COP 增加。

式中的 c' 是液体的平均比热，可见过冷度越大，制冷系数提高得越多。

过冷循环可以通过增大冷凝器面积并使冷却剂与制冷剂逆流换热实现，但依靠冷凝器本身来使液体过冷，其过冷度是有一定限度的。如果要获得更大的过冷度，通常需要增加一个单独的热交换设备，称为再冷器或过冷器。在再冷器中单独通入温度更低的冷却介质（如深井水），将冷却介质先通过再冷器，然后再进入冷凝器。这种方式需要增加一套提供深井水的设备，使费用有所增加。是通过增加冷凝器的传热面积，还是增加一个再冷器来实现过冷，实质上是一个系统优化的问题。

2. 吸气过热

进入压缩机的制冷剂蒸气的温度高于蒸发压力所对应的饱和蒸气温度称为吸气过热，两者温度之差称为过热度。

实际循环中，如果没有过热度，制冷剂蒸气中含有液滴，形成"液击"，容易造成压缩机损坏，因此，为保证压缩机的安全，需要吸气过热。通常，使制冷剂液体在蒸发器中完全蒸发后，仍继续吸收一部分热量达到过热状态，这样就使制冷剂在进入压缩机之前已处于过热状态，图 2.2-8 是具有蒸气过热的循环。

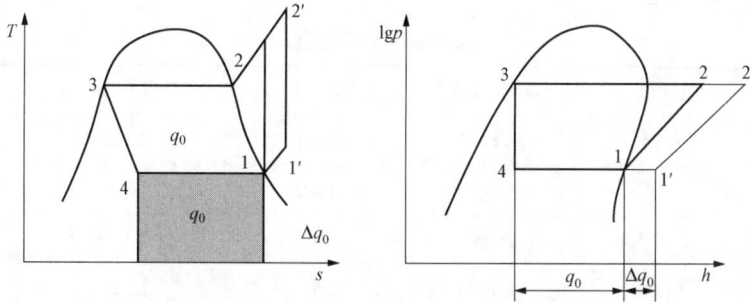

图 2.2-8　具有蒸气过热的循环

由于压焓图的等熵线越往右其斜率越小，由图 2.2-8 可以看出：①过热循环中压缩机的排气温度比理论循环的排气温度高；②过热循环的压缩功大于理论循环压缩功；③由于过热循环在过热过程中吸收了一部分热量，再加上比功又稍有增加，因此单位制冷剂在冷凝器中排出的热量较理论循环大；④相同压力下，温度升高时，过热蒸气的比容要比饱和蒸气的比容大，这意味着单位质量制冷剂将需要更大的压缩机容积。也就是说对于一定容积吸气量的压缩机，过热循环中压缩机的制冷剂质量流量始终小于理论循环的质量流量。

Δt_1 加大，也可得到附加的制冷量增大，并保证压缩机吸入的是过热蒸气，不会产生液击的现象。

$$\Delta q_0 = h_{1'} - h_1 \qquad (2.2\text{-}14)$$

有无吸气过热的两种循环的耗功不一样，虽冷量增加，但耗功也增加，制冷系数是否增加并不一定，而取决于式（2.2-15）的计算结果。

$$\mathrm{COP}' = \frac{(h_{1'} - h_1) + (h_1 - h_4)}{h_{2'} - h_{1'}} = \frac{q_0 + \Delta q_0}{w + \Delta w} \qquad (2.2\text{-}15)$$

过热度增加也使增加的冷量的温度上升，并增加压缩机排气的温度，减少吸气量，因此过热度不宜过大。

制冷系统从蒸发器出口到压缩机进口的管路若保温不好，制冷剂蒸气可能在此段从环境吸热，而没有对被冷却物体产生任何制冷效应，这种过热称为有害过热。对于有害过热，循环的单位制冷量和运行在相同冷凝温度和蒸发温度下的理论循环的单位制冷量是相等的，但由于蒸气比容的增加而使单位容积制冷量减少，对确定的压缩机而言，会导致循环制冷量的降低。由于循环压缩功的增加，使得循环的制冷系数下降。因此，有害过热对循环效率是不利的。蒸发温度越低于环境温度，循环经济性越差。可以通过在吸气管路上敷设隔热材料，来减少这种影响。

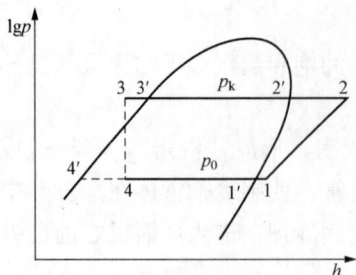

图 2.2-9　R32 压焓图

【例题 2.2-3】　空气源热泵机组的制热量为 12kW，采用 R32 为制冷剂。已知：蒸发温度为 −12℃，冷凝温度为 45℃，过冷度为 3℃，过热度为 5℃，试进行热泵理论循环的热力计算。

【解】　根据已知工作条件，如图 2.2-9 所示，从 R32 压焓图上可以查出各状态点的状态参数，见表 2.2-4。

表 2.2-4　　　　　　　　　　　　　　R32 循环节点参数

状态点	温度/℃	绝对压力/MPa	比焓/(kJ/kg)	比熵/[kJ/(kg·K)]	比容/(m³/kg)
1′	−12	0.5433	512.467	2.199	0.067 49
1	−7	0.5433	518.011	2.22	0.069 58
2′	45	2.7948	510.294	1.989	0.011 78
2	97.4	2.7948	589.25	2.22	0.017 63
3′	45	2.7948	286.308	1.285	0.001 153
3	42	2.7948	279.608	1.264	0.001 130
4′	−12	0.5433	179.37	0.924	0.000 913
4	−12	0.5433	279.608	1.308	0.020 95

计算状态点 4 的状态参数时，需应用该压力下饱和状态点 4′ 和露点 1′ 的状态参数，见表 2.2-4。

$$x_4 = \frac{h_4 - h_{4'}}{h_{1'} - h_{4'}} = 0.3009$$

$$v_4 = v_{4'} + x_4(v_{1'} - v_{4'}) = 0.020\ 95 \text{m}^3/\text{kg}$$

单位质量制冷能力：

$$q_0 = h_1 - h_4 = 238.4 \text{kJ/kg}$$

单位质量冷凝负荷：

$$q_k = h_2 - h_3 = 309.6 \text{kJ/kg}$$

制冷剂质量流量：

$$M_r = \frac{Q_k}{q_k} = 0.038\ 76 \text{kg/s}$$

制冷剂体积流量：

$$V_r = M_r v_1 = 0.002\ 697 \text{m}^3/\text{s}$$

冷凝器的放热量：

$$Q_k = M_r q_k = M_r(h_2 - h_3) = 12 \text{kW}$$

压缩机理论耗功率：

$$W = M_r(h_2 - h_1) = 2.761 \text{kW}$$

理论供热系数：

$$\text{COP}_{h,th} = \frac{Q_k}{W} = 4.346$$

制冷或热泵循环的热力计算是制冷或热泵装置设计的基础。实际设计中，要用制冷量、蒸发温度和被冷却物温度来计算蒸发面积，用冷凝负荷、冷凝温度和冷却剂温度来计算冷凝器面积，而制冷剂体积流量和压缩机理论耗功率则是选择压缩机容量和配置压缩机电机的基础数据。

3. 回热循环

在系统的冷凝器出口与节流装置之间增加一个内部热交换器（又称回热器），利用节流阀前的高温制冷剂液体来加热从蒸发器出来的低温制冷剂蒸气，这样可以达到使低温制冷剂蒸气过热，同时使液体制冷剂过冷的目的，这样的循环被称为回热循环。回热循环可以同时实现液体过冷和吸气过热，但其冷量增加只应该计算一次。

回热循环的原理图及压焓图如图 2.2 - 10 所示。图中，1—2—3—4—1 表示理论循环，1—1′—2′—3—3′—4′—1 表示回热循环，其中 1—1′ 和 3—3′ 表示回热过程。

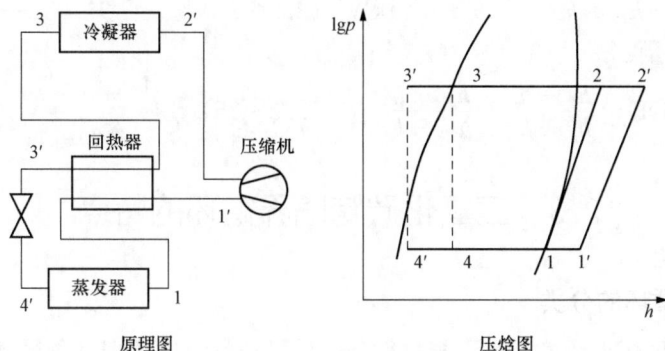

图 2.2 - 10　回热循环

在没有冷量损失的情况下，热交换过程中液体放出的热量应等于蒸气吸收的热量，即

$$h_3 - h_{3'} = h_{1'} - h_1 \qquad (2.2 - 16)$$

回热循环中制冷剂的单位制冷量为：

$$q_0 = h_1 - h_{4'} = h_{1'} - h_4 \qquad (2.2 - 17)$$

制冷剂单位制冷量的增加量为：

$$\Delta q_0 = h_4 - h_{4'} = h_{1'} - h_1 \qquad (2.2 - 18)$$

由于吸入的是过热蒸气，循环的压缩功增加量为：

$$\Delta w = (h_{2'} - h_{1'}) - (h_2 - h_1) \qquad (2.2 - 19)$$

通过详细的计算，采用回热循环后，有些工质如 R12、R290、R134a、R744 等增加较多的 COP 值，有些工质如 R11、R22、R717 等则效果不大。但各种工质都可用一个回热器达到液体过冷和吸气过热的目的，增加了系统运行的可靠性。

4. 循环参数对制冷循环性能的影响

（1）蒸发温度不变，冷凝温度升高

当蒸发温度不变时，随着冷凝温度的升高，压缩机吸气比容 v_1 不变，单位质量制冷剂制冷能力减小，故单位容积制冷能力减小，压缩机耗功增加，系统制冷系数减小（图 2.2 - 11）。

单位质量制冷剂制冷能力减少量：

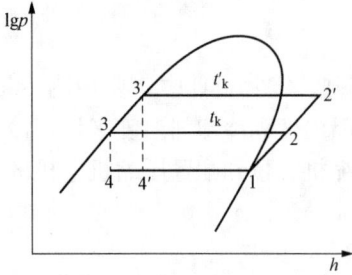

图 2.2 - 11 冷凝温度变化

单位质量制冷剂制冷能力减少量：

$$\Delta q_0 = (h_1 - h_4) - (h_1 - h_{4'}) \text{kJ/kg} \quad (2.2 - 20)$$

压缩机耗功增加量：

$$\Delta w = (h_{2'} - h_1) - (h_2 - h_1) \text{kW} \quad (2.2 - 21)$$

制冷系数减少量：

$$\Delta \text{COP} = \frac{h_1 - h_4}{h_2 - h_1} - \frac{h_1 - h_{4'}}{h_{2'} - h_1} \quad (2.2 - 22)$$

（2）冷凝温度不变，蒸发温度降低

由图 2.2 - 12 中可以看出，当冷凝温度不变时，随着蒸发温度的降低，单位质量制冷能力减小，吸气比容增加，故单位容积制冷能力骤减。

$$\Delta q_0 = (h_1 - h_4) - (h_{1'} - h_{4'}) \text{kJ/kg} \quad (2.2 - 23)$$

压缩机耗功增加量：

$$\Delta w = (h_{2'} - h_{1'}) - (h_2 - h_1) \text{kW} \quad (2.2 - 24)$$

制冷系数减少量：

$$\Delta \text{COP} = \frac{h_1 - h_4}{h_2 - h_1} - \frac{h_{1'} - h_{4'}}{h_{2'} - h_{1'}} \quad (2.2 - 25)$$

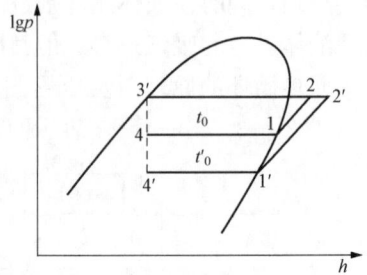

图 2.2 - 12 蒸发温度变化

2.3 二氧化碳跨临界循环的特点

2.3.1 CO₂ 循环的分类

CO_2 的临界温度接近环境温度，根据循环的外部条件可以实现三种循环。

1. 亚临界循环（Subcritical Cycle）

CO_2 亚临界制冷循环的流程与普通蒸气压缩式制冷循环完全一样，其循环过程如图 2.3 - 1 中的 1—2—3—4—1 所示。此时，压缩机的吸、排气压力都低于临界压力，蒸发温度、冷凝温度也低于临界温度，循环的吸、放热过程都在亚临界条件下进行，换热过程主要依靠潜热来完成，早年的 CO_2 制冷循环多为亚临界循环。

2. 跨临界循环（Transcritical Cycle）

CO_2 跨临界制冷循环的流程与普通蒸气压缩式制冷循环略有不同，其循环过程如图 2.3 - 1 中的 1—2'—3'—4'—1 所示。此时，压缩机的吸气压力低于临界压力，蒸发温度也低于临界温度，循环的吸热过程仍在亚临界条件下进行，换热过程依靠潜热来完成；但压缩机的排气压力在临界压力之上，工质的放热过程没有冷凝液产生，其

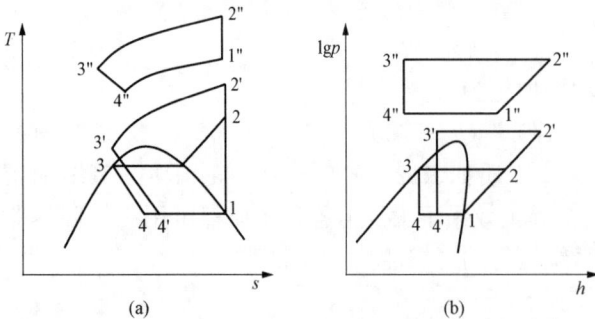

图 2.3 - 1 CO₂ 的三种循环方式
（a）T—S 图；（b）lgp—h 图

高压换热器不再称为冷凝器，而称为气体冷却器（Gas Cooler），换热过程则依靠显热来完成。

3. 超临界循环 (Supercritical Cycle)

CO_2 超临界制冷循环的流程与普通蒸气压缩式制冷循环完全不同，所有循环的过程都在临界点之上，工质在循环过程中没有相变，不能变为液态，实际上是气体循环，如图 2.3-1 中的 $1''—2''—3''—4''—1''$。这类循环无法在制冷与热泵循环应用。

2.3.2 CO_2 跨临界循环的最大 COP 及最优压缩比

图 2.3-2 为典型的 CO_2 跨临界制冷循环的压焓图 ($\lg p—h$) 和温熵图 ($T—s$)。由图可见，该循环系统的最大特性就是工质的吸热、放热过程分别在亚临界区、超临界区进行。

在传统的亚临界循环中，冷凝器出口工质的焓值只是温度的单值函数；但在跨临界循环中，高压侧压力同样影响着气体冷却器出口的焓值，这种影响从图 2.3-2 (a) 超临界和近临界区中 S 形等温线的分布可明显看出。这是由于超临界压力下，CO_2 无饱和状态，温度与压力彼此独立，改变高压侧压力将影响制冷量、压缩机耗功量及系统 COP。从图 2.3-2 (a) 同样可以看出，随着压力的升高，等温线变得陡峭起来；制冷量的增量随所给压力的增量有所减小；与之相对应，等熵线 (压缩过程) 几乎是直线，耗功量的增量随所给压力的增量几乎按原比例上升。因此，当蒸发温度、气体冷却器出口温度保持恒定不变时，随着高压侧压力的变化，循环系统的 COP 必然存在着最大值点。对应于该点的压力，称为最优高压侧压力，相应的压缩比称为最优压缩比。图 2.3-3 给出不同气体冷却器出口温度时，系统 COP 随压力的变化。

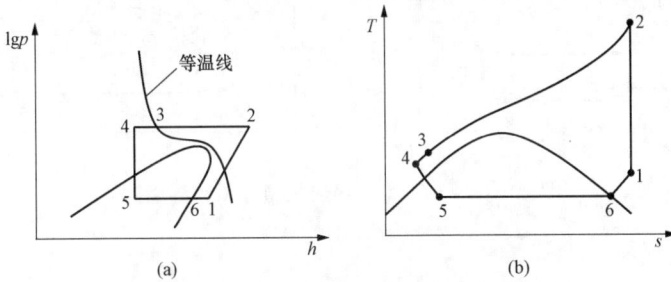

图 2.3-2 跨临界循环压焓及其温熵图

(a) 跨临界制冷循环压—焓图；(b) 跨临界制冷循环温—熵图

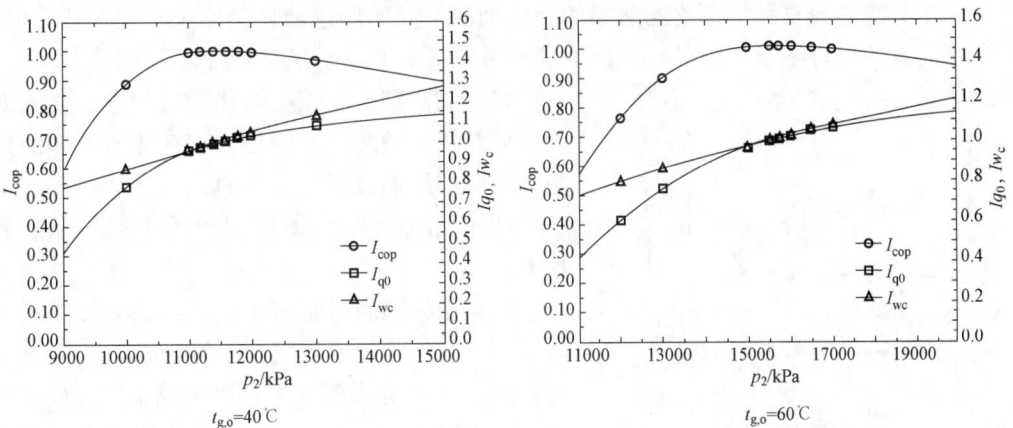

图 2.3-3 不同气体冷却器出口温度时，系统 COP 随压力的变化

制冷系数 COP 对高压侧压力的微分给出了其最大值，即 $\frac{\partial COP}{\partial p}=0$。

图 2.3-3 给出了高压侧压力不同，压缩机吸气有 10℃ 过热并假定气体冷却器出口温度不变时，单位质量制冷量 q_0、单位质量耗功量 w_c 和制冷系数 COP 的理论计算结果。图中，曲线的计算工况为：蒸发温度 $t_e=0℃$，气体冷却器出口温度分别为 $t_{g,o}=40℃$、60℃。图中，横坐标为高压侧压力，纵坐标为给定工况下的 q_0、w_c 和 COP 与基本理论循环的相应值的比。

由图 2.3-3 可见：随着高压侧压力的升高，单位质量耗功量呈直线规律上升，而单位质量制冷量上升幅度却有逐渐减小的趋势；此两者综合作用的结果就使得 COP 有最大值的存在。当设计 CO_2 跨临界循环，需要将工况调节到 COP 最大值。

CO_2 制冷与热泵循环的热力计算，与常规制冷剂完全一样。由于 CO_2 作为制冷剂有很多优点，无论亚临界循环还是跨临界循环都将得到广泛应用。图 2.3-4 是 CO_2 跨临界制冷与热泵循环图和温熵图。

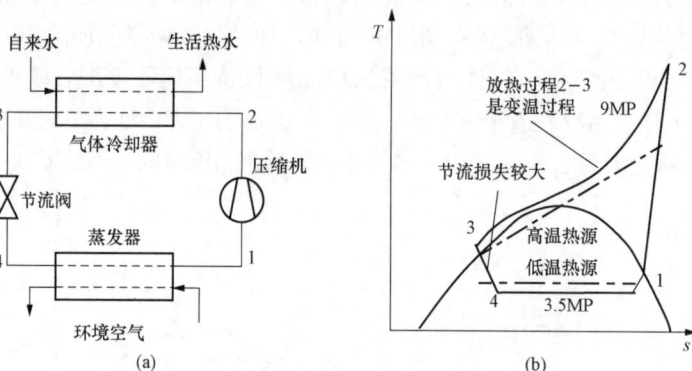

图 2.3-4　CO_2 跨临界热泵循环图和温熵图
(a) 系统；(b) 温熵图

2.4　蒸气压缩制冷与热泵的实际循环

上一节讨论了蒸气压缩制冷与热泵的理论循环，虽然经过液体过冷和吸气过热，但是，实际循环与理论循环还有不少差别，因为理论循环忽略了以下 3 个方面的问题。

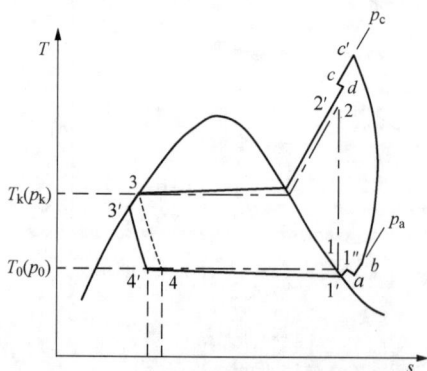

图 2.4-1　蒸气压缩制冷与热泵实际
循环温熵图

（1）制冷剂在压缩机被压缩过程中，气体内部及气体与气缸壁之间的摩擦，和气体与外部的热交换，实际的压缩过程是熵增的。

（2）制冷剂流经压缩机进气阀和排气阀的节流损失。

（3）制冷剂通过管道、冷凝器和蒸发器等设备时，制冷剂与管壁或器壁之间的摩擦产生压降。

图 2.4-1 是蒸气压缩制冷与热泵实际循环温熵图，过程线 1—2—3—4—1 所组成的循环是蒸发压力为 p_0，冷凝压力为 p_k 的蒸气压缩制冷理论循环。如果蒸发器入口制冷剂压力仍为 p_0，冷凝器出口制

冷剂压力仍为 p_k，并考虑液体过冷与吸气过热，当采用活塞式制冷压缩机时，其实际循环应为 $1'—1''—a—b—c'—c—d—2'—3'—4'—1'$。

（1）蒸发过程（$4'—1'$）：制冷剂在蒸发器中由于摩擦与涡流的存在，蒸发过程是有压降的，其压降程度也随蒸发器形式的不同而不同。

（2）吸气过程（$1'—a$）：来自蒸发器的低压制冷剂的饱和或过热蒸气，流经管道至压缩机，由于沿途存在摩擦阻力、局部阻力以及吸收外界的热量，制冷剂压力稍有降低，温度有所升高至 $1''$ 点，低压气态制冷剂通过压缩机吸气阀时被节流，压力进一步降至 p_a。

（3）压缩过程（$b—c'$）：压缩初期，由于制冷剂温度低于汽缸壁温度，故是吸热压缩过程，熵增加（熵增压缩），当制冷剂被压缩至高于气缸壁温度以后，则变为放热压缩过程，直至压力升至 p_c，工质的熵减少（熵减是由于有热量损失）。

（4）排气过程（$c—d$）：制冷剂蒸气经压缩后从压缩机排气阀排出。由于排气阀的节流作用，压力有所降低，但焓基本不变。

（5）冷却凝结过程（$2'—3—3'$）：与蒸发过程相同，冷凝过程也不是等压过程，根据冷凝器形式的不同，压力降低程度也有所不同，出口处有一定过冷度（$3—3'$）。

（6）节流过程（$3'—4'$）：制冷剂节流过程，温度不断降低，其间会从外界吸收一些热量，因此，在进入蒸发器时，比焓略有增加。

从上述分析可以看出，在实际循环中，由于冷凝器和蒸发器沿程存在阻力，与理论循环相比，平均冷凝压力将有所升高，平均蒸发压力则有所降低。图 2.4-2 是在保留实际制冷循环主要特征基础上简化出来的压焓图。其中，$1'—2'—3'—4'—1'$ 为实际循环；而 $1—2—3—4—1$ 则为理论循环。

实际制冷循环中，压缩机的压缩过程并非等熵过程（$1'—2''$），而是压缩指数不断变化的多变过程（$1'—2'$）。而且，由于压缩机气缸中存在余隙容积，气体经过吸气阀、排气阀及通道处存在热量交换及流动阻力，气体压缩过程中缸壁间隙处会产生泄漏等，这些因素会导致压缩机的输气量减少，制冷量下降，消耗功率增加，排气温度升高。

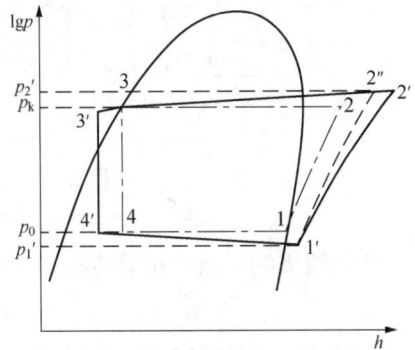

图 2.4-2　蒸气压缩制冷与热泵实际循环压焓图

2.5　双级压缩循环与复叠式循环

单级压缩制冷，达到最大压缩比时，普通中温制冷剂只能制取 $-20\sim-40℃$ 的低温。当制取更低温度时，若压缩比超过 10，压缩机输气系数大大降低，功耗增加，单位制冷量下降，运行条件恶化。需采用多级压缩或复叠式制冷循环。在图 2.5-1 可见不同温度下对应的制冷循环类型，除单级压缩外，还有双级压缩循环和复叠式循环。

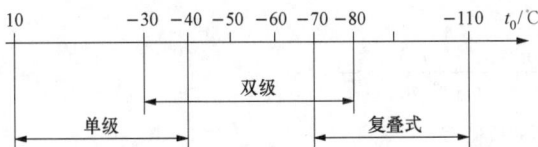

图 2.5-1　不同温度下对应的制冷循环类型

2.5.1　双级（Two Stage）压缩制冷与热泵循环

采用相同的制冷工质，用两个相同制冷量但连续压缩的制冷循环，双级压缩中间有中间冷却器以提高循环效率，可实现双级压缩制冷与热泵循环。双级压缩可以实现较大的压缩比，可达到$-30\sim-70℃$的蒸发温度。除去可以克服高压缩比下输气系数过低的缺点，理论上多级压缩中间冷却可实现等温压缩，是实现同样压缩比下最省能的压缩过程。双级压缩通常使用工质 R134a、R22、CO_2 或氨等。

图 2.5 - 2 给出双级压缩制冷热泵循环的原理。压缩机分为低压级和高压级，从高压级出来的工质在冷凝器 4—5 凝结放热之后，分为两路：一路 m_2 经节流阀 2 直接进入中冷器的管外，6—3 产生类似蒸发器的沸腾效果；另一路 m_1 进入中冷器的管内过冷，并由 7—8 通过节流阀 1 到蒸发器产生低温冷量，再回到低压级压缩机 1—2 压缩过程，排气进入中冷器产生低压级放热 2—3 过程。

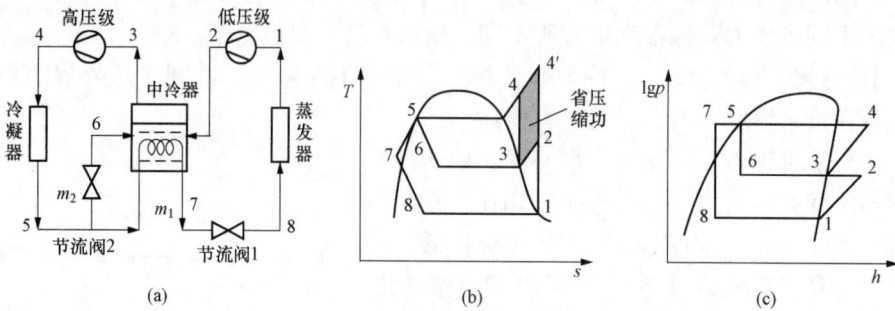

图 2.5 - 2　双级压缩制冷热泵循环的原理

(a) 原理图；(b) 温熵图；(c) 压焓图

计算两级的压缩比相等情况下中间压力：

$$p_{\mathrm{m}} = \sqrt{p_0 p_{\mathrm{k}}} \tag{2.5 - 1}$$

要得到效率最高中间压力 p_{m}，可由上述 p_{m} 为初值，计算机在附近计算不同中间压力设定值时的制冷系数，经过比较，可以找出最大制冷系数所对应的最佳的中间压力。

双级压缩在 5 点之后中温制冷剂分为两路：

$$m = m_1 + m_2 \tag{2.5 - 2}$$

中间冷却器是一个特殊的换热器，热平衡：

$$m_1(h_2 - h_3) + m_1(h_5 - h_7) = m_2(h_3 - h_6)$$

双级压缩制冷循环的制冷系数：

$$\mathrm{COP} = \frac{m_1(h_1 - h_8)}{m_1(h_2 - h_1) + (m_1 + m_2)(h_4 - h_3)} \tag{2.5 - 3}$$

双级压缩热泵循环的制热系数：

$$\mathrm{COP_h} = \frac{m_1(h_4 - h_3)}{m_1(h_2 - h_1) + (m_1 + m_2)(h_4 - h_3)} \tag{2.5 - 4}$$

2.5.2　复叠式（Cascade）制冷与热泵循环

如果蒸发温度低于$-70℃$，大多数制冷工质的蒸发压力会低于大气压力，也许会造成外界空气进入制冷系统，而且低压级的压缩机的体积会过于庞大。为此可采用复叠式制冷循环。

复叠式制冷循环由两个单级蒸气压缩制冷循环耦合而成，高温部分使用中温制冷剂，低温部分使用低温制冷剂。两部分用蒸发冷凝器连接，即高温部分的蒸发器也是低温部分的冷凝器。可实现−70℃以下的蒸发温度。

如果采用多种相变温度的工质，由三个或三个以上单级蒸气压缩制冷循环相结合组成更多级的复叠式制冷，可达到低温（深冷）工况（<120K）。

1. 复叠式制冷与热泵循环原理

图 2.5-3 给出复叠式制冷与热泵循环的原理。它由低温工质 R13 的低温级和中温工质 R22 的高温级组成，各是一套独立的循环系统，中间由蒸发冷凝器连接，它是低温工质 R13 的冷凝器，也是中温工质 R22 的蒸发器。注意图 2.5-3（b）给出的温熵图是示意性的，因为两种工质不可能出现在同一张温熵图上。这个图直观地给出了复叠式制冷循环的工作参数，通常使蒸发冷凝器两种工质的相变温差在 3~5℃ 范围内。

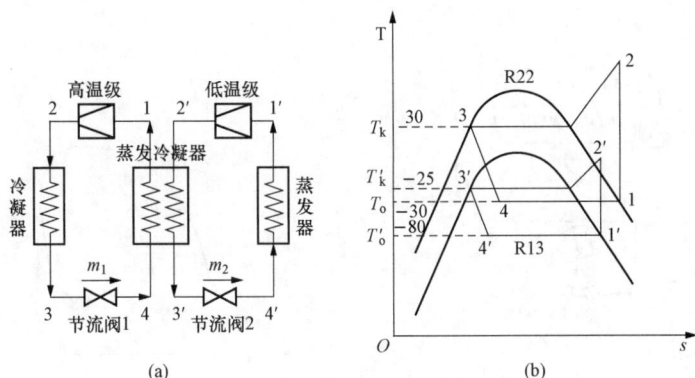

图 2.5-3　复叠式制冷循环的原理

(a) 原理图；(b) 温熵图（示意）

复叠式循环的制冷系数：

$$\mathrm{COP} = \frac{m_2(h_{1'} - h_{3'})}{m_1(h_2 - h_1) + m_2(h_{2'} - h_{1'})} \tag{2.5-5}$$

对于复叠式循环，要通过多次寻优计算最佳中间温度，即蒸发冷凝器的平均温度，这个温度下的 COP 最大。

2. 复叠式制冷循环制冷剂的选择和使用

高温级通常使用的中温制冷剂有：R22、丙烷 R290（C_3H_8）、丙烯 R1270（C_3H_6）和 R134a 等。

低温级通常使用的低温制冷剂有：CO_2、R23、R14、C_2H_4 和乙烷 R170（C_2H_6）等。R23、C_2H_6 适用于−70~−110℃；R14 适用于−110~−140℃；乙烯 R1150（C_2H_4）的应用范围介于 R23 和 R14 之间。

2.5.3　CO_2 亚临界复叠式循环的开发和应用

由于合成制冷剂的环境问题，氟利昂将逐渐被淘汰，直接采用氨作为制冷剂，有毒性和可燃性，万一泄漏会造成灾害，不适合人员较多的场所。二氧化碳 R744（CO_2）与氨 R717（NH_3）、R134a 或 R290 组成复叠式循环，可实现−25~−50℃制冷。二氧化碳的凝固点是

—56℃，可以用它组成 NH_3/CO_2 复叠制冷系统，实现—25～—50℃ 的温度区间的制冷，满足冷冻冷藏的需求，也可用于热泵进行供热。复叠制冷系统的氨充灌量是氨双级压缩系统的 10%～15%，并安装在室外。复叠制冷系统的终端是无毒、不燃的二氧化碳，安全性大大提高，循环效率也有所提高。其原理图和压焓图如图 2.5-4 所示。

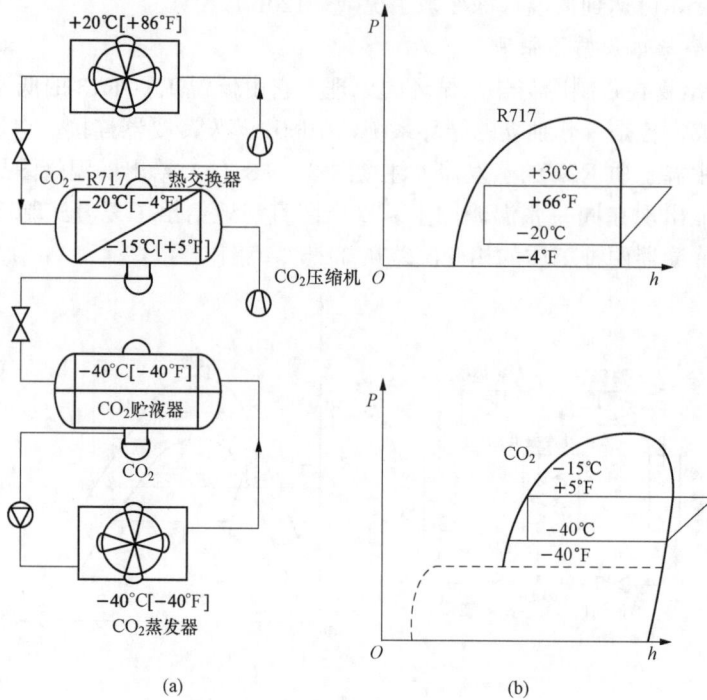

图 2.5-4　NH_3/CO_2 复叠制冷原理图及压焓图
（a）原理图；（b）压焓图

本章小结

　　蒸气压缩制冷与热泵基本原理源自卡诺循环，循环需要用压缩机、冷凝器、节流阀和蒸发器，通过一种可以相变的工质或制冷剂来实现。从理论循环到实际循环，都遵循热力学第一定律和第二定律，热力分析与计算很重要，要掌握压焓图和温熵图的使用，特别是制冷系数和制热系数的计算，是制冷与热泵系统设计所必须掌握的内容。

第3章 制冷剂、载冷剂与润滑油

3.1 制 冷 剂

3.1.1 制冷剂的发展历程

在蒸气压缩制冷循环中，通过状态变化过程完成能量传递和转换的物质称为制冷剂或工质，如氨、碳氢、二氧化碳及氟利昂等，俗称雪种。它在制冷系统中不断循环并通过其自身的状态变化实现制冷/制热功能，用于热泵循环时多称为热泵工质。

纵观近百年来制冷剂的发展历程，可将制冷剂的发展分为 4 个阶段，如图 3.1-1 所示。

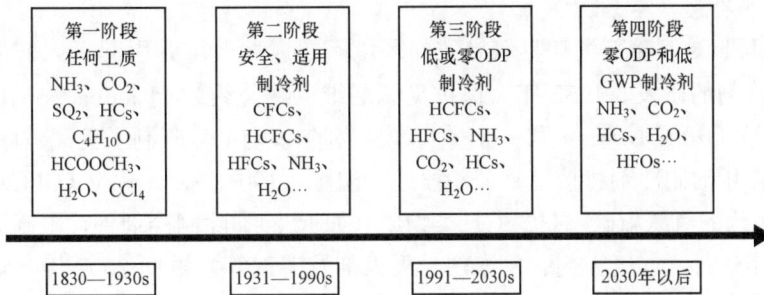

第一阶段 任何工质 NH_3、CO_2、SQ_2、HCs、$C_4H_{10}O$ $HCOOCH_3$、H_2O、CCl_4	第二阶段 安全、适用 制冷剂 $CFCs$、$HCFCs$、$HFCs$、NH_3、H_2O…	第三阶段 低或零ODP 制冷剂 $HCFCs$、$HFCs$、NH_3、CO_2、HCs、H_2O…	第四阶段 零ODP和低 GWP制冷剂 NH_3、CO_2、 HCs、H_2O、 $HFOs$…
1830—1930s	1931—1990s	1991—2030s	2030年以后

图 3.1-1 制冷剂的发展历程

其中，人工合成的工质基本上处于主导地位，而伴随着环境问题的出现，自然和近自然的环保工质日益发展壮大，开始逐步规模化的应用。

1. 第一代制冷剂（易于得到的物质）

在制冷剂发展的初期，也就是第一代时期，制冷剂主要是利用当时易于获得的物质，如氨（ammonia）和二氧化碳（carbon dioxide，CO_2），都是自然工质。也有一些简易获得的化合物，如在 1834 年发现并首次实际使用的制冷剂硫化醚（sulfuric ether）。在 19 世纪 30 年代到 20 世纪 30 年代内，人们曾经使用或试用过的制冷剂包括甲基醚、水/硫酸（用于吸收式）、酒精、氨/水（用于吸收式）、石油醚和石脑油、氨基乙烷、甲酸甲酯、二氧化硫、甲基氯、乙基溴、四氯化碳、水、异丁烯、丙烷（R290）、汽油、三氯乙烯和二氯甲烷等。

当时，引入制冷剂的标准相对单一，其首要考虑的因素是制冷性能。在上述实际使用的制冷剂中，除水和二氧化碳外，其他制冷剂几乎都可燃、有毒和易于发生化学反应。在第一阶段使用的制冷剂中，一些性能优良的自然制冷剂（CO_2、NH_3、碳氢化合物、水）在当前仍然被广泛应用。

2. 第二代制冷剂（安全、低毒制冷剂）

第二代制冷剂以含氯化合物为主，其主要特征是选择制冷剂的标准为重点考虑其安全性和耐用性。伴随着有机化工合成技术的发展，研究人员开始寻找稳定、无毒、不燃和高效的制冷剂。

1931 年，R12（Cl_2F_2C）开始商业生产。1932 年，R11（Cl_3FC）开始生产。含氯的 CFCs 类制冷剂和 20 世纪 50 年代在家用和小型商用空调中广泛应用的 R22 组成第二代制冷剂。在第二代制冷剂发展的过程中，由于第一代制冷剂存在各种问题，且效率比较低，大部分都被弃用，只有氨在制冷系统中一直沿用至今。

随着制冷与空调行业的快速发展，人们得到了舒适的现代生活环境，但合成制冷剂的大量使用给环境带来了巨大压力，尤其是出现了臭氧层破坏和温室效应。1974 年，美国化学家舍武德·罗兰德和马里奥·莫利纳在《自然》发表了论文《平流层作为氟氯原子的污物槽：氯原子催化破坏臭氧》，指出氯氟碳化合物等人造有机化合物的气体在太阳辐射的作用下在平流层分解产生游离的氯原子和 ClO 自由基，这两种产物可大量消耗平流层的臭氧分子。因此，国际上制定了《蒙特利尔议定书》，并逐步淘汰了对臭氧破坏力最大的 CFCs 制冷剂。

3. 第三代制冷剂（零 ODP）

CFCs 和 HCFCs 制冷剂消耗臭氧导致的环境问题愈发严重并引起了人们的关注，并促进了新一代制冷剂的研发。1985 年《保护臭氧层维也纳公约》（Vienna Convention for the Protection of the Ozone Layer）和 1987 年《蒙特利尔议定书》限制了臭氧破坏物质的使用，有臭氧层破坏作用的制冷剂将按计划分阶段逐步淘汰，其中包括氯氟碳（CFC）类物质（如 R12）和将要淘汰的氢氯氟碳（HCFC）类物质（如 R22）。除制冷剂外，限制措施在其他类似化学品也同步进行，如气雾剂、发泡剂、灭火剂及溶剂等。根据 2007 年《蒙特利尔议定书》第 19 届大会上的规定，对于发展中国家，在 2013 年把 R22 等 HCFCs 的消费和生产水平冻结为基线水平，削减进度为：2015 年削减 10%，2020 年削减 35%，2025 年削减 67.5%，2030 年完全淘汰但保留 2.5% 的维修量。中国作为签约国，正在履行相关规定。通过国际社会的共同努力，逐步削减并停止生产严重破坏臭氧层的 CFCs，据观测，臭氧层的破坏得到缓解。图 3.1-2 给出了 CFCs 和 HCFCs 以及 HFCs 的年产量变化情况。

出于对臭氧层的保护，制冷剂逐步转变为不含氯和溴的 HFCs 和其他制冷剂。其中，包括 R134a、近共沸混合制冷剂 R410A（R32/R125＝50/50）和非共沸混合制冷剂 R407C（R125/R32/R134a＝24/26/50）等。它们的共同特点是臭氧消耗势 ODP（Ozone Depletion Potential）为零。首先是以 R134a 为代表的 HFCs 作为 R12 的替代物，开始被大规模生产，成为制冷剂的主角。然而，随之引起的第二个环境问题——"气候变暖"，除去因人们大量燃烧化石燃料排放过多 CO_2 之外，还有许多人工合成的化合物也是温室气体，导致地球环境温度上升。如各种 HFCs 的温室效应是 CO_2 的 1000～2000 倍，其大量生产和应用必将加速全球变暖的趋势。特别是，全氟或以氟为主的碳化合物，在大气中的寿命很长，可以存在数百乃至数千年，逐渐积累而加重温室效应，因而在 1997 年签订的《京都议定书》将这些化合物列入逐步淘汰的物质。欧盟颁布的 EC842—2006 法规明确提出加速淘汰 R134a 等一系列制冷剂。2016 年 10 月，《蒙特利尔议定书》197 个签署国，一致通过了限制高 GWP 制冷工质的《蒙特利尔议定书基加利修正案》。目前，随着对环保的更高要求，自然工质势必成为未来的研究热点。

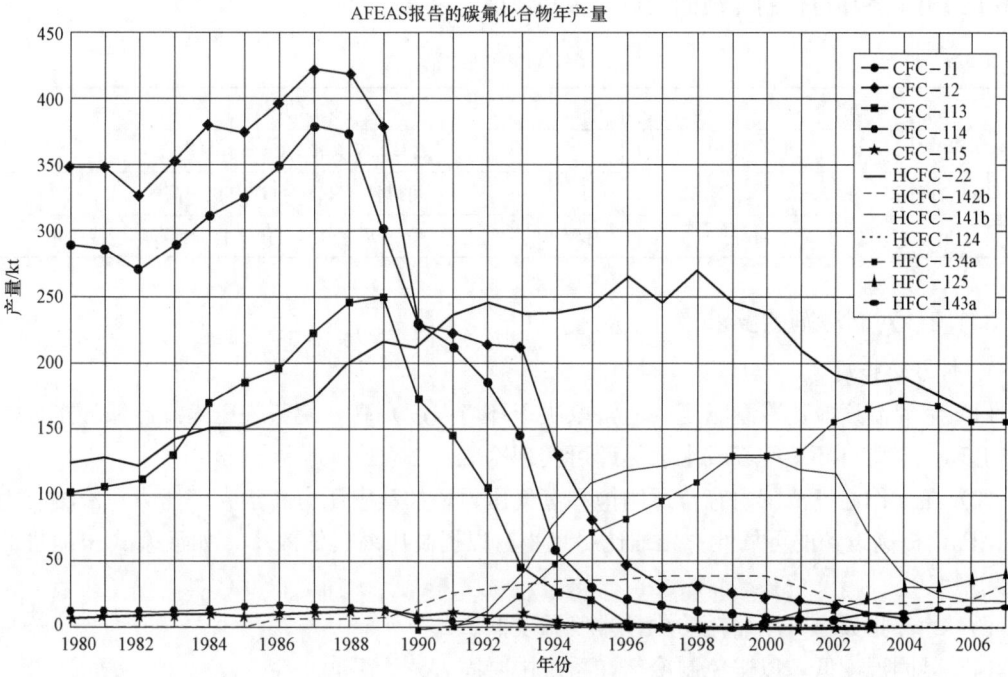

图 3.1-2　CFC 和 HCFC 年产量变化情况（1980—2007）

4. 第四代制冷剂（零 ODP／低 GWP）

《蒙特利尔议定书基加利修正案》规定，发达国家从 2019 年开始冻结，发展中国家从 2024 年（中国）或 2029 年（印度等）开始冻结并削减高 GWP 制冷剂，分别到 2035 年和 2045 年达到冻结年度产量的 15％（发达国家）或 20％（中国）。在可预见的未来，传统的合成制冷剂基本都要淘汰到最小用量，而制冷、空调与热泵的大量应用，也会带动制冷剂消费数量增长。这一减一增，将是整个行业面临的严峻问题。虽然国外的大公司提出 HFO 类（不饱和氟化烯烃）如 HFO1234yf、HFO1234ze 等零 ODP（臭氧破坏势）和低 GWP（全球变暖势）新型制冷剂，但这些化合物价格昂贵，分解产物不明朗，难于广泛应用。

未来制冷剂的发展趋势如图 3.1-3 所示，我国目前正处于淘汰 HCFC 类（如 R22）制冷剂的阶段，如图中竖纹底所示，将在 2030 年完成。在 2019 年（发达国家）和 2024 年（我国）开始淘汰 HFC 类（如 R134a 和 R410A 等）制冷剂，如图中水平条纹所示。可以替代它们的制冷剂将首选自然工质，如氨、

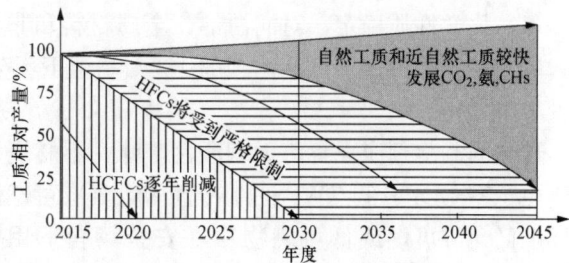

图 3.1-3　制冷剂的发展趋势

CO_2 或 CH 化合物、水等，以及可能的零 ODP、低 GWP 的合成化合物。

随着人们对于制冷剂认识以及研究的深入，未来制冷剂回归到低公害及自然工质是必然的趋势，应重新评估 NH_3、CO_2 及 R290 等碳氢化合物在热泵与制冷领域中应用的未来前景。表

3.1-1 给出了各种替代制冷剂的候选名单和考虑的因素。

表 3.1-1   **低 GWP 的制冷剂**

制冷剂	考虑的因素
"自然工质"（NH_3、CO_2、HCs、H_2O、空气）	效率，NH_3 和 HCs 具有可燃性
低 GWP 的 HFCs（R32、R152a、R161…）	可燃性，R32 的 GWP 仍较高
HFOs（R1234yf、R1234ze…）	有较短的大气寿命，但有可燃性，分解产物毒性和环境特性并不明朗

3.1.2 对制冷剂的要求

1. 热力学性质

（1）临界温度应比冷凝温度（通常取决于环境温度）高，使蒸气压缩制冷循环接近逆向卡诺循环。工质对环境空气或水放热即可实现冷凝。

（2）在工作温度范围内有合适的饱和蒸气压力，如蒸发压力高于大气压力，冷凝压力小于 2MPa，提高设备的可靠性。压缩比尽量小，以提高压缩机的效率，如活塞式压缩机的压缩比小于 10。

（3）绝热指数小，压缩耗功少且排气温度低。

（4）凝固温度低，以避免制冷剂在系统中凝固。

（5）对容积式压缩机，工质的单位容积制冷量要尽量大，以减小压缩机的尺寸。对离心式机组工质的分子量要大，以提高单级压缩比。

2. 传热学性质

导热系数要大，以提高换热器的传热系数；黏度和相对密度要小，以减少工质在系统中的流动阻力。

3. 物理溶解性

（1）对矿物油的溶解特性，一般希望两者有良好的互溶性，可以简化润滑系统并且不在换热器表面形成油膜。

（2）对水的溶解特性，多数制冷剂难溶于水。若有少量水游离于制冷剂中，当蒸发温度低于 0℃时，便会在节流装置处冻冰，形成冰塞。

4. 化学性质

（1）化学性质稳定，对润滑油、金属材料和非金属绝缘密封材料不腐蚀、不侵蚀。

（2）在压缩机排气可能达到的 180℃高温下不分解。

5. 安全性

理想的制冷剂应无毒、无刺激性气味，不燃烧、不爆炸。

由于零 ODP、低 GWP 的制冷剂多数具有可燃性或微弱可燃性，通过加强安全措施，国际标准已允许可燃或低可燃物质在安全场合下用作制冷剂。ISO 817—2014、ISO 5149—2014、ASHRAE 34—2014 和 AHRI 700—2015 等标准的颁布实施推动了可燃制冷剂的应用与推广。

我国《制冷剂编号方法和安全性分类》（GB/T 7778—2017）中，参照 ANSI/ASHRAE 34—2014，基于毒性和可燃性，将制冷剂分为 A1、B1、A2L、B2L、A2、B2、A3 和 B3 共 8 类，制冷剂编号方法和安全分类标准和国际上主要标准是一致的，见表 3.1-2。

表 3.1-2 制冷剂的毒性和可燃性分类

分类	低慢性毒性	高慢性毒性	对可燃性说明
不燃	A1	B1	在 101kPa、60℃条件下无火焰传播
弱可燃	A2L	B2L	在 101kPa、60℃条件下有火焰传播，燃烧速度＜10cm/s，燃烧热＜19 000J/kg
可燃	A2	B2	在 101kPa、60℃条件下有火焰传播，燃烧热＜19 000J/kg
可燃易爆	A3	B3	在 101kPa、60℃条件下有火焰传播，燃烧热＞19 000J/kg
限定值	制冷剂的职业接触限定值 OEL≤400×10⁻⁶	制冷剂的职业接触限定值 OEL＞400×10⁻⁶	

注 职业接触限定值（Occupational Exposure Limit）。

6. 环境特性

制冷剂有两个环境指标：ODP 和 GWP。

ODP 是 Ozone Depletion Potential 的缩写，即臭氧破坏势。是指制冷工质对臭氧层的破坏能力大小，以 R12 的破坏能力为基准 1。

GWP 是 Global Warming Potential 的缩写，即全球变暖势。是指制冷工质对温室效应的贡献大小，可以 CO_2 的温室效应为基准 1。

7. 经济性

价格便宜，易于生产和运输。

3.1.3 制冷剂的代号和分类

目前，有以下两种表示工质的代号的方法：

（1）技术性前缀符：习惯在制冷剂的编号前加上字母 R 或 Refrigerant（如果不止一种用 Refrigerants）或厂家商标或商品名，如 R12，R-12，Refrigerant12，＜商品名＞12，＜商品名＞R12，R500，R22/152a/114（36/26/40）以及 R717。应提倡在技术性文献或产品说明中沿用此表示方法。

（2）指明组成的前缀符：制冷剂编号前加 C 表示有碳，加 B、C、F、H 或它们的组合以说明含有溴、氯、氟、氢元素。例如，CFC11，CFC12，BCFC12B1，HCFC22，HC50，HFC125，HFC134a，HFC152a 等。

对有编号的混合物（无论共沸、近共沸还是非共沸混合物）可以把它组分的标明组成的前缀符连起来加以识别（如 CFC/HFC500），对没有编号的混合物可以用每种组分的标明组成的前缀符加以识别（如 HCFC22/HFC152a/CFC114〔36/24/40〕）。

指明组成的前缀名只能用于非技术性出版物中，如非科技的政府文件以及有关臭氧层保护的宣传文章中。

制冷剂有很多分类方式，按照制冷剂蒸发温度的不同，可把制冷剂分为高温制冷剂、中温制冷剂和低温制冷剂；按照制冷剂中所含元素的不同，可把制冷剂分为无机物制冷剂、有机物制冷剂；按照制冷剂组成成分是否单一，可把制冷剂分为纯质制冷剂和混合物制冷剂，其具体命名规则如下。

1. 无机物

符号为 R7（分子量），括号里面为无机物相对分子质量取整，见表 3.1-3，如水 R718、氨 R717 等；而对于相对分子质量取整后相同的不同物质，则在数字后加英文字母进行区别，如 CO_2 为 R744 和 N_2O 为 R744a。

表 3.1-3 无 机 物 工 质 参 数

名称	分子式	代号	分子量	标准沸点/℃	凝固点/℃	临界温度/℃	临界压力/MPa
水	H_2O	R718	18.02	100	0	373.9	22.06
二氧化碳	CO_2	R744	44.01	−78.5 升华	−56.6	31.1	7.38
氨	NH_3	R717	17.03	−33.3	−77.7	132.3	11.33

2. 有机物

（1）烷烃类。烷烃类化合物的分子通式为 C_nH_{2n+2}，这类物质的命名代号为 $R(n-1)(2n+3)0$，每个括号是一个数字，当第一位数字为零时省去。环状分子在数字前加大写字母 C。特别地，正丁烷和异丁烷分别用 R600 和 R600a 来表示。

（2）不饱和烃类。不饱和烃类的命名代号用字母"R1"开头，其后的代号编写规则与烷烃类相同。

（3）饱和卤代烃类。饱和卤代烃类物质的分子通式为 $C_mH_nF_wCl_xBr_yI_z$（$n+w+x+y+z=2m+2$），其中：m 表示碳原子数，n 表示氢原子数，w 表示氟原子数，y 表示溴原子数，z 表示碘原子数。这类物质的命名代号为 $R(m-1)(n+1)(w)B(y)I(z)$，每个括号是一个数字，当第一位数字为零时省去；同分异构体则在其命名代号最后加小写英文字母以示区别。

甲烷类没有同分异构体。

乙烷类同分异构体只要用一个小写英文字母，按照相对分子质量分布的对称程度不同，依次标 a，b，c，…，最对称的省去英文字母，越后面的字母表示相对分子质量分布越不对称。例如：代号 R134 表示 CHF_2CHF_2，代号 R134a 表示 CH_2FCF_3。

丙烷类同分异构体要加两个小写字母，第一个小写字母表示分子中间碳原子基团上的 H 被卤素取代的情况，按基团质量大小依次标为 a，b，c，…，越后面的字母表示基团质量越小。例如，基团 CCl_2 用 a 表示，基团 CClF 用 b 表示，…，基团 CHF 用 e 表示，基团 CH_2 用 f 表示。第二个小写字母表示分子两端碳原子基团质量分布的对称程度，依次标位 a，b，c，…，越后面的字母表示碳原子基团质量分布越不对称。比如代号 R236fa 表示 $CF_3CH_2CF_3$，代号 R236ea 表示 $CH_3CHFCHF_2$，代号 R236ca 表示 $CHF_2CF_2CHF_2$。

（4）醚基制冷剂直接在编号前用前缀 E（E 表示醚），碳、氢、氟编号同上。例如，二甲醚（C_2H_6O）用 RE170 表示。

（5）不饱和卤代烃类。这类物质的命名代号用字母"R1"开头，代号编写规则与饱和卤代烃相同。

乙烯类同分异构体只要加一个小写字母，按相对分子质量分布的对称程度不同，依次标为 a，b，…，最对称地省去标英文字母，越后面的字母表示相对分子质量分布越不对称。

丙烯类同分异构体要加两个小写英文字母，第一个小写字母表示分子中间碳原子基团上的 H 被卤素取代的情况，用 x 表示被 Cl 取代，用 y 表示被 F 取代，用 z 表示没有被取代。第二个小写字母表示分子另一个带双键的碳原子基团上的氢被卤素取代的情况，按基团质量大小依次标为 a，b，c，…，越后面的字母表示基团质量越小。例如，基团 CCl_2 用 a 表示，基团 CClF 用 b 表示，…，基团 CHF 用 e 表示，基团 CH_2 用 f 表示。比如，代号 R1234yf 表示 CH_2CFCF_3。也有丁烯类衍生物制冷剂被推荐，如 R1233zd（E）。

丙烯、丁烯类衍生物分子结构更为复杂，用后缀（E）来表示对面的同分异构体，用后缀（Z）表示同一侧的同分异构体。这一类制冷剂前缀组成应用"O"（olefin 烯烃）替代"C"，如 HFO、HCFO 分别指的是氢氟烯烃和氢氯氟烯烃。例如，可用 HFO1234yf 表示 R1234yf。

各种典型制冷剂的物性参数、安全性、ODP 和 GWP 指标列于表 3.1 - 4。

表 3.1 - 4   典型制冷剂一览表

	代号	分子式	分子量	安全性	标准沸点 $T/℃$	临界温度 $T_c/℃$	临界压力 p_c/kPa	ODP	GWP
自然工质	R717	NH_3	17.03	B2L	-33.4	132.3	11 333	0	<1
	R744	CO_2	44.01	A1	-78.5 升华	31.1	7377.3	0	1
	R290	C_3H_8	44.10	A3	-42.1	96.7	4251.2	0	~20
	R600a	C_4H_{10}	58.12	A3	-11.7	134.7	3629	0	~20
	R718	H_2O	18	A1	100	374.15	22 115	0	<1
CFC	R12	CCl_2F_2	120.91	A1	-29.8	112.0	4136.1	1.0	10 600
	R11	CCl_3F	137.37	A1	23.7	198.0	4407.6	1.000	4600
	R114	$CClF_2CClF_2$	170.92	A1	3.6	145.7	3257.0	0.85	9800
HCFC	R22	$CHClF_2$	86.47	A1	-40.8	96.1	4990.0	0.055	1700
	R123	$CHCl_2CF_3$	152.93	B1	27.8	183.7	3661.8	0.02	120
	R124	$CHClFCF_3$	136.48	A1	-12.0	122.3	3624.3	0.022	620
	R141b	CCl_2FCH_3	116.95	A2	32.1	204.4	4212.0	0.11	700
	R142b	$CClF_2CH_3$	100.5	A2	-9.1	137.1	4055.0	0.065	2400
HFC	R32	CH_2F_2	52.02	A2L	-51.7	78.1	5782.0	0	675
	R125	CHF_2CF_3	120.02	A1	-48.1	66.0	3617.7	0	3500
	R134a	CH_2FCF_3	102.03	A1	-26.1	101.1	4059.3	0	1430
	R143a	CH_3CF_3	84.04	A2	-47.2	73.0	3761.0	0	4470
	R152a	CHF_2CH_3	66.05	A2	-24.0	113.3	4516.8	0	124
HFO	R1234ze（E）	$CHF{=}CHCF_3$	114.04	A2L	-19.0	109.4	3634.9	0	<1
	R1234ze（Z）	$CHF{=}CHCF_3$	114.04	A2L	9.7	150.1	3533.0	0	<1
	R1234yf	$CH_2{=}CFCF_3$	114.04	A2L	-29.5	94.7	3382.2	0	<1
	R1233zd（E）	$CHCl{=}CHCF_3$	130.5	A1	18.3	165.6	3570.9	0	3.7

3. 混合物

由于纯质制冷剂在品种和性质上的局限性，人们开始探索不同纯制冷剂的混合物作为工质。这种由两种或两种以上纯制冷剂组成的混合物，称为混合制冷剂或混合工质。采用混合制冷剂会改善一些单一纯制冷剂的使用性能，扩大制冷剂的选择自由度。混合制冷剂分为共沸混合制冷剂和非共沸混合制冷剂。

（1）共沸混合制冷剂：两种或两种以上互溶的制冷剂按一定比例混合，所形成的溶液具有和纯质一样的性质，即液相和气相有相同的组分，在定压相变时有恒定的相变温度。共沸混合制冷剂符号为 R5（顺序号），例如，最早命名的共沸混合制冷剂符号为 R500，以后命名的按先后顺序依次为 R501，R502，…，R505。曾用过和正在研发的共沸制冷剂见表 3.1-5。

表 3.1-5　　　　　　　　　　共沸混合物

代号	组分	重量比	安全性	标准沸点 $T/℃$	临界温度 $T_c/℃$	临界压力 p_c/MPa	ODP	GWP
R500	R12/R152a	73.8/26.2	A1	−33.6	102.1	4.17	0.605	8100
R501	R22/R12	84.5/15.5	A1	−40.5	96.2	4.76	0.235	4100
R502	R22/R115	48.8/51.2	A1	−45.3	80.7	4.02	0.311	4600
R503	R23/R13	40.1/59.9	A1	−87.5	18.4	4.27	0	14 000
R504	R32/R115	48.2/51.8	A1	−57.7	62.1	4.44	0.295	4100
R505	R12/R31	78.0/22.0	A1	−30.0	117.8	4.73	0.640	—
R506	R31/R114	55.1/44.9	A1	−12.3	142.2	5.16	0.260	—
R507A	R125/R143a	50/50	A1	−47.1	70.9	3.79	0	3800
R508A	R23/R116	39/61	A1	−87.4	11.0	3.70	0	13 000
R508B	R23/R116	46/54	A1	−87.4	14.0	3.93	0	13 000
R509A	R22/R218	44/56	A1	−40.4	87.2	4.03	0.018	5700
R510A	RE170/R600a	94/6	A3	−24.9	127.9	5.33	0	3
R511A	R290/RE170	95/5	A3	−42	97.0	4.29	0	19
R512A	R134a/R152a	5/95	A2	−24	112.8	4.50	0	198
R513B	R1234yf/R134a	58.5/41.5	A1	−31.8	97.5	4.07	0	540
R515A	R1234ze (E) /R227ea	88/12	A1	−19	108.7	3.60	0	435
R516A	R1234yf/R134a/R152a	77.5/8.5/14	A2L/A1/ A2	−30.6	99.3	3.93	0	131

共沸混合物的 T—X（混合质量比）图如图 3.1-4 和 3.1-5 所示。可以看出，共沸混合制冷剂不符合理想溶液法则，其标准沸点比构成它的组分物质的标准沸点不是两者的平均值，要么低，要么高。因而，蒸发压力比其组分的蒸发压力要么低，要么高，可以扩大应用温度范围和提高单位容积制冷量。

因为形成共沸制冷剂需要特定的条件，至今发现的共沸混合制冷剂数量有限，并且只能从大量的试验中得出。在表 3.1-5 可以发现，从 R500 到 R506 的 ODP 值很高，从 R507 到 R509 的 GWP 值很高。后来的共沸制冷剂都是为降低 GWP，在开发中 R510A 和 R511A 是含有二甲醚的 RE170 混合物，二甲醚属低毒性。R512A 实际上与 R152a 差不多，R513B 到 R516A 都是含 HFO 的混合物。

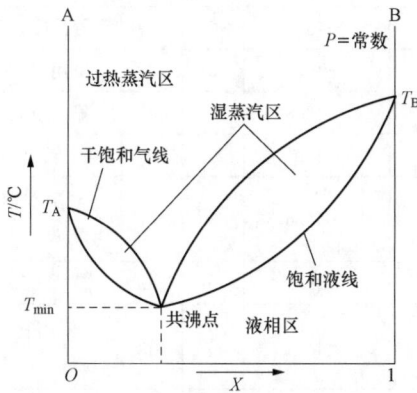

图 3.1-4　具有低沸点的共沸溶液　　　　图 3.1-5　具有高沸点的共沸溶液

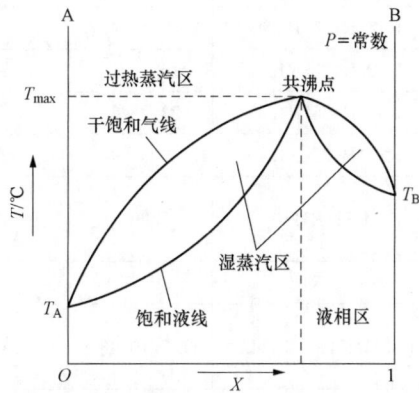

（2）非共沸混合制冷剂：两种或两种以上互溶的制冷剂按一定比例混合，所形成的溶液的液相和气相有不同的组分，在定压相变时有变化的相变温度。非共沸混合制冷剂符合理想溶液法则，则符号为 R4（以开发注册时间前后为序从 R401 开始，后面的大写字母 A、B、C 代表不同的组分比）非共沸混合物的 $T—X$ 图如图 3.1-6 所示。其中，相变温度滑移（temperature glide），也称泡露点差：$\Delta t = t_c - t_d$。

（3）近共沸混合物制冷剂：当非共沸混合溶液的饱和液线与干饱和蒸气线非常接近时，其定压相变时的温度滑移很小，可视为近似等温过程，将这类混合溶液叫作近共沸混合制冷剂。通常认为，泡露点的温度差小于 3℃ 的混合制冷剂称为近共沸混合制冷剂。近共沸混合制冷剂也归类为 R4，目前应用最广泛的就是 R410A。

近共沸混合物制冷剂和非共沸混合物制冷剂实际上是一类，但人们不希望非共沸点混合制冷剂的泡露点差（或称滑移温度）过大。近共沸混合制冷剂在循环时有较固定的蒸发温度和冷凝温度，在泄漏后再充注时，只要以液相充注，其成分的变化不会较大地影响机组性能。比如 R410A 的泡露点差仅为 0.1℃，可以当纯质使用。而替代 R22 的 R407C 的滑移温度是 6.7℃，在沸腾和凝结时会出现汽液组分不同。因此，R407C 只用于干式蒸发器系统，不能用于满液式蒸发器。如果严重泄漏后需要补充，可能得全部排出后再重充灌，以保证循环工况的不变。典型非共沸混合物见表 3.1-6，其中 R407 和 R410 系列的 ODP 为 0，主要是为了替代 R22，但都有较高的 GWP 值。虽然有很多注册为 R4 编号的非共沸混合制冷剂，但是并没有多少走向了应用。最新出现的 R444B 到 R455A 若干混合物，也是用

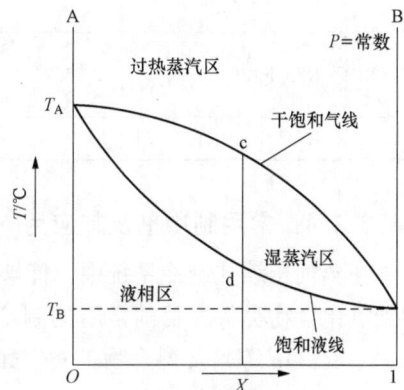

图 3.1-6　非共沸混合物的 $T—X$ 图

HFO 为组分降低 GWP 值。

表 3.1-6　　　　　　　　　　　　　　　　　典型非共沸混合物

代号	组分	重量比	安全性	名义沸点 $T/℃$	ODP	GWP	用途
R404A	R125/R143a/R134a	44/52/4	A1	−46.6	0	3700	冷冻冷藏
R407A	R32/R125/R134a	20/40/40	A1	−45.2	0	2100	冷冻冷藏
R407B	R32/R125/R134a	10/70/20	A1	−46.8	0	2700	家用空调
R407C	R32/R125/R134a	23/25/52	A1	−43.8	0	1700	家用空调
R407F	R32/R125/R134a	30/30/40	A1	−46.1	0	1800	冷冻冷藏
R410A	R32/R125	50/50	A1	−51.6	0	2100	家用空调、冷水机组及热泵
R410B	R32/R125	45/55	A1	−51.5	0	2200	替代 R502
R444B	R32/R152a/R1234ze	41.5/10/48.5	A2L	−45.4	0	312	家用空调、冷冻冷藏
R447B	R32/R125/R1234ze（E）	68/8/24	A2L/A1 A2L	−50.0	0	761	家用空调、冷水机组及热泵
R448A	R32/R125/R134a/ R1234yf/ R1234ze	26/26/21/ 20/7	A1	−46.84	0	1273	替代 R22 和 R404A
R449A	R32/R125/ R134a/R1234yf	24.3/24.7 /25.7/25.3	A1	−46.59	0	1397	替代 R22、R404a、R507 及 R407
R450A	R134a/R1234ze	42/58	A1	−24.9	0	547	冷冻冷藏、冷水机组及热泵
R452B	R32/R125/R1234yf	67/7/26	A2L	−51.3	0	719	家用空调、冷水机组及热泵
R455A	R744/R32/R1234yf	3/21.5/75.5	A2L	−58.7	0	155	冷冻冷藏

3.1.4　常用制冷剂及其应用

在蒸气压缩式制冷系统中，能够使用的制冷剂有卤代烃类（即氟利昂）、无机物类、饱和碳氢化合物类等，目前常用的制冷剂有自然工质（如 NH_3、R600a、CO_2 等）、合成工质（R22、R134a 等）及混合物工质（如 R410A 和 R407C 等）。现将它们的主要性质介绍如下。

1. R22 的特性

R22 对大气臭氧层有轻微破坏作用，并产生温室效应。它是第二批被列入限用与禁用的制冷剂之一。根据 2007 年《蒙特利尔议定书》第 19 次会议修正案，我国于 2015 年开始削减，并将在 2030 年 1 月 1 日起完全禁止生产和使用。

R22 也是最为广泛使用的中温制冷剂，标准蒸发温度为 −40.8℃，凝固点为 −160℃，单位容积制冷量稍低于氨，但比 R134a 大得多。压缩终温介于氨和 R134a 之间，能制取 −8℃ 以上的低温。

R22 无色、气味很弱、不燃烧、不爆炸、毒性比 R12 稍大，但仍属安全性制冷剂。它的传热性能与 R134a 相近，溶水性比 R12 稍大，但仍属于不溶于水的物质。含水量仍限制在 0.0025％之内，防止含水量过多和冰堵所采取的措施，与 R12 系统相同。

它的分子极性比较大，故对有机物的膨润作用更强。密封材料可采用氯乙醇橡胶，封闭式压缩机中的电动机绕组线圈可采用 QF 改性缩醛漆包线（F 级或 E 级）或 QZY 聚酯亚胺漆包线。

R22 能部分地与润滑油互溶，故在低温（蒸发器中）会出现分层现象。R22 广泛用于冷藏、空调、低温设备中。在活塞式、离心式、压缩机系统中均有采用。由于对大气臭氧层有微弱的破坏作用和较高的温室效应，正在淘汰过程中。

2. R717（氨）的特性

氨属于第一代制冷剂，不仅可以应用于压缩式制冷系统，还可以应用于吸收式和吸附式制冷系统。氨的标准沸点为 −33.4℃，凝固温度为 −77.7℃，工作压力适中，单位容积制冷量大，在传热性能、汽化潜热和导热方面均有优势，流动阻力小，价格也较为低廉，对大气臭氧层无破坏作用，目前仍被广泛采用；氨的主要缺点是有毒和可燃，属于 B2L 类物质，有强烈的刺激性臭味，大量泄漏会引起严重伤亡。

氨制冷系统中应设有空气分离器，以及时排除系统内的空气及其他不凝性气体，以免因系统中含有较多空气时，遇火引起爆炸。

氨与水可以以任意比例互溶，形成氨水溶液，在低温时水也不会从溶液中析出而造成冰堵的危险，所以氨系统中不必设置干燥器。但水分的存在会加剧对金属的腐蚀，所以氨中的含水量仍限制在≤0.2％的范围内。

氨在润滑油中的溶解度很小，油进入系统后，会在换热器的传热表面上形成油膜，影响传热效果，因此在氨制冷系统中往往设有油分离器。氨液的密度比润滑油小，运行中油会逐渐积存在贮液器、蒸发器等容器的底部，可以较方便地从容器底部定期放出。

氨对钢铁不起腐蚀作用，但对锌、铜及其铜合金（磷青铜除外）有腐蚀作用，因此在氨制冷系统中，不允许使用铜及其铜合金材料，只有连杆衬套、密封环等零件允许使用高锡磷青铜。目前氨用于蒸发温度在 −65℃以上的大、中型单、双级制冷机中。

3. R290（丙烷）的特性

R290 的标准沸点为 −42.1℃，临界温度为 96.8℃，其 ODP 为 0，是新一代的环保型制冷剂，但其安全级别为 A3，属于可燃工质。R290 的饱和蒸气压与 R22 非常接近，其汽化潜热为 R22 的 1.5 倍，导热系数也高于 R22，因此，在热力学性能方面，R290 有突出的优势。在系统中应用时，R290 的充注量仅为 R22 的 30％～40％，其排气温度和排气压力较低，有利于高温制冷，制冷能力略低于 R22，但是系统能效高于 R22。鉴于 R290 优异性能及环境有友好的特点，R290 制冷剂受到极力的推崇，尤其在小型家用空调，热泵热水器及其热泵干燥领域都得到很好的应用。但是，由于 R290 的可燃性属于 A3 等级，充注量受到了严格限制，所以在小型的机组中应用较多，随着国际社会对环保的要求越来越高，R290 的充注量逐渐放宽，也将拓宽 R290 制冷剂的使用范围。

4. R600a 的特性

R600a 的标准蒸发温度为 −11.7℃，凝固点为 −160℃，属中温制冷剂。它对大气臭氧层无破坏作用，无温室效应。无毒，但可燃、可爆，在空气中爆炸的体积分数为 1.8％～8.4％，故在有 R600a 存在的制冷管路，不允许采用气焊或电焊。它能与矿物油互溶。汽化潜热大，故系统充灌量少。热导率高，压缩比小，对提高压缩机的输气系数及压缩机效率有重要作用。等熵指数小，排温低。单位容积制冷量仅为 R12 的 50% 左右。工作压力低，低温下蒸发压力低于大气压力，因而增加了吸入空气的可能性。价格便宜。由于具有极好的环境特性，对大气完全没有污染，故目前广泛被采用于冰箱、冷柜等小型制冷器具，作为 R12 的替代工质之一。

5. R744（二氧化碳）的特性

二氧化碳（CO_2）是一种早期的制冷工质，同时又是一种再次开发的自然工质。干冰是固体二氧化碳的习惯称法。干冰的三相点参数为：三相点温度 -56.6℃，三相点压力 527kPa。因此，在大气压力下，二氧化碳为固态或气态，不存在液态。干冰在大气压力下的升华热为 573.6kJ/kg，升华温度为 -78.5℃。

自 19 世纪 80 年代至 20 世纪 50 年代，二氧化碳作为制冷工质被广泛地应用于制冷空调系统中，与氨工质一样，是当时最为常用的制冷工质。卤代烃类制冷工质被广泛应用后，二氧化碳迅速被取代。作为一种已经使用过且已证明对环境无害的工质，二氧化碳近几年又引起了人们的重视。在几种可用的制冷工质中，二氧化碳最具竞争力，在可燃性和毒性有严格限制的场合，二氧化碳是最理想的。

二氧化碳作为制冷工质可以应用于制冷空调系统的大部分领域，就目前发展现状而言，在汽车空调、热泵和复叠式循环等领域应用前景良好。二氧化碳跨临界循环由于排气温度过高、气体冷却器的换热性能好，因此比较适合汽车空调这种恶劣的工作环境。除此之外，二氧化碳系统在热泵方面的特殊优越性，在家用热泵热水器中使用可以获得较高的出水温度；二氧化碳在低温下工作时，黏度较小，传热性能良好，制冷能力大，作为低压级的制冷工质，与高压级制冷剂 NH_3 在复叠式制冷机组中使用，也具有可行性。但是，CO_2 的热力学性质较为特殊，临界温度为 31.1℃，而临界压力则高达 7.38MPa，导致系统运行压力过高，节流不可逆损失过大，人们在不断研究，以促进 CO_2 走向规模应用。

6. R134a 的特性

R134a 的标准蒸发温度为 -26.5℃，凝固点为 -101℃，属中温制冷剂。它的特性与 R12 相近，无色、无味、无毒、不燃烧、不爆炸。汽化潜热比 R12 大，与矿物性润滑油不相溶，必须采用聚酯类合成油（如聚烯烃乙二醇）。与丁腈橡胶不相容，须改用聚丁腈橡胶作密封元件。吸水性较强，且易与水反应生成酸，腐蚀制冷机管路及压缩机，故对系统的干燥度提出了更高的要求，系统中的干燥剂应换成 XH-7 或 XH-9 型分子筛，压缩机线圈及绝缘材料须加强绝缘等级。击穿电压、介电常数比 R12 低。热导率比 R12 约高 30%。对金属、非金属材料的腐蚀性及渗漏性与 R12 相同。R134a 对大气臭氧层无破坏作用，但其 GWP 值较高，约为 1430，是《蒙特利尔议定书基加利修正案》中需要控制减排的温室气体，属过渡性替代制冷剂，在未来也将被淘汰。

7. R410A 的特性

R410A 的单位容积制冷量较大，传热性能及流动性能较好，但相同条件下 R410A 的蒸发、冷凝压力是 R22 的 1.6 倍，因此，压缩机、换热器管壁、阀类元件和弯头等制冷系统元件需要较大的设计变更，不能用原有 R22 系统的直接充灌，故 R410A 仅仅适合于新设计的小型空调制冷装置中。由于蒸气压力高，系统性能受压降损失的影响不敏感，因此循环时工质流速可以很大，有利于热交换器的传热。由于 R410A 是近共沸混合工质，其滑移温度小于 0.17℃，使用过程中基本不存在组分迁移问题。R410A 属于 HFC 类工质，与矿物油和烷基苯油不相溶，R410A 应使用 POE 油。由于 R410A 不含氯元素，故对大气臭氧层无破坏作用，但其 GWP 值较高，为 2100，是《蒙特利尔议定书基加利修正案》中需要控制减排的温室气体，属过渡性替代制冷剂，在未来也将被淘汰。

8. R32 的特性

R32 无色、无味，它是一种毒性和 R22 相当、弱可燃的制冷剂，但在 R22 的几种替代物 R32、R290、R161、R1234yf 中，R32 的燃烧下限 LFL（着火下限）最高为 14.4%，最不易燃烧，安全性属于 A2L，相对安全。与 R410A 相比，R32 的充注量仅为 R410A 的 71%。R32 系统工作压力比 R410A 高，但最大升高不超过 2.6%，与 R410A 系统的承压要求相当，同时 R32 系统排气温度比 R410A 高，需要在压缩机设计上考虑降低排气温度的问题。在理论循环性能方面，R32 系统制冷量比 R410A 要高 12.6%，功耗增加 8.1%，综合节能 4.3%，实验结果也表明采用了 R32 的制冷系统比 R410A 能效比略有增高，ODP 值为 0，GWP 值为 675。

9. R1234yf 等 HFO 不饱和烯烃衍生物

由于烯烃有不饱和双键，泄漏后容易断裂，其衍生物寿命很短。因此，其 GWP 值很低。R1234yf 的热力学性能与 R134a 非常接近，因此可以替代 R134a，但其价格目前不菲，很难有竞争力。HCFO 类甚至含有氯，HFO 的分解产物很可能带来环境影响，不能只看它的单一表观寿命，还得分析全生命周期的环境影响，目前研究报道不多。

3.1.5 制冷剂状态参数的计算

在计算制冷剂的状态参数时，可假设其为理想气体，所谓理想气体是指分子间没有作用力，分子体积为零的一种理想气体，它具有最简单的物理结构模型。运用气体分子运动论可推导出理想气体状态方程：

$$pV = RT \tag{3.1-1}$$

式中　p——气体压强，Pa；

　　　V——气体摩尔体积，m^3/mol；

　　　T——绝对温度，K；

　　　R——通用气体常数，取 $8.314kJ/(kmol \cdot K)$。

1. 范德瓦尔状态方程

为克服理想气体状态方程的不足，方程考虑了分子的体积和作用力，将理想气体状态方程作了修正：

$$\left(p + \frac{a}{V^2}\right)(V - b) = RT$$

$$p = \frac{RT}{V - b} - \frac{a}{V^2} \tag{3.1-2}$$

该公式虽然不很精确，但是它对后来类似状态方程的开发有着巨大的贡献，式中参数 a 考虑了分子间的引力，参数 b 表示气体体积中包含气体分子本身的总体积，因此要减去。a 和 b 值可以由实验值拟合，也可以用临界温度和临界压力求出，属于经验方程。

2. R—K 方程

R—K 方程是在范德瓦尔状态方程的基础上，对压力校正项进行了修正，提出以下方程：

$$p = \frac{RT}{V - b} - \frac{a}{T^{0.5}V(V + b)} \tag{3.1-3}$$

其中，参数 a 和 b 的确定方法同样可由临界压力和临界温度求得，类似的 R—K—S 方程和 P—R 方程，经改进后方程的精度都有较大的提高。

3. 多参数状态方程

在对状态方程的研究中，除了上述的立方型状态方程外，多参数状态方程的研究是另外一条方向，代表性的是马丁—侯方程，其形式为

$$p = \frac{RT}{V-b} + \sum_{i=2}^{5} \frac{A_i + B_i T + C_i e^{kT_r}}{(V-b)^i} \qquad (3.1-4)$$

多参数状态方程的系数 A_i、B_i、C_i 来自实测值的拟合，有更高的精度，经验方程一般不能用于外推。为了更高的精度，还可以添上一个修正项。

4. 维里（Virial）方程

海克·卡姆林·昂内斯（Heike Kammerlingh Onnes）在 1931 年从理论上分析物质的热力学性质可以用某状态参数的无穷项幂级数表示：

$$\frac{pV}{RT} = 1 + B'p + C'p^2 + D'p^3 + \cdots$$

$$pV = a + \frac{b}{V} + \frac{c}{V^2} + \cdots \quad \text{或} \quad Z = \frac{pV}{RT} = 1 + \frac{B}{V} + \frac{C}{V^2} \qquad (3.1-5)$$

式中 a、b、c、V_i、B'、C'、D'——维里系数，仍需要从试验数据得出，在实际应用中多只用前两三项。

5. 混合制冷剂方程

目前，在制冷剂的选择中为兼顾环保性和安全性，常采用混合制冷剂的替代方案，而混合物有其不同于纯工质的特点，混合工质中分子之间的作用不仅涉及同种组元之间的作用，而且还涉及各组元之间的相互作用。这些不同分子间的作用关系是描述混合工质物性计算的关键，为实现混合物性质的高精度计算，混合规则的选择尤为重要。

对于立方型的状态方程（即 vdw、RK、SRK 和 PR）的混合规则通常为

$$a_m = \sum_{i=1}^{2} \sum_{j=1}^{2} x_i x_j a_{ij}$$

$$a_{ij} = (1-k_{ij}) a_i^{1/2} a_j^{1/2}$$

$$b_m = \sum_{i=1}^{2} x_i b_i \qquad (3.1-6)$$

式中 a_m、b_m——混合物状态方程系数；

$\quad\quad a_{ij}$——交叉项；

$\quad\quad k_{ij}$——二元交互系数，二元交互系数反映了两分子之间的相互作用性质以及非理想特性，可从试验数据优化回归得出。

此外，还有 BWR 和 BWRS 方程混合规则和 HV 混合规则等。

3.2 载 冷 剂

3.2.1 载冷剂的定义

在间接供冷系统中用以传递冷量的中间介质，称为载冷剂（冷媒）。载冷剂在蒸发器内被制冷剂冷却降温，然后再冷却被冷却物，从而实现远距离输送制冷装置产生的冷量。

3.2.2　对载冷剂物理化学性质的要求

载冷剂的物理化学性质应尽量满足以下要求：

（1）在使用温度范围内，不凝固、不汽化。

（2）比热容大，输送一定的冷量所需流量小。

（3）导热系数大，可增加传热效率，减少换热设备的传热面积。

（4）黏度小，可减少流动阻力和输送泵功。

（5）化学稳定性好，不腐蚀设备和管道，无毒，不燃、不爆，挥发性小。

（6）价格低廉，易于获得。

3.2.3　常用的载冷剂

常用的载冷剂有空气、水、盐水溶液、有机化合物及其水溶液。

1. 空气

空气作为载冷剂在冷库及空调中多有采用。空气比热容较小，所需传热面积大。

2. 水

水是一种比较理想的载冷剂，它比热容大，导热系数大、黏度小、腐蚀性小、来源充沛，但只能用于载冷温度在 0℃ 以上的场合。空调系统中多有采用，水在蒸发器中被冷却，然后再送入风机盘管或其他冷却装置，对空气进行温湿度调节。

3. 盐水溶液

盐水溶液有较低的凝固温度，适用于中、低温冷量的传输。常用的有氯化钠（NaCl）、氯化钙（$CaCl_2$）、氯化镁（$MgCl_2$）。

选择盐水溶液浓度时应注意，盐水溶液浓度越大，其密度越大，流动阻力也越大，而比热减小，输送相同冷量时，需增加盐水溶液的流量。因此，只要保证蒸发器中盐水溶液不冻结，凝固温度不要选择太低，而且浓度不应大于共晶点浓度。盐水的凝固温度取决于盐的种类和配置的浓度，盐水溶液的温度—浓度图，如图 3.2-1 所示。

在开式盐水循环系统中，盐水溶液吸收空气中的水分，浓度逐渐降低，凝固温度升高，因此应定期增补盐量，以维持要求的浓度。

氯化钠和氯化钙盐水溶液对金属都有一定的腐蚀性，尤其是开式系统，腐蚀更加严重。为了延缓腐蚀，通常在盐水中加入一定量的缓蚀剂。

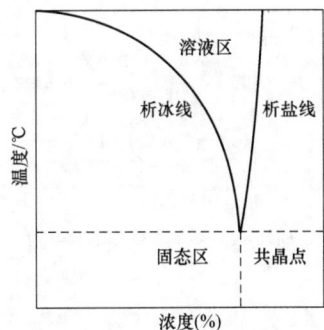

图 3.2-1　盐水溶液的温度—浓度图

4. 有机物载冷剂

用作载冷剂的有机溶液有乙二醇、丙三醇、乙醇、二氯甲烷、三氯乙烯等。有机物载冷剂沸点均较低，因此一般都采用闭式循环。

（1）乙二醇水溶液。乙二醇（CH_2OHCH_2OH）无色、无味、无电解性、不燃烧、化学性质稳定。乙二醇水溶液略有腐蚀性，使用时需加缓蚀剂。在质量分数小于 60% 时，凝固点随乙二醇质量分数增大而降低。

（2）丙三醇水溶液。丙三醇（$CH_2OHCHOHCH_2OH$）无色、无味、无毒、对金属不腐蚀，化学性质稳定，可与食品直接接触而不引起腐蚀，并有抑制微生物生长的作用，所以常用于啤酒、制乳工业以及某些接触式食品冷冻装置中。

（3）乙醇水溶液。乙醇（C_2H_5OH）是具有芳香味的无色易燃液体，可以任意比溶于水，易挥发，凝固点$-114℃$，可用作$-100℃$以上的低温载冷剂。

3.3 蓄冷与蓄热

3.3.1 蓄冷

冰蓄冷就是将水制成冰，利用冰的相变潜热进行冷量的储存。

1. 冰盘管式系统

冰盘管式系统又称直接蒸发式蓄冷系统，即蒸发器直接放入蓄冷槽内，冰冻结在蒸发器盘管上。融冰过程中，冰由外向内融化，温度较高的冷冻水回水与冰直接接触，可以在较短的时间内制出大量的低温冷冻水。冰盘管结冰的情况如图3.3-1所示。这种系统特别适合于短时间内要求冷量大、温度低的场所，如一些工业加工过程及低温送风空调系统。

图 3.3-1 冰盘管结冰的情况

2. 冰球式冰蓄冷

冰球式冰蓄冷系统是将冷水机组制出的低温乙二醇水溶液（二次冷媒）送入蓄冰槽（桶）中的塑料球或金属球外，使球内的水（或水溶液）结成冰。融冰时从空调负荷端流回的温度较高的乙二醇水溶液进入蓄冰槽，流过塑料球或金属球外，将球内的冰融化，乙二醇水溶液的温度下降，再被抽回到空调负荷端使用，如图3.3-2所示。

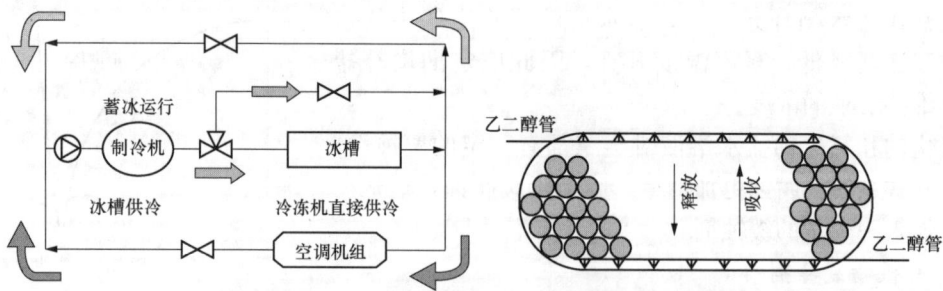

图 3.3-2 球式储冰系统（左）和储冰槽（右）

3. 动态制冰晶

流化冰是一种不同于传统固体冰的全新冰，它可与液体混合而形成具有流动性的冰浆，也可单独存在，形成外观像雪一样的微小冰晶颗粒。它具有流体的特性，可用管道进行输送；又具有冰的特性，冷却快，潜热大。

动态制冰晶系统的基本组成是以制冰机作为制冷设备，以保温的槽体作为蓄冷设备，用海水或含有乙二醇等溶剂的水溶液进入具有特殊结构的蒸发器得到冰晶。蓄冷槽的蓄冰率最高可达 75%。图 3.3 - 3 是流化冰的原理图和用海水制冰晶的系统图。

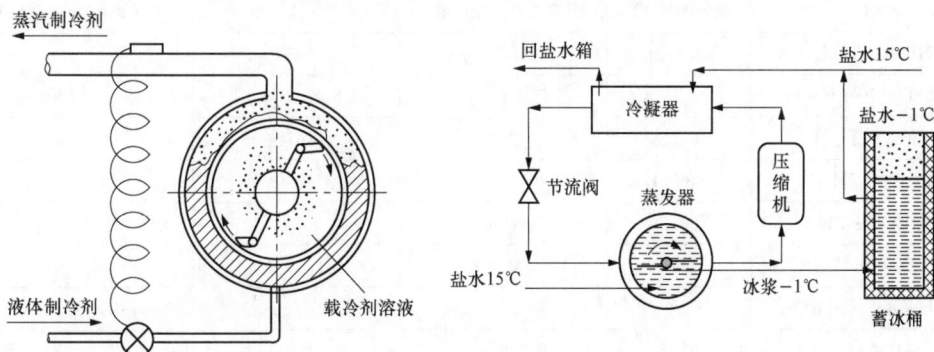

图 3.3 - 3   流化冰的原理（左）和系统（右）

3.3.2   相变蓄热

广义的蓄热温度范围很宽泛，可能有上千摄氏度的高温蓄热。本书主要讲述与热泵循环有关的蓄热，温度通常在 40～60℃，有水蓄热和相变介质蓄热。纯净石蜡（Paraffin Wax）类材料的相变温度比较合适，见表 3.3 - 1。与冰的熔化潜热相比，石蜡只相当冰变水潜热的 3/4，但石蜡的密度较小，因此蓄热槽的体积要加大。在较大量应用时要注意防火。

表 3.3 - 1 　　　　　　　　　　石蜡类储热材料性能

碳原子个数	熔点/℃	融化潜热 r / (kJ/kg)	密度 ρ / (kg/m³)	导热系数 $\lambda \times 10^2$ / [W/(m·K)]	比定压热容 c_p / [kJ/(kg·K)]
14	5.5	226	771	15.0	2.07
16	16.7	237	776	15.1	2.11
18	28	243	778	15.1	2.16
20	36.7	247	780	15.1	2.0
22	44.4	249	780	15.1	2.12
24	51.5	253	780	15.1	2.12
26	56.1	256	780	15.1	2.12
28	61.1	253	780	15.1	2.12
30	65.5	251	780	15.1	2.12

另外，有一类化合物名为水合盐（Hydrated Salts），即含有结晶水的盐类，见表 3.3 - 2。在一定温度下，水合盐可以熔化或凝固，同时吸入或放出相变潜热。但水合盐的稳定性不好，多次相变会把结晶水排出且对金属有腐蚀性，目前还在研究中或有小规模的应用。

表 3.3 - 2 　　　　　　　　　水合盐相变储热材料的热物性参数

名称	融化温度/℃	相变潜热/(kJ/kg)	密度/(kg/m³)	热导系数/[W/(m·K)]
$CaCl_2 \cdot 6H_2O$	29.7/29	171/190.8	1562（32℃）	0.54（38.7℃）
$Na_2SO_4 \cdot 10H_2O$	32	254	1485	0.544
$Na_2CO_3 \cdot 10H_2O$	33	247	1442	—

名称	融化温度/℃	相变潜热/(kJ/kg)	密度/(kg/m³)	热导系数/[W/(m·K)]
$Na_2HPO_4 \cdot 12H_2O$	35.5/36	265/280	1522	—
$Zn(NO_3)_2 \cdot 6H_2O$	36/36.4	146.9/147	1828（36℃）	0.464/0.469
$MgSO_4 \cdot 7H_2O$	67.5	204	1670	—
$Na_2S_2O_3 \cdot 7H_2O$	48/50	201/209.3	1750	—
$NaCH_3COO \cdot 3H_2O$	58.5	226	1450	—
$Al_2(SO_4)_3 \cdot 12H_2O$	88	218	1715.6	—
$Mg(NO_3)_2 \cdot 6H_2O$	89/90	149.5/162.8	1636（25℃）	0.611（37℃）
$KAl(SO_4)_2 \cdot 12H_2O$	92.5	232.4	1757	—
$NH_4Al(SO_4)_2 \cdot 12H_2O$	95	269	1640	—

3.4 润滑油

润滑油或称冷冻油在制冷与热泵系统中起着润滑工作部件、降低压缩机噪声、密封和冷却摩擦表面的作用。对制冷设备的工作性能和使用寿命有较大的影响。一般来说，润滑油需要具有良好的热稳定性、化学稳定性和低温流动性以及适当的黏度等。

3.4.1 制冷系统对润滑油的要求

润滑油是否适用于制冷系统，主要取决于润滑油特性能否满足要求。评价润滑油品质的主要因素有以下 5 个。

（1）黏度。黏度决定了滑动轴承中油膜的承载能力、摩擦功耗及密封能力。黏度太小，在压缩机轴承不能建立所需要的油膜；黏度过大，则承载力强，密封性好，但流动阻力较大，压缩机启动克服的阻力也较大。制冷工业中，汽车空调与固定式制冷系统对润滑油黏度的要求是不同的。汽车空调要求所用润滑油的黏度较高，而固定式制冷系统，特别是家用电冰箱要求用较低黏度的润滑油。其主要原因是高黏度润滑油可能在毛细管内形成"蜡堵"或"油弹"现象，影响毛细管的正常工作。当然，润滑油的黏度对压缩机的能耗也有影响，但考核的参数取决于润滑油与制冷剂混合物的黏度，而不仅仅是润滑油本身的黏度。

（2）与制冷剂的互溶性。若互溶性好，在换热器换热管内表面不易形成油膜，对换热有利，同时润滑油可以被带到各个部位发挥作用。另外，互溶性较好时，在换热器内不会发生"池积"现象，有利于压缩机回油。但互溶会降低油的黏度，导致压缩机内油膜过薄，影响压缩机润滑。

（3）热化学稳定性。在制冷剂、油、金属共存的系统中，高温会促使润滑油发生化学反应，导致油的分解、裂化，生成沉积物和焦炭。同时，润滑油分解后产生的酸也会腐蚀电气绝缘材料。润滑油的稳定性包括热稳定性和化学稳定性。

（4）低吸水性。若润滑油具有较强的亲水性，会带入一定量的水分进入系统，在节流阀中，水可能会形成"冰堵"现象。因此，在采用亲水性润滑油的系统中，必须安装干燥过滤器。

（5）凝固点要低，在低温下有良好的流动性。若低温流动性差，则会沉积在蒸发器内，影响换热能力或凝结在压缩机底部，失去润滑作用。

3.4.2 润滑油的分类和特性

1. 润滑油的分类

（1）矿物油。矿物油来自石油冶炼产品。因石油分为石蜡基原油、烷烃基原油和中间基础原油，所以生产出来的冷冻油也分为石蜡基冷冻油、烷烃基冷冻油和中间基础冷冻油。矿物油的分子结构大多是非极性或弱极性的，因此只有分子结构相似并是非极性或弱极性的氟利昂类制冷剂与矿物油可以互溶或部分互溶，比如 R22 与矿物油可以部分互溶，R600a 和 R290 与矿物油互溶。HFC 制冷剂与矿物油不相溶。

（2）合成油。按照基础油的不同，冷冻油可分为半合成冷冻油和全合成冷冻油，两者统称为合成冷冻油。其中，包括：

A. 合成润滑油 PAG 是 Poly Alkylene Glycol 的缩写，是一种合成的聚（乙）二醇类润滑油。PAG 的倾点较低，有良好的低温流动性和润滑性，可用 HFC 类、烃类和氨作为制冷剂的制冷系统中的润滑油。其分子式如图 3.4-1 所示。

B. 合成润滑油 POE 是 Polyol Ester 的缩写，又称聚酯油，它是一类合成的多元醇酯类油，是多元醇和羧基酸的反应产物中脱水得到的，可分为直碳链酸和支碳链酸，分子式如图 3.4-2 所示。POE 油不仅能良好地用于 HFC 类制冷剂系统中，也能用于烃类制冷。

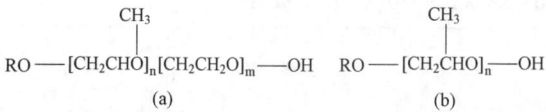

图 3.4-1　合成润滑油 PAG
（a）聚乙烯乙二醇；（b）聚乙烯乙二醇乙酸酯

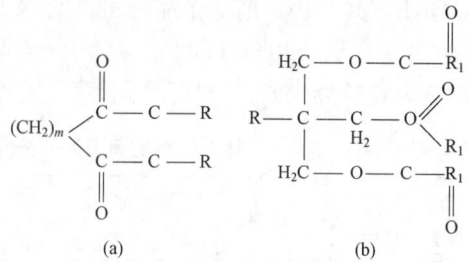

图 3.4-2　合成润滑油 POE
（a）二脂；（b）多羟基脂

C. 聚 α 烯烃类润滑油 PAO 是 Poly-alphaolefin 的缩写，α-烯烃聚合物提炼而成，其 α-烯烃的碳含量对 PAO 的性能影响较大，其分子式如图 3.4-3 所示。

D. 烷基苯类润滑油 AB（Alkyl Benzene）是合成的芳香族碳氢化合物，其分子式如图 3.4-4 所示。该类润滑油与密封垫具有很好相溶性，并具有良好的绝缘性。同时，还有较高的抗磨损、抗污染和抗水解性能，密封和绝缘性能优越。

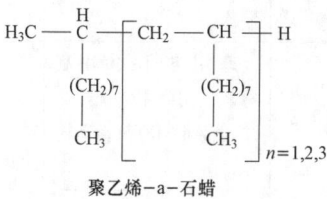

图 3.4-3　合成润滑油 PAO

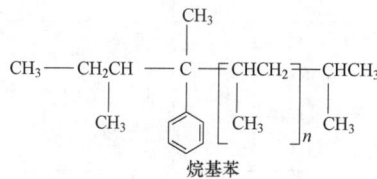

图 3.4-4　合成润滑油 AB

2. 润滑油的特性

（1）矿物油的特性。

矿物型冷冻油，简称矿物油（MO），在制冷系统中已经使用了数十年，其基础油包括直链、支链烷烃、五元环等饱和烷烃及芳香烃。矿物油根据精炼程度不同，又可以分为环烷和石蜡两个系列，环烷系列的分子结构呈环状而石蜡系列呈直链状。环烷的黏度指数偏低，低温流动性较好，无极性；石蜡的黏度指数偏高，稳定性较好，但低温流动性差。矿物油与HCs 等可以完全互溶，与 R22 等部分互溶，与 NH_3、R134a、CO_2 等不互溶。

（2）合成润滑油的特性。

由于矿物油与几乎所有的 HFCs 制冷剂不互溶，因此为了推广使用新型环保制冷剂，人们开发了合成类冷冻油。与矿物油相比，合成润滑油具有优异的综合性能，如：高温氧化稳定性好，残炭低，闪点高、挥发性低，低温流动特性好，润滑性能好，使用温度范围大。采用了合成润滑油可延长换油周期（8～10 倍）；减少过滤器和油气分离器更换次数；减少机械零件如活塞环、轴承及密封件的更换次数，降低系统制冷的维护费。特别是采用合成酯类油，可明显减少油泥、沉淀和积炭，提高曲轴箱的清洁度，保证良好的传热效果，减少摩擦。

矿物油或合成油选用通常是某种制冷剂的压缩机所指定的，不能随意变动。

3. 润滑油的其他分类

国际标准化组织在 ISO 6743/3B—2003 分类标准中（表 3.4-1），根据冷冻机油的组成特性、蒸发器的操作温度和所用制冷剂的类型，把冷冻机油分为 DRA、DRB、DRC、DRD 和 DRE，共 5 种。前 3 个品种可以是深度精制的矿物油或合成烃油，并适用于蒸发器操作温度分别高于 −40℃（DRA）、低于 −40℃（DRB）和高于 0℃（DRC）的各种制冷压缩机。DRD 为非烃合成油，适用于所有蒸发温度和润滑油与制冷剂不互溶的开启式压缩机。

表 3.4-1 　　　　　制冷压缩机润滑油的分类（GB/T 16632—2012《冷冻机油》）

分组字母	主要应用	制冷剂	润滑剂分组	润滑剂类型	代号	典型应用	备注
D	制冷压缩机	NH_3（氨）	不相溶	深度精制矿物油（环烷基油或石蜡基），合成烃（烷基苯，聚α烯烃等）	DRA	工业用和商业用制冷	开启或半封闭式压缩机的满液式蒸发器
			相溶	聚（亚烷基）二醇	DRB	工业用和商业用制冷	开启式压缩机或工厂厂房装置用的直膨式蒸发器
		HFCs（氢氟烃类）	相溶	聚酯油，聚乙烯醚，聚（亚烷基）二醇	DRD	车用空调，家用制冷，民用商用空调，热泵，商业制冷包括运输制冷	—
		HCFCs（氢氯氟烃类）	相溶	深度精制矿物油（环烷基油或石蜡基），烷基苯，聚酯油，聚乙烯醚	DRE	车用空调，家用制冷，民用商用空调，热泵，商业制冷包括运输制冷	—
		HCs（烃类）	相溶	深度精制矿物油（环烷基油或石蜡基），聚（亚烷基）二醇，合成烃（烷基苯，聚α烯烃等），聚酯油，聚乙烯醚	DRG	工业制冷，家用制冷，民用商用空调，热泵	工厂厂房用的低负载制冷装置

本 章 小 结

本章有三项内容：制冷剂、载冷剂和润滑油。其中，制冷剂是制冷与热泵系统的循环工质，用来产生冷量和热量。早期的制冷剂源于自然界或初级的化工产品，为了改善制冷与热泵系统的性能，人们开发了化工合成的制冷剂，应用最多的是烃类的卤素衍生物，20世纪二三十年代以后，曾经有百十种化合物任人选择。这种合成制冷剂的天下很快遇到大自然的报复，合成制冷剂的大量使用导致了臭氧层的破坏和温室效应，国际社会为此形成国际条约来限制和淘汰合成制冷剂。虽然找到了烯烃类的衍生物有可能延续合成制冷剂的应用，自然工质因为不破坏臭氧层，也没有温室效应，成本很低，将受到重视。

载冷剂是可以携带冷量或热量的流体，通常也是自然界方便易得的物质。例如，空气、水、盐水或醇类水溶液。蓄冷和蓄热又增加了冰或其他相变物质。

因为压缩机离不开润滑油，所以，润滑油是制冷与热泵系统不可缺少的，但又不希望润滑油影响制冷与热泵系统的性能。这将由润滑系统的合理设计来解决。

第4章 压缩机

4.1 压缩机的分类

压缩机是蒸气压缩式制冷装置的一个重要设备，业内称压缩机是制冷与热泵系统的心脏。制冷压缩机的形式很多，根据工作原理的不同，可分为两类，即容积型压缩机和速度型压缩机（离心式压缩机）。容积型压缩机是靠改变工作腔的容积，将吸入一定量气体进行体积上的压缩再排出。常用的容积型压缩机有往复活塞式制冷压缩机和回转式制冷压缩机，后者主要包括转子式、涡旋式和螺杆式，螺杆式压缩机又分为单螺杆式和双螺杆式。离心式压缩机是靠离心力的作用，连续地将吸入的气体压缩。这种制冷压缩机的转数高，制冷能力通常较大。

压缩机按容量大小，又可分为大型（标准制冷量大于600kW）、中型（标准制冷量介于60～600kW）和小型（标准制冷量小于60kW）。按结构，可分为开启式、半封闭式和全封闭式。

常用制冷压缩机的分类如图4.1-1所示。

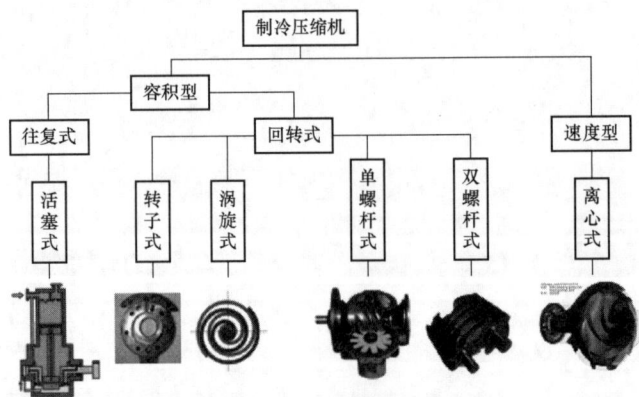

图4.1-1 压缩机的分类

因为制冷与热泵涉及的应用很广泛，因分类角度不同，按用途通常分为民用、商用和工农业应用，还可分为制冰（冷库）、建筑空调用和特殊应用。各种压缩机的应用，见表4.1-1。

表4.1-1   各种压缩机的应用

	家用冰箱和冷柜	房间空调和热泵	汽车空调	商用制冷和热泵	工农业制冷和热泵	大型制冷和热泵
活塞式 *	100W ←				→ 200kW	
滚动转子式	100W ←			→ 10kW		
涡旋式		5kW ←			→ 100kW	
螺杆式					150kW ←	→ 1500kW
离心式						350kW 以上 ←

* 活塞式压缩机除了冰箱冷柜和汽车空调用的 R134a、R600a、R290 等工质外，多是 CO_2 工质。

4.2　活塞式压缩机

在各种类型制冷压缩机中，活塞式压缩机是问世最早、至今还广为应用的一种机型，其优点十分明显：①能适应较广阔的工作压力范围和制冷量要求，可应用较高的压力或较低的温度；②由于历史长，配件多已标准化，生产和维修相对方便；③高速、多缸，能量可调；④适用于多种制冷剂；⑤形状较易加工，压缩过程采用活塞环密封。这些优点使它在各种制冷空调装置，特别在中、小冷量范围内，成为制冷机中最广、生产批量最大的一种机型。

4.2.1　活塞式压缩机基本结构和工作原理

图 4.2-1 给出了压缩机的主要零部件及其组成：压缩机的机体由气缸体 9 和曲轴箱组成，气缸体中装有活塞 12，曲轴箱中装有曲轴 10，通过连杆 11 将曲轴和活塞连接起来，在气缸顶部装有吸气阀 3 和排气阀 7，通过吸气腔 3 和排气腔 6 分别与吸气管 1 和排气管 8 相连。当曲轴被原动机带动旋转时，通过连杆的传动，活塞在气缸内作上、下往复运动，并在吸、排气阀的配合下，完成对制冷剂的吸入、压缩和输送。

活塞式压缩机的曲轴每转一圈，活塞往复一次就是一个工作循环，分为 4 个过程，如图 4.2-2 所示。

1. 压缩过程

通过压缩过程将制冷剂的压力提高。当活塞处于最下端位置 1—1（称为内止点或下止点）时，气缸内充满了从蒸发器吸入的低压蒸气，吸气过程结束；活塞在曲轴 - 连杆机构的带动下开始向上移动，

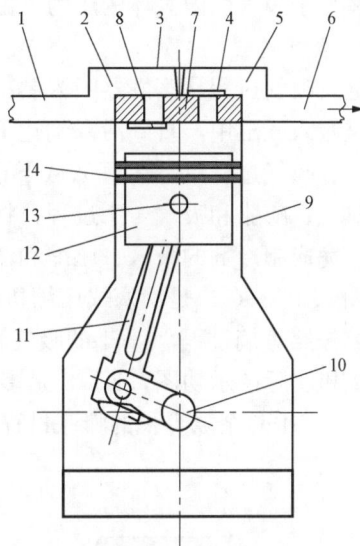

图 4.2-1　单缸压缩机示意图

1—吸气管；2—吸气腔；3—吸气阀；4—气缸盖；5—阀板；6—排气腔；7—排气阀；8—排气管；9—气缸体；10—曲轴；11—连杆；12—活塞；13—活塞销；14—活塞环

此时吸气阀关闭，气缸容积逐渐减小，处于缸内的制冷剂受压缩，温度和压力逐渐升高。活塞移动到 2—2 位置时，气缸内的蒸气压力升高到略高于排气腔中的制冷剂压力时，排气阀开启，开始排气。

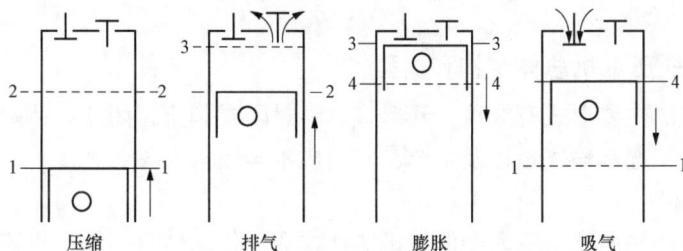

图 4.2-2　活塞式压缩机的工作过程

47

2. 排气过程

制冷剂从气缸向排气管输出的过程称为排气过程。活塞继续向上运动，气缸2内的制冷剂的压力不再升高，制冷剂不断地通过排气管排出，直到活塞运动到最高位置3—3（称为外止点或上止点）时排气过程结束。

3. 膨胀过程

通过膨胀过程将制冷剂的压力降低。活塞运行到上止点时，由于压缩机的结构及制造工艺等原因，气缸中仍有一些空间，该空间的容积余隙称为余隙容积。排气过程结束时，在余隙容积中的气体为高压气体。活塞开始向下移动时，排气阀关闭。吸气腔内的低压气体不能立即进入气缸，此时余隙容积内的高压气体因容积增加而压力下降，直至气缸内气体的压力降至稍低于吸气腔内气体的压力，即将开始吸气过程时为止。此时，活塞处于位置4—4。

4. 吸气过程

通过吸气过程从蒸发器吸入制冷剂。活塞从位置4—4向下运动时，吸气阀开启，低压气体被吸入气缸中，直到活塞到达下止点1—1的位置。

完成吸气过程后，活塞又从下止点向上止点运动，重新开始压缩过程。压缩机经过压缩、排气、膨胀和吸气4个过程，将蒸发器内的低压蒸气吸入，经过压缩压力升高后排入冷凝器，完成制冷剂的吸入、压缩和输送。

图4.2-3（a）是活塞式压缩机的理论示功图，压缩机没有任何不可逆损失，1到2点的压缩按照等熵过程，4—1的吸气和2—3的排气都没有任何损失。而图4.2-3（b）是活塞式压缩机实际的示功图，$1'—2'$是多变过程，$4'—1'$吸气过程和$2'—3'$排气过程都有进排气压差，$3'—4'$是余隙容积的膨胀过程，也是多变过程。

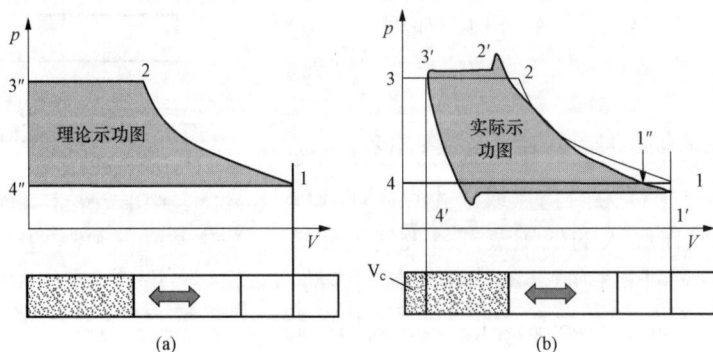

图4.2-3　活塞式压缩机的示功图
（a）压缩机的理论示功图；（b）压缩机的实际示功图

4.2.2　活塞式压缩机总体结构和类型

活塞式压缩机的主要形式有3种：开启式、半封闭式和全封闭式。活塞式压缩机的总体结构与密封方式、工况、输气量以及生产、安装成本等因素有关。

1. 开启式压缩机

开启式压缩机曲轴的功率输入端伸出机体外，通过传动装置与原动机连接。曲轴伸出部位装有轴封装置，防止泄漏。由于轴封装置不可能绝对可靠地密封，故制冷剂的泄漏或空气的渗入（当工作压力低于大气压力）是不可避免的。开启式压缩机的原动机独立于制冷系统之外，因此原动机的种类不局限于电动机，内燃机也可作为原动机。这一特点使开启式压缩机在汽车等移动式运载工具上得到十分广泛的应用，另外重要的应用场合就是燃气热泵。

　　开启式压缩机的机体是整体铸造结构，吸气腔、排气腔设置在机体中，可拆卸的气缸套置于机体上部的气缸孔座内。气缸套被周围的吸入蒸气所冷却。气缸内压缩蒸气的活塞是铝合金的筒形活塞，由连杆带动做往复运动。压缩蒸气所需的功率全部通过曲轴传递，因此曲轴是压缩机中主要的受力运动部件。曲轴连杆机构将驱动机的旋转运动变为往复运动。压缩机设有油泵供油的润滑系统。压缩机的前后端装有吸、排气管。低压蒸气从吸气管经过滤网进入机体的吸气腔，再经气缸套上部的吸气阀进入气缸内。被压缩后的蒸气通过排气阀进入气腔内，再由排气管排出。多缸压缩机中有能量调节装置，利用顶杆卸载机构顶起吸气阀片而使气缸不起压缩作用。卸载机构的顶杆用油压控制起落。这种能量调节装置只消耗小部分机械摩擦功和来回抽送蒸气消耗的功，总的来说能量损失不多。并且，易于实现自动控制压缩机的能量。

　　现代活塞式压缩机往往是多缸结构，根据气缸的几何安排，分为立式（1 或 2 缸）、V 型（4 缸）、W 型（6 缸）和扇型（8 缸）等形式。图 4.2-4 给出了扇型（8 缸）的开启式压缩机的结构图。其中主要零件不多叙述，14 假盖弹簧和 15 假盖是为防止液击造成损伤而设置。

　　开启式压缩机主要用于工业制冷，这种压缩机在容量上有一定的系列，还可适用多种制冷剂，因此电动机可根据工况需要进行选配，用联轴器与压缩机的输入轴端相连接。另外，在采用发动机驱动的汽车空调和燃气热泵中，都采用开启式压缩机。

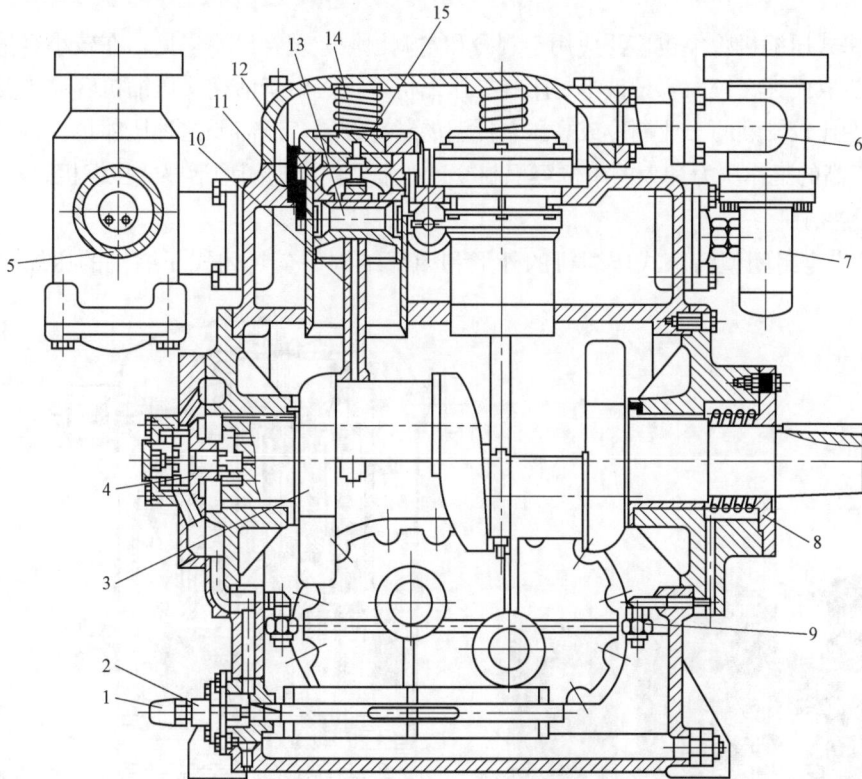

图 4.2-4　扇型 8 缸的开启式压缩机

1—加油三通阀；2—过滤器；3—曲轴；4—液压泵；5—吸气滤网；6—排气集管；7—安全阀；8—轴封装置；
9—供油管节；10—连杆；11—气缸；12—活塞；13—活塞销；14—假盖弹簧；15—假盖

2. 半封闭式压缩机

半封闭式压缩机比开启式压缩机结构紧凑、质量轻。与开启式压缩机的主要区别是：电动机和压缩机的机体连在一起，内腔相通并共用一根主轴，不用任何轴封装置，这样，消除了开启式压缩机易在轴封处工质泄漏的弊病，气缸盖、曲轴箱侧盖、油泵、电机盖仍可拆卸，便于维修。

半封闭式压缩机的机体在维修时仍可拆卸，其密封面以法兰连接，用垫片或垫圈密封，这些密封面虽是静密封面，但难免会产生微小泄漏，因而被称为半封闭式压缩机。图 4.2-5 给出半封闭型活塞式压缩机的实物。

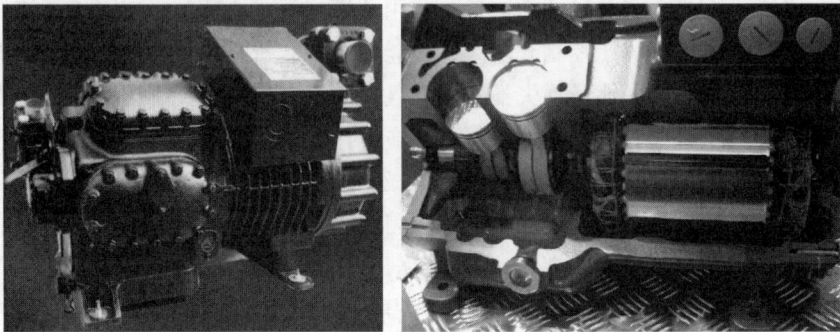

图 4.2-5 半封闭型活塞式压缩机

半封闭型活塞式压缩机曾经也广泛应用于制冷和空调领域，现在已不多见，在较小容量被全封闭涡旋压缩机取代，在较大容量被半封闭螺杆压缩机取代。由于活塞式压缩机容易改变压缩比，在工况改变比较剧烈的工业制冷或高压、低温的制冷领域，还需要这种压缩机。特别是 CO_2 制冷剂，由于高的工作压力和大的单位容积制冷量，多采用半封闭型活塞式压缩机。

3. 全封闭式压缩机

图 4.2-6 给出全封闭型活塞式压缩机的外形和内部结构。全封闭式压缩机的压缩机与

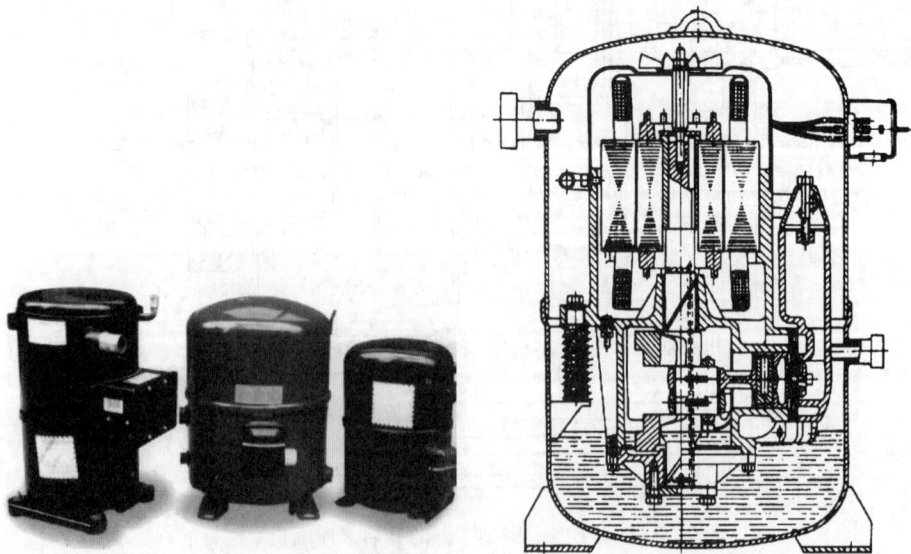

图 4.2-6 全封闭型活塞式压缩机的外形和内部结构

电动机整个地包在合适厚度的钢壳内。比半封闭型压缩机更紧凑，质量更轻，密封性更好。机组与外壳之间有减振弹簧，以减小振动，并有消声器降低噪声。全封闭式压缩机的气缸数少，机型小，通过开停或变频调节容量。

全封闭型压缩机密封性好，但维修时需剖开机壳，维修后又要重新焊接，因此它要求有 10～15 年的使用寿命，在此期限内不必拆修。目前，全封闭型活塞式压缩机大多是很小容量的，制冷量仅数十瓦至数百瓦，用于电冰箱和冷柜等小型制冷设备，以前在空调器中曾有应用全封闭型活塞式压缩机，现已经被全封闭的转子式或涡旋式压缩机取代了。

我国的活塞式制冷压缩机按气缸直径的毫米数分为系列，目前有 40、50、70、100、125、170 六种系列产品，原则上不包括全封闭式压缩机。

上面说的开启式、半封闭式和全封闭式压缩机不限于活塞式压缩机，在其他几种压缩机中也有这样的分类。

4.2.3 压缩机的理论排量、实际排量和输气系数（容积效率）

容积式压缩机的制冷或制热的容量取决于其几何结构即吸气空间的大小，以及压缩机的转速。

理论排量 V_n：压缩机按几何尺寸和转速在单位时间内可以吸入的气体容积。

实际排量 V_r：压缩机在单位时间实际吸入的气体容积。

如果活塞式压缩机的气缸直径为 $D(m)$，行程为 $s(m)$，气缸数为 z，曲轴转速为 n（RPM），理论排量 V_n：

$$V_n = \frac{\pi D^2 s}{4} \times \frac{n}{60} z = (\pi D^2 snz)/240 (m^3/s) \tag{4.2-1}$$

输气系数（又称容积效率）：压缩机的工作过程比较复杂，有很多因素影响压缩机的实际排量 V_r，因此压缩机的实际排量永远小于压缩机的理论排量 V_n，两者的比值称为压缩机的输气系数，用 λ 或 η_V 表示。即

$$\lambda = (\eta_V) = \frac{实际排量}{理论排量} = \frac{V_r}{V_n} \tag{4.2-2}$$

很明显，λ 表征了气缸工作容积的利用程度，反映由于余隙容积、吸气阻力、吸气加热、气体泄漏和吸气回流造成的容积损失。这样，可认为容积效率等于 4 个系数的乘积，即

$$\lambda = \lambda_V \lambda_p \lambda_t \lambda_l \tag{4.2-3}$$

式中　λ_V——容积系数；

　　　λ_p——压力系数；

　　　λ_t——温度系数；

　　　λ_l——泄漏系数。

其中容积系数 λ_V：

$$\lambda_V = 1 - C\left[\left(\frac{p_2}{p_1}\right)^{\frac{1}{m}} - 1\right] \tag{4.2-4}$$

式中　m——多变指数，氨：$m=1.1$，氟利昂：$m=1.05$；

　　　p_1——蒸发压力；

　　　p_2——冷凝压力；

　　　C——相对余隙容积，$C=V_c/V_n$，一般取 3%。

压力系数 λ_p：吸排气节流的影响。

$$\lambda_p = 1 - \frac{1+C}{\lambda_V}\left(\frac{\Delta p_1}{p_1}\right) \tag{4.2-5}$$

式中　Δp_1——吸气压力降，通常 $\frac{\Delta p_1}{p_1}$ 的值为 0.04。

温度系数 λ_t：气缸和活塞顶部由于上一循环压缩而升温，再吸气受热后容积增大，温度系数 λ_t 可以通过理论分析和实验测量，最后得出一些经验公式或图表。

对于开启式压缩机的经验公式为

$$\lambda_T = \frac{T_0}{T_k} = \frac{t_0 + 273}{t_k + 273} \tag{4.2-6}$$

对于封闭式制冷压缩机为

$$\lambda_T = \frac{T_1}{aT_k + b\Delta T_1} = \frac{t_1 + 273}{a(t_k + 273) + b\Delta t_1} \tag{4.2-6'}$$

式中　a、b——系数，一般 $a = 1 \sim 1.15$，$b = 0.25 \sim 0.8$。压缩机尺寸越小，a 值取大，b 值取小。

泄漏系数 λ_l 反映压缩机工作过程中由于高低压间泄漏对输气量的影响。泄漏量的大小与压缩机的制造质量、磨损程度、气阀设计、压力差大小等因素有关。一般选取 $\lambda_l = 0.95 \sim 0.98$。

输气系数与余隙容积、压比和压缩机种类有关，也可以由以下综合经验公式计算（此经验公式一般比实际值大 $0.03 \sim 0.05$）：

$$\lambda = 0.94 - 0.085 \times \left[\left(\frac{p_2}{p_1}\right)^{\frac{1}{m}} - 1\right] \tag{4.2-7}$$

式中　m——多变指数，氨：$m = 1.28$，氟利昂：$m = 1.18$。

4.2.4　活塞式压缩机的能量损失及效率

活塞式压缩机的能量关系如图 4.2-7 所示，电能 P_{mo} 驱动效率为 η_o 的电机，电机的轴端输出 P_o，通过传动装置或联轴节，压缩机的轴端输入功率为 P_e，如果是联轴节，可以认为 $\eta_d = 1$，即 $P_o = P_e$。通过曲轴、连杆和活塞气缸等零部件的摩擦损失了 P_m，压缩机的机械效率为 η_m。最终气缸中的工质得到了指示功率 P_i，这个指示功率可以通过一种叫示功器的仪器测量出来。

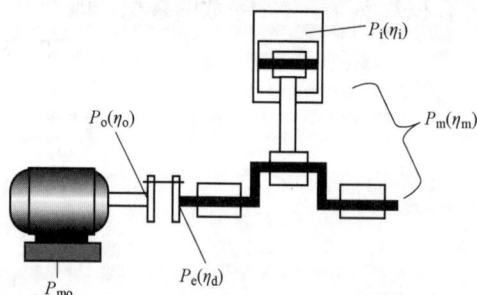

图 4.2-7　活塞式压缩机的能量关系

这样活塞式压缩机有一系列的效率：

电动机的电机效率 η_o，通常电机效率为 $85\% \sim 95\%$，电动机功率越大效率越高。电动机的功率可按运行工况下压缩机的轴功率，再考虑适当裕量（$10\% \sim 15\%$）选配。

$$\eta_o = \frac{P_o}{P_{mo}} \tag{4.2-8}$$

传动装置的传动效率 η_d，对于开启式压缩机，如用带传动，应考虑传动效率，$\eta_d = 0.9 \sim 0.95$。用联轴器直接传动时，则不必考虑传动效率。

$$\eta_d = \frac{P_e}{P_o} \tag{4.2-9}$$

压缩机的机械效率 η_m，它与压缩比和转速有关，一般为 $0.8 \sim 0.9$。

$$\eta_{\mathrm{m}} = \frac{P_{\mathrm{i}}}{P_{\mathrm{e}}} \qquad\qquad (4.2-10)$$

气缸内部的指示效率 η_{i}：

$$\eta_{\mathrm{i}} = \frac{P_{\mathrm{s}}}{P_{\mathrm{i}}} \qquad\qquad (4.2-11)$$

η_{i} 与蒸发温度、冷凝温度和制冷剂种类有关，可用经验公式或查图表：

$$\eta_{\mathrm{i}} = \lambda_{\mathrm{T}} + bt_0 \qquad\qquad (4.2-11')$$

氨 $b = 0.001$，氟利昂 $b = 0.0025$。

循环工质的理论压缩功率：

$$P_{\mathrm{s}} = P_{\mathrm{mo}}\eta_{\mathrm{mo}}\eta_{\mathrm{d}}\eta_{\mathrm{m}}\eta_{\mathrm{t}} \qquad\qquad (4.2-12)$$

活塞压缩机在工作过程中，其能效受许多不可逆因素的影响，例如：流体的泄漏，余隙容积的存在，活塞和气缸之间的摩擦，活塞入口和出口的节流效应，流体的流动摩擦和阻力损失，流体和环境之间的传热等，表 4.2-1 给出了活塞式压缩机各部分损失情况。在吸气和排气过程中，阻力损失使活塞中流体的压力降低，密度减小。流体和缸壁之间的热交换也会降低压缩机的效率。

表 4.2-1　　　　　　　　　　　活塞式压缩机的损失分布示例

损失类型	泄漏损失	余隙容积损失	流动损失	机械摩擦损失
损失在总损失的比率	30.9%	8.8%	12.5%	47.8%

所以，活塞式压缩机的发展方向是：减小压力损失和摩擦损失，通过减小余隙容积和控制吸入蒸气的过热来提高容积效率。

4.2.5　活塞式压缩机的制冷量和制热量

根据公式（4.2-1）给出的活塞式压缩机的理论排量，压缩前的工质气体比容为 $v_1(\mathrm{m}^3/\mathrm{kg})$。

理论制冷量：

$$Q_0 = \frac{V_{\mathrm{n}}}{v_1}q_0 = \frac{\pi D^2 sz}{4} \times \frac{n}{60} \times \frac{1}{v_1}q_0 = (\pi D^2 snzq_0)/240v_1 \,(\mathrm{kW}) \qquad (4.2-13)$$

理论制热量：

$$Q_{\mathrm{k}} = \frac{V_{\mathrm{n}}}{v_1}q_{\mathrm{k}} = (\pi D^2 snzq_{\mathrm{k}})/240v_1 \,(\mathrm{kW}) \qquad\qquad (4.2-14)$$

实际制冷量：

$$Q_{0\mathrm{r}} = \frac{V_{\mathrm{r}}}{v_1}q_0 = \frac{V_{\mathrm{n}}\lambda}{v_1}q_0 \,(\mathrm{kW}) \qquad\qquad (4.2-15)$$

实际制热量：

$$Q_{\mathrm{kr}} = \frac{V_{\mathrm{r}}}{v_1}q_{\mathrm{k}} = \frac{V_{\mathrm{n}}\lambda}{v_1}q_{\mathrm{k}} \,(\mathrm{kW}) \qquad\qquad (4.2-15')$$

压缩机的指示功率：

$$P_{\mathrm{i}} = M_{\mathrm{r}}w_{\mathrm{i}} = \frac{\lambda V_{\mathrm{n}}}{v_1} \times \frac{h_2 - h_1}{\eta_{\mathrm{i}}} \,(\mathrm{kW}) \qquad\qquad (4.2-16)$$

压缩机的轴功：

$$P_{\mathrm{e}} = P_{\mathrm{i}} + P_{\mathrm{m}} = \frac{P_{\mathrm{i}}}{\eta_{\mathrm{m}}} = \frac{\lambda V_{\mathrm{n}}}{v_1} \times \frac{h_2 - h_1}{\eta_{\mathrm{m}}\eta_{\mathrm{i}}} \,(\mathrm{kW}) \qquad (4.2-17)$$

式中 $\eta_m \eta_i$——压缩机的总效率，一般为 0.65~0.72。

所配电动机的功率：

$$P_{mo} = P_i + P_m + P_{d(传损)} + P_{mo(电损)}$$

$$= \frac{P_i}{\eta_{mo} \eta_d \eta_m} = \frac{\lambda V_n}{v_1} \times \frac{h_2 - h_1}{\eta_{mo} \eta_d \eta_m \eta_i} (kW) \qquad (4.2-18)$$

式中 $\eta_{mo} \eta_d \eta_m \eta_i$——4 个效率乘积称为电机压缩机的电效率，一般为 0.5~0.66。

压缩机的性能系数 COP：用于开启式压缩机通常指单位轴功率的制冷量。

$$COP = \frac{Q_{0r}}{P_e} = \frac{Q_0}{P_{th}} \eta_i \eta_m (kW/kW) \qquad (4.2-19)$$

单位轴功的制热量为制热系数：

$$COP_h = \frac{Q_{kr}}{P_e} = \frac{Q_k}{P_{th}} \eta_i \eta_m (kW/kW) \qquad (4.2-19')$$

压缩机的能效比 EER：单位电机输入功率的制冷量，用于半封闭式或全封闭式压缩机，因为半封闭式或全封闭式压缩机轴功很难测量：

$$EER = \frac{Q_{0r}}{P_{mo}} = \frac{Q_0}{P_{th}} \eta_i \eta_m \eta_d \eta_{mo} (kW/kW) \qquad (4.2-20)$$

对于半封闭式或全封闭式热泵压缩机通常用性能系数 COP 表示制热效率。

$$COP = \frac{Q_{kr}}{P_{mo}} = \frac{Q_k}{P_{th}} \eta_i \eta_m \eta_d \eta_{mo} (kW/kW) \qquad (4.2-20')$$

根据活塞式压缩机的理论制冷量公式（4.2-13），如果要改变制冷或热泵系统的容量，通常也称为容量调节以适合不同的负荷，用于电冰箱和小型空调器可以采用开停方式，对于多缸压缩机，也可以采用工作缸数 z 调节（顶阀），而近年发展最为广泛采用的是改变压缩机的转速 n，即用变频电动机调速。

【例题 4.2-1】 已知开式氨压缩机工况为 $t_0 = 2℃$，$t_k = 30℃$，$t_u = 25℃$，压缩机进气为干饱和蒸汽。压缩机缸径 $D = 70mm$，活塞行程 $S = 55mm$，缸数 $z = 4$，转速 $n = 1400r/min$，相对余隙容积 $C = 0.04$，压缩机机械效率 0.75。计算开式氨压缩机的工质流量 M_r（kg/s）制冷系数 COP 和制热系数 COP_h，以及制冷量 Q_0（kW）和制热量 Q_k（kW）。

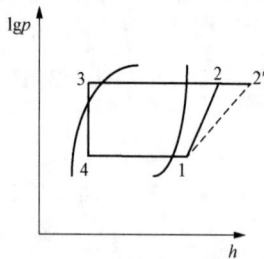

［解］ 由氨的 $\lg p$-h 图，查得各特征点参数：

$h_1 = 1770kJ/kg$；$v_1 = 0.270m^3/kg$；$h_2 = 1990kJ/kg$；

$h_3 = 620kJ/kg$；$p_0 = 0.046MPa$；$p_k = 0.119MPa$。

（1）计算容积效率。

取多变指数 $m = 1.1$，相对吸气压力降 $\Delta p_0/p_0 = 0.04$。

1) 容积系数 $\lambda_V = 1 - C \left[\left(\frac{p_2}{p_1} \right)^{\frac{1}{m}} - 1 \right]$

$= 1 - 0.04 \times \left[(0.046/0.119)^{\frac{1}{1.1}} - 1 \right] = 0.945$

2) 压力系数 $\lambda_p = 1 - \frac{1+C}{\lambda_V} \left(\frac{\Delta p_1}{p_1} \right)$

$= 1 - (1+0.04) \times 0.04/0.945 = 0.956$

3）温度系数 $\lambda_T = \dfrac{T_0}{T_k} = \dfrac{t_0+273}{t_k+273}$

$= (2+273)/(30+273) = 0.908$

4）漏气系数 $\lambda_l = 0.98$

$$\eta_V = \lambda_V \lambda_p \lambda_T \lambda_l$$
$$= 0.945 \times 0.956 \times 0.908 \times 0.98 = 0.804$$

另外还可用经验公式：

$$\eta_V = 0.94 - 0.085\left[\left(\frac{p_2}{p_1}\right)^{\frac{1}{m}} - 1\right]$$

$$= 0.94 - 0.085 \times \left[(1.19/0.46)^{\frac{1}{1.28}} - 1\right] = 0.846$$

注：上述经验公式中的 m 应按"空调与制冷技术"取 1.28，得数为 0.846，但该书说此经验公式一般比实际值大 $0.03 \sim 0.05$。

（2）压缩机的效率。

指示效率 $\qquad \eta_i = \lambda_T + bt_0 = 0.908 + 0.001 \times 2 = 0.91$

总效率 $\qquad \eta_i \eta_m = 0.91 \times 0.75 = 0.683$

（3）压缩机的输气量和工质流量。

1）理论排气量

$$V_n = \pi D^2 snz/240$$
$$= \pi \times 0.07^2 \times 0.055 \times 1440 \times 4/240\, m^3/h$$
$$= 73.15\, m^3/h = 0.020\,3\, m^3/s$$

2）压缩机的实际排量

$$V_r = V_n \eta_V = 0.020\,3 \times 0.804\, m^3/s = 0.016\,3\, m^3/s$$

3）工质流量

$$M_r = \frac{V_r}{v_1} = 0.016\,3/0.270\, kg/s = 0.060\,4\, kg/s$$

（4）压缩机的制冷量。

$$Q_0 = M_r(h_1 - h_4)$$
$$= 0.060\,4 \times (1770 - 620)\, kW = 69.46\, kW$$

（5）压缩机的实际压缩功和实际制热量。

1）实际压缩功

$$N_r = M_r(h_{2'} - h_1) = M_r(h_2 - h_1)/(\eta_i \eta_m)$$
$$= 0.060\,4 \times (1990 - 1770)\, kW/0.683 = 17.69\, kW$$

2）实际制热量

$$Q_k = M_r(h_{2'} - h_4) = Q_0 + N_r = 69.46\, kW + 17.69\, kW = 87.15\, kW$$
$$= 0.060\,4 \times (1770 - 620)\, kW = 69.46\, kW$$

这里需要注意，凡是实际的压缩机热力计算，要考虑压缩机的效率对实际压缩功以及实际制热量的影响。

（6）制冷系数。

$$COP = \frac{Q_0}{N_r} = 69.46/17.69 = 3.93$$

55

（7）制热系数。

$$COP_h = \frac{Q_k}{N_r} = 87.15/17.69 = 4.93$$

4.2.6 活塞式压缩机的润滑

活塞式压缩机有很多运动部件形成摩擦副，如活塞（环）与气缸、主轴与轴承、连杆与曲轴瓦、连杆与活塞销等，都需要良好的润滑。要求润滑油按一定黏度和一定压力供应到机器的各个部位。对于小型活塞式压缩机，单缸全封闭式，多采用飞溅润滑，即由接触到底部润滑油的运转部件搅动完成。对于大多数容量较大的压缩机，都有一个完善的润滑系统，包括油箱、过滤器、油泵、油道、油压表等。图4.2-8为最常用的内啮合转子油泵的吸排油过程。图4.2-9为典型的活塞式压缩机的润滑系统。

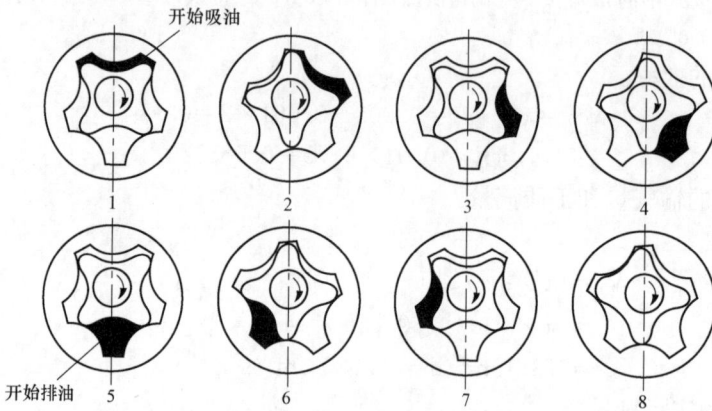

图 4.2-8　内啮合转子油泵的吸排油过程

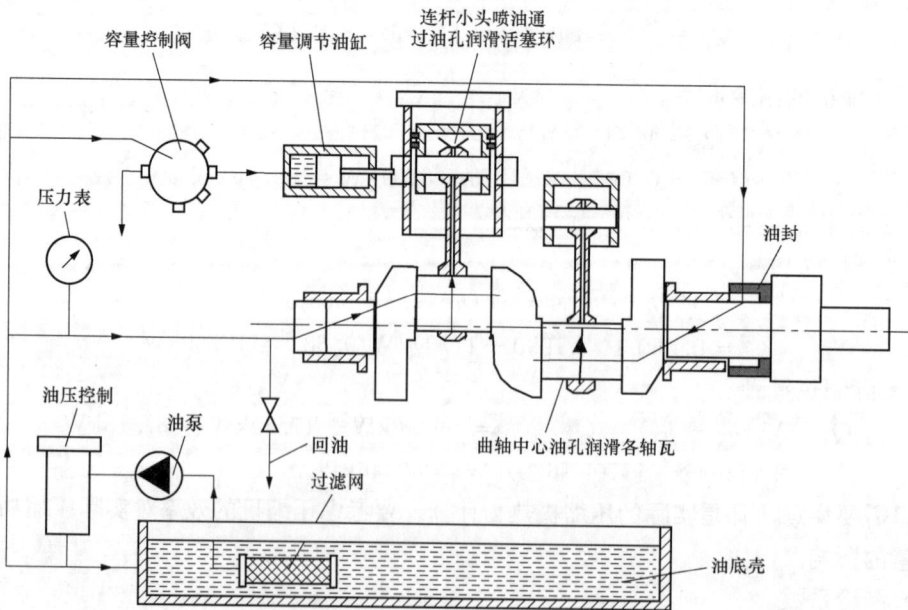

图 4.2-9　活塞式压缩机的润滑系统

4.3 螺杆式压缩机

通常说的螺杆式压缩机指的是双螺杆压缩机。螺杆式压缩机气体的压缩是通过旋转螺旋槽容积的变化来达到的。而螺旋槽的容积是由于与两端的端盖共同组成而产生的变化，是通过工作容积做旋转运动实现压缩过程的容积式压缩机。

1934 年，瑞典皇家工学院教授 Lysholm（里斯曼）发明第一台双螺杆式气体压缩机。螺杆式压缩机自 20 世纪 30 年代问世以后，多用于空气压缩领域，50 年代后期开始适用于制冷装置。60 年代后，发展出喷油式螺杆压缩机，喷油使这种压缩机的结构趋于简化，效能得以提高。

我国的螺杆压缩机是在 20 世纪 70 年代对国外产品进行测绘的基础上逐步发展起来的。我国陆续有厂家从国外引进转子磨床，目前全行业已经过渡到以精磨代替精铣。并需要有高精度数控转子磨床，高精度的卧式镗铣加工中心，三坐标测量机，动平衡实验机等大型精密设备，形成较大的生产能力。

4.3.1 螺杆式压缩机基本结构和工作原理

双螺杆压缩机在压缩机的机体平行配置一对相互啮合的螺旋形转子，分为阳转子和阴转子，其齿面凸起的转子称为阳转子，齿面凹下的转子称为阴转子。互相啮合的转子因有各自的齿数，分别有若干个相同的工作容积依次进行相同的工作过程，这一工作容积称为基元容积。在机体两端对角方向分别开设一定形状和大小的孔口，一个为吸气口，另一个为排气口。其工作循环可分为吸气、压缩、排气 3 个过程，随转子的旋转，每对相互啮合的齿相继完成相同的工作循环。

类似活塞式压缩机的活塞直径和行程，通常螺杆转子的公称直径都已系列化，排列有 125mm、160mm、200mm、250mm、320mm 等。螺杆的长度 L 与公称直径 D_0 的比值称长径比 λ，也有一个系列，如 2.6、3.5、4.8 等。图 4.3-1 为螺杆压缩机的装配图，图 4.3-2 为螺杆转子实物照片。

图 4.3-3 为螺杆压缩机的工作过程。

（1）吸气过程。

转子旋转时，阴、阳转子在前端盖附近形成一个三角形空间 [图 4.3-3（a）吸气口在背面]，齿间容积逐渐扩大，并和吸气孔口连通，气体经吸气孔口进齿间容积，直到齿间容积达到最大值时，与吸气孔口断开，齿间容积封闭，吸气过程结束，如图 4.3-3（a）所示。

（2）压缩过程。

转子继续旋转，经某一转角后，阴、阳转子齿间容积连通，开成弧状"V"字形的齿间容积对（基元容积），随两转子齿的互相啮合，基元容积被逐渐推移，遇到后端盖其容积也逐渐缩小，实现气体的压缩过程，如图 4.3-3（b）所示。压缩过程直到基元容积与排气口相通时为止，如图 4.3-3（c）所示，此刻压缩过程结束。

（3）排气过程。

如图 4.3-3（d）所示，由于转子旋转时基元容积不断缩小，将压缩后的气体送到排气管，此过程一直延续到该容积最小时为止。

随着转子的连续旋转，上述吸气、压缩、排气过程循环进行，各基元容积依次陆续工作，构成了螺杆式制冷压缩机的工作循环。

油缸　　　吸气端　　　机体　　滑阀　　　排气端

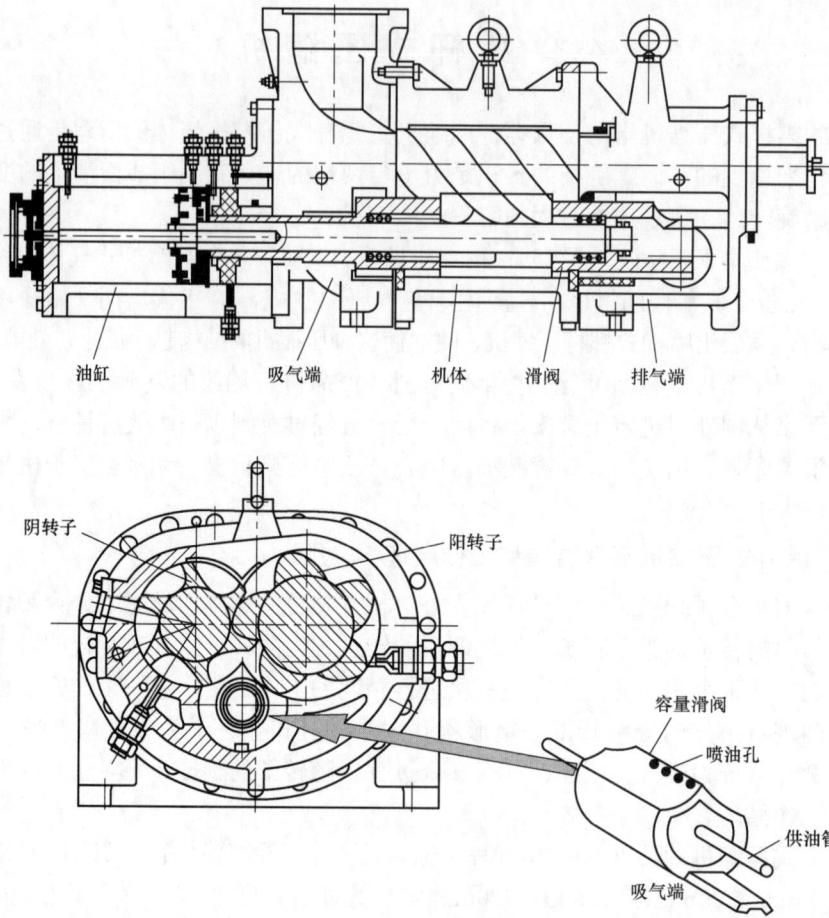

图 4.3-1　螺杆压缩机的装配图

图 4.3-2　螺杆转子

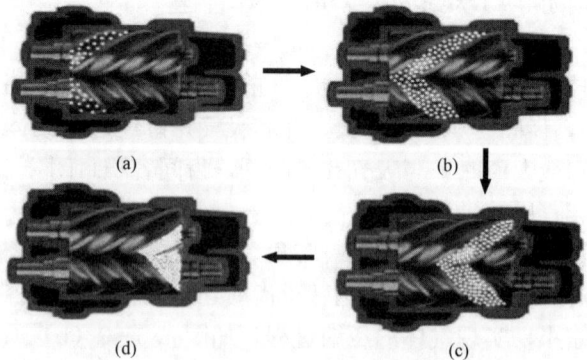

图 4.3-3　螺杆压缩机的工作过程
（a）吸气；（b）封闭；（c）压缩；（d）排气

　　由于螺杆式压缩机是 V 形基元空间，其密封线很长，而且都有一定的间隙。这样压缩时的泄漏不能避免。因此需要在压缩过程中大量喷入润滑油，以加强密封减少泄漏。

　　相对于活塞式压缩机，由于螺杆式制冷压缩机没有往复运动机构，所以结构简单，体积小，质量轻，零件少，易损件少，可靠性高。螺杆式制冷压缩机力矩变化小，震动小，运转平稳，从而操作简便，易于实现自动化。在高压缩比的工况下能保持较高的输气系数和较低的排气温度，因而螺杆压缩机广泛应用于制冷与热泵中等容量的机组。在宽广的容量和工况范围内逐步代替了活塞式压缩机。一般认为，在 250kW 到 1MW 的容量范围内，使用螺杆式压缩机可达到较好的经济技术指标。统计数据表明，螺杆压缩机的销售量已占所有容积式压缩机销售量的 80% 以上。在所有正在运行的容积式压缩机中，有 50% 是螺杆压缩机。

但是螺杆式压缩机也有它的缺点，这主要是它的运动部件表面多半呈曲面形状，其加工和检验均较复杂，需利用特制的刀具，在价格昂贵的专用设备上进行加工，因而制造成本较高。其次是运动部件之间或运动部件与固定部件之间，常要保持一定的运动间隙，气体通过间隙势必引起泄漏，需要用喷油等方式解决。另外，螺杆式压缩机噪声较大。

4.3.2　螺杆式压缩机型线的发展

随着对螺杆压缩机转子型线设计原理的逐步认识和转子加工方法的不断改进。以及计算机辅助设计在转子型线中的应用，螺杆压缩机的转子型线大致经历了三代变迁。

1. 对称圆弧型线

第一代转子型线是对称圆弧型线（图 4.3-4）。应用于初期的螺杆压缩机的产品中。由于对称型线易于设计、制造及测量。这类型线曾被许多干式螺杆压缩机所应用。

2. 不对称型线

第二代型线是以点、直线和摆线等组成齿曲线为代表的不对称型线，如图 4.3-5 所示。目前所有的喷油螺杆压缩机采用的都是不对称型线。

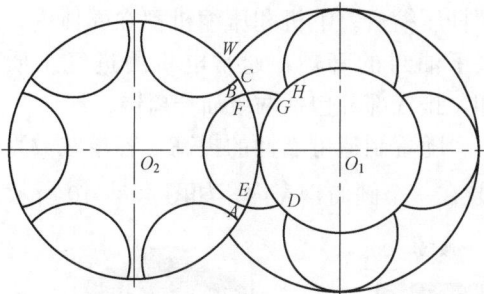

图 4.3-4　螺杆转子的对称圆弧型线　　　　图 4.3-5　螺杆转子的双边不对称型线

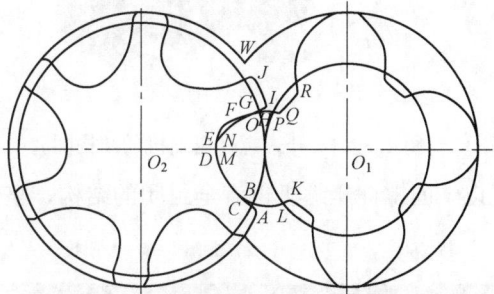

3. 新的不对称型线

20 世纪 80 年代后，随着计算机在螺杆压缩机领域的应用，精确解析螺杆压缩机转子的几何特性成为可能，在压缩机工作过程数学模拟的基础上，出现了各具特色的多种第三代转子型线。性能优越的主要有 GHH 齿形型线（图 4.3-6）、日立型线和 SRM-A 型线（图 4.3-7）等。90 年代后，转子型线更加多样化，已能够根据螺杆压缩机的具体应用场合，专门设计高效型线。

第三代不对称型线均采用圆弧、椭圆、抛物线等曲线。这种改变可使转子曲面由线密封改进为带密封，能明显提高密封效果，还有利于形成润滑油膜和减少齿面磨损。

由于近来的数学模型和计算机模拟的发展，推动了新型线的研究，而且省略了早期的反复试验测试校验。带有扫描式测头的精密加工机床能够自动测量、自动补偿的转子磨床推动了螺杆压缩机的发展。

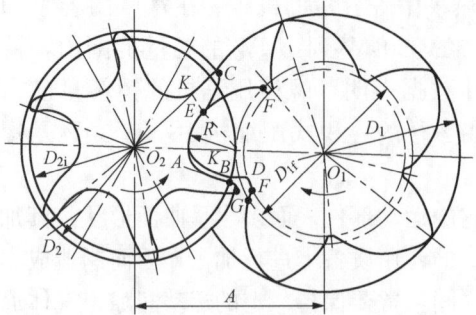

图 4.3-6　GHH 齿形型线

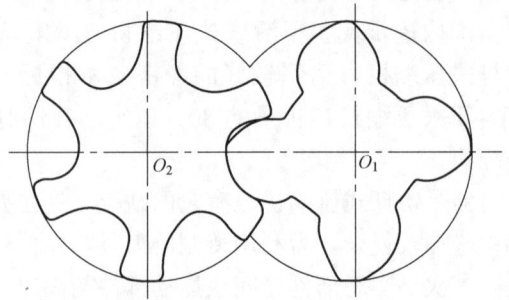

图 4.3-7　SRM-A 型线

4.3.3　螺杆式压缩机的整体结构

螺杆式压缩机也和活塞式压缩机类似，有开式、半封闭式和全封闭式 3 种。开式多用于工况多变的工业制冷，为避免工质泄漏，在主轴的轴端有良好的机械密封，如图 4.3-8 所示。这种压缩机排气后要有一个性能优良的油分离器，因为通常螺杆式压缩机要靠喷油来加强密封和降低排气温度，高效的油分离器必不可少。

图 4.3-9 显示的是应用最多的半封闭式螺杆压缩机。电机和压缩机都在壳体内，减去了油封的麻烦，通常电机用进气工质冷却，排气部分包括两级油分离器。

随着制造可靠性的提高，容量在数百千瓦以下的螺杆压缩机也有全封闭的结构，整体安装在一个圆筒钢壳内，如图 4.3-10 所示。

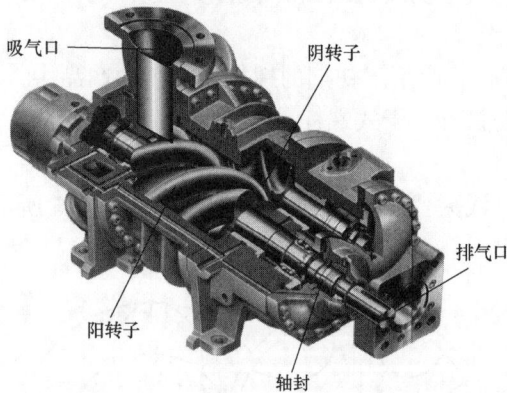

图 4.3-8　开式螺杆压缩机的结构图

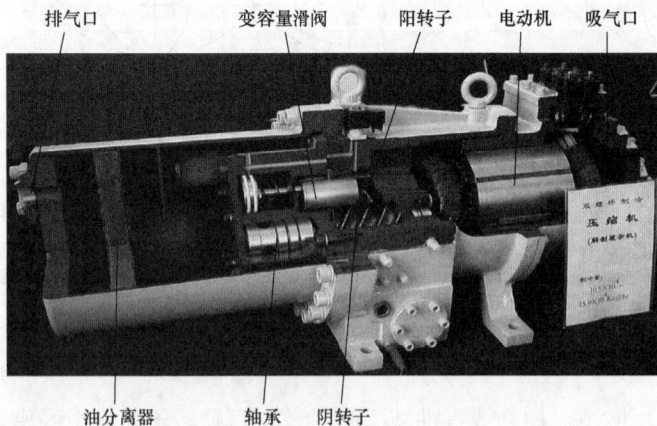

图 4.3-9　半封闭式螺杆压缩机结构图

图 4.3-10　全封闭螺杆压缩机

4.3.4 螺杆压缩机的理论排量、实际排量和输气系数（容积效率）

1. 螺杆压缩机输气量的计算

螺杆压缩机的理论输气量为单位时间内阴、阳转子转过的齿间容积之和，图 4.3-11 两转子的齿间面积（阴影部分）分别为 A_{01} 和 A_{02}，乘以螺杆的长度 L 即得到相应的工作容积 V_{01} 和 V_{02}，即

$$V_{01} = A_{01}L, \ V_{02} = A_{02}L \tag{4.3-1}$$

所以理论排量为

$$V_n = (z_1 n_1 V_{01} + z_2 n_2 V_{02}) C_\phi / 60 (\text{m}^3/\text{s}) \tag{4.3-2}$$

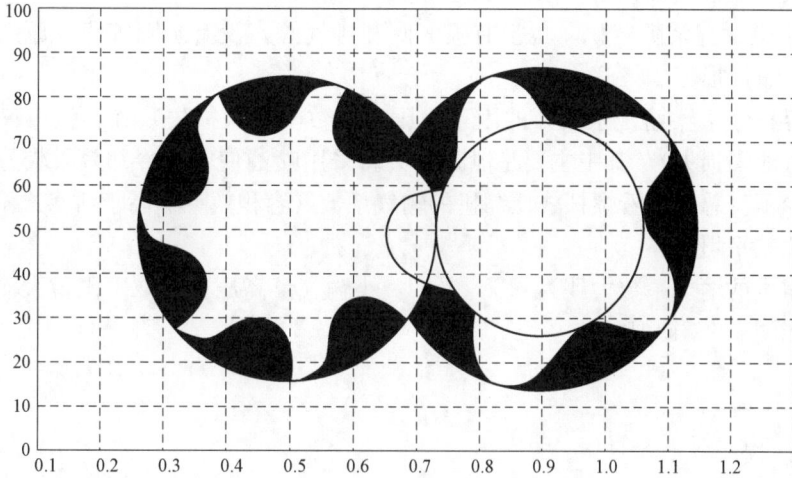

图 4.3-11 螺杆式压缩机的齿间面积

两转子的啮合旋转，因此 $z_1 n_1 = z_2 n_2$。

则压缩机理论输气量：

$$V_n = z_1 n_1 L (A_{01} + A_{02}) C_\phi / 60 \tag{4.3-3}$$

令

$$C_n = \frac{z_1 (A_{01} + A_{02})}{D_0^2} \tag{4.3-4}$$

式中 D_0——转子的公称直径。

则螺杆压缩机理论输气量可写成

$$V_n = C_n C_\phi n_1 L D_0^2 / 60 (\text{m}^3/\text{s}) \tag{4.3-5}$$

式中 C_ϕ——扭角系数，是由转子的螺旋角所决定的常数。一般计算可近似为 1；

C_n——面积利用系数，是由转子齿形和齿数所决定的常数。通常接近 0.5，见表 4.3-1。

表 4.3-1 几种齿形的面积利用率

齿形	中国 JB2409—78	SRM	X	Sigma	GHH
$z_1 : z_2$	4:6	4:6	4:6	5:6	5:6
C_n	0.516	0.469	0.56	0.417	0.595

2. 螺杆式压缩机的容量调节

根据螺杆压缩机理论输气量公式（4.3-5），其中可以变化的参数，一是螺杆的有效长度，即通过容量调节滑阀改变有效的压缩长度 L，二是通过变频调速改变主轴转速 n_1。

滑阀调节可实现 $10\%\sim100\%$ 无级调节，变频调节可实现 $30\%\sim100\%$ 无级调节，这两种方式一般不同时使用。螺杆压缩机的滑阀卸载如图 4.3-12 所示。

3. 螺杆压缩机的输气系数

螺杆压缩机的输气系数或容积效率与活塞式压缩机的定义相同：

$$\lambda = \eta_V = \frac{V_r}{V_n} \tag{4.3-6}$$

与活塞式压缩机类似，输气系数为 $\lambda = \eta_V = \lambda_V \lambda_p \lambda_T \lambda_1$。

螺杆压缩机没有余隙容积，也没有吸气阀和排气阀，没有余隙容积，原则上容积系数为 1，减少了输气损失。

影响其容积效率（输气系数）的因素：压力系数（吸入损失）、温度系数（加热损失）和泄漏系数（泄漏损失），其中主要是泄漏损失。采用喷油使密封冷却效果较好，但喷油使有效容积减少了。总的来看螺杆式压缩机的输气系数（容积效率）高于活塞式压缩机，且随压缩比变化比较平坦。

螺杆压缩机的输气系数大致为 $0.7\sim0.92$，小输气量高压比时取下限，大输气量低压比时取上限，如图 4.3-13 所示。

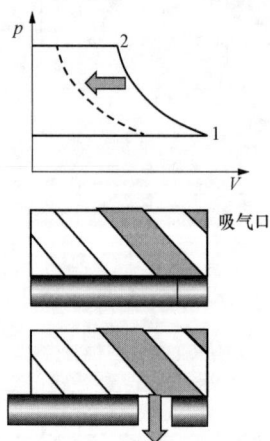

图 4.3-12　螺杆压缩机的滑阀卸载　　图 4.3-13　螺杆式和活塞式压缩机的输气系数与压缩比的关系

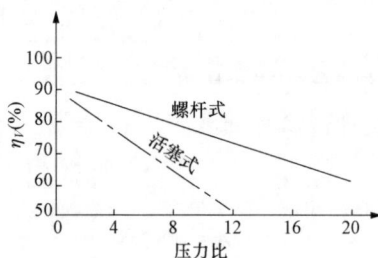

4. 螺杆压缩机的绝热效率和性能曲线

绝热效率 η_{ad}：等熵绝热压缩功率 P_{ad} 与轴功率 P_e 的比值大约为 0.8。

$$\eta_{ad} = P_{ad}/P_e \tag{4.3-7}$$

绝热效率＝机械效率×绝热指示效率，即

$$\eta_{ad} = \eta_i \eta_m \tag{4.3-8}$$

螺杆压缩机的主要能量损失为泄漏损失、摩擦损失和流体阻力损失，表 4.3-2 给出了损失分布情况。

表 4.3-2 螺杆压缩机能量损失分布

能量损失	泄漏损失	机械+喷油损失	流动损失	总能量损失
占输入功率 W 的比例	$0.15 \sim 0.25$	$0.05 \sim 0.1$	$0.005 \sim 0.01$	$0.20 \sim 0.36$

由表 4.3-2 可知，螺杆压缩机因密封不严而造成的泄漏损失比例相当大，所以对螺杆阴、阳转子的型线和设计加工的研究一直在进行。螺杆压缩机的喷油有利于加强螺杆压缩机的密封作用，还要有油分离器、油泵和油冷却器，但压缩效率受到一定影响，要有最佳喷油量。

螺杆压缩机的性能曲线如图 4.3-14 所示。

5. 螺杆压缩机的示功图和内外压缩比

图 4.3-15 是螺杆压缩机的示功图，没有余隙容积和排气后的膨胀过程，理论示功图 1—2—3—4—1 忽略进排气损失，实际示功图 $1'—2'—3'—4'—1'$ 还要考虑进气和排气的阻力损失。

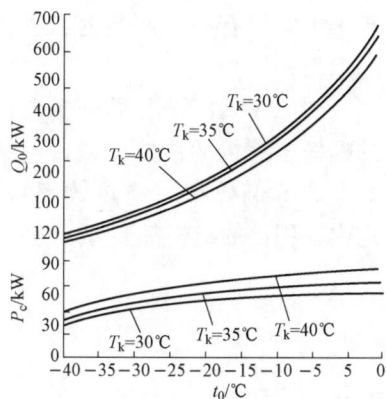

图 4.3-14 LG16 螺杆压缩机的性能曲线　　　图 4.3-15 螺杆压缩机的理论示功图和实际示功图

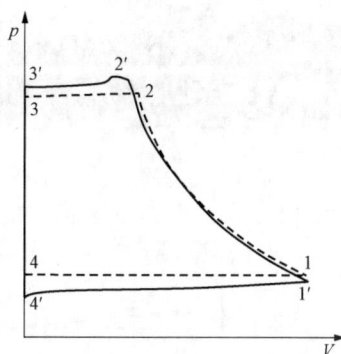

螺杆压缩机的齿间容积与排气孔口即将连通之前，齿间容积内的气体压力 p_2 称为内压缩终了压力。

内压力比：齿间容积的内压缩终了压力 p_2 与吸气压力 p_1 之比。

外压力比：排气管内的气体压力 p_d（外压力或背压力）与吸气压力的比值。

螺杆式压缩机是无气阀的容积型回转式压缩机。吸排气孔口启闭完全为几何结构所决定，以达到控制吸气、压缩、排气和所需要的内压缩压力，故其为具有固定内容积比的压缩机。活塞式压缩机具有自动吸排气阀，气缸中一旦达到排气背压，即自动顶开排气阀排气。两者在吸排气控制上有很大差别。

螺杆压缩机一般适合固定工况，如水源热泵，长期在不变的温度条件下工作。如果工况发生变化，就会产生欠压缩或过压缩现象，如图 4.3-16 所示。轻则能耗增加，重则产生剧烈振动。通常要采用可靠的内容积比调节机构，使压缩机在各种工况条件下实现内压比与外压比相等，使压缩机安全并经济地运行。

可调内容积比的螺杆机，通常用在空气源热泵，因为外界空气温度是变化的，夏天的机组的冷凝压力和冬天的蒸发压力是变化的，而相应夏天机组的蒸发压力和冬天的冷凝压力一般不变化。对于固定螺杆长度，内容积比的变化只能改变排气口的大小，通过一个液压滑阀控制排气口的大小，如图 4.3-17 所示。这种螺杆式压缩机往往有两套滑阀，一个控制螺杆

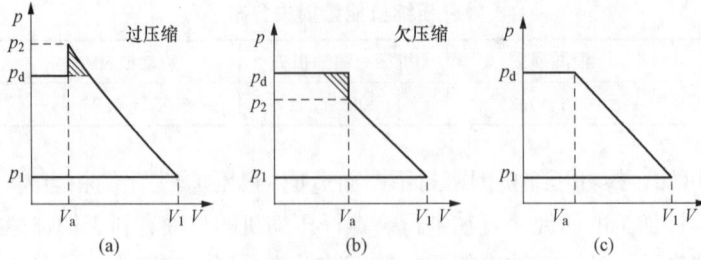

图 4.3-16　螺杆压缩机的过压缩和欠压缩

（a）$p_2 > p_d$；（b）$p_2 < p_d$；（c）$p_2 = p_d$

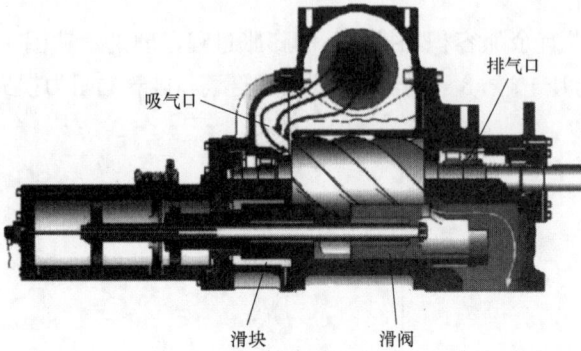

图 4.3-17　可调内容积比螺杆机

式压缩机的容量，即容量调节，另一个调节内容积比。由于普遍采用了变频调节，可以省去容量调节滑阀，近年来也有只有一个调节内容积比滑阀的趋势。

图 4.3-18 给出了可变内容积比的螺杆压缩机的性能曲线，包括容积效率和等熵效率（绝热效率），比固定内容积比的结构都要好。

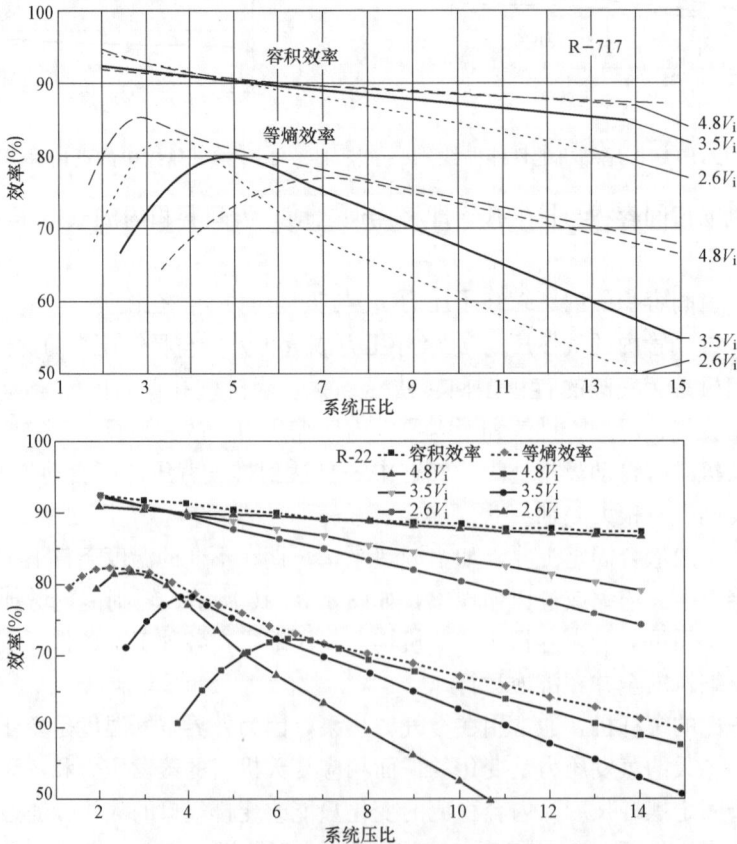

图 4.3-18　可变内容积比螺杆式压缩机的性能

【例题 4.3-1】 进行热泵机组热力计算，已知螺杆式压缩机转子直径 $D=0.15\mathrm{m}$，长度为 $L=0.3\mathrm{m}$，主转子转速 $n=1450\mathrm{r/min}$，齿形系数 $C_\mathrm{n}=0.5$，循环工质为 R22。蒸发温度 $-10℃$，冷凝温度 $35℃$，吸气温度 $-5℃$，过冷温度 $30℃$。容积效率为 0.80，绝热效率为 0.85，电机效率为 0.9。求该机组的制冷量 Q_0，制热量 Q_k，电机功率 N，能效比 EER 和制热系数 COP。

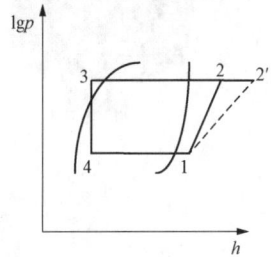

[解] 查 R22 的压-焓图得各点参数：

$h_1=405\mathrm{kJ/kg}$；$v_1=0.067\mathrm{m^3/kg}$；$h_2=439\mathrm{kJ/kg}$；

$h_3=236\mathrm{kJ/kg}$

单位工质制冷量 $q_0=h_1-h_3=408\mathrm{kJ/kg}-244\mathrm{kJ/kg}=169\mathrm{kJ/kg}$

理论单位工质制热量 $q_\mathrm{k}=h_2-h_3=439\mathrm{kJ/kg}-236\mathrm{kJ/kg}=203\mathrm{kJ/kg}$

理论单位工质压缩功 $w=h_2-h_1=439\mathrm{kJ/kg}-405\mathrm{kJ/kg}=34\mathrm{kJ/kg}$

实际单位工质压缩功 $w_\mathrm{r}=w/\eta_\mathrm{ad}=34/0.85\mathrm{kJ/kg}=40.0\mathrm{kJ/kg}$

实际单位工质制热量 $q_\mathrm{kr}=q_0+w_\mathrm{r}=169\mathrm{kJ/kg}+40\mathrm{kJ/kg}=209\mathrm{kJ/kg}$

上面计算实际制热量时要考虑压缩机的效率

螺杆压缩机的理论排量

$$V_\mathrm{n}=C_\mathrm{n}nLD^2/60$$

$$=0.5\times1450\times0.3\times0.15^2/60\mathrm{m^3/s}=0.08156\mathrm{m^3/s}$$

螺杆压缩机的实际排量 $V_\mathrm{r}=V_\mathrm{n}\times\eta_V=0.08156\times0.8\mathrm{m^3/s}=0.0653\mathrm{m^3/s}$

制冷剂流量 $M_\mathrm{r}=V_\mathrm{r}/v_1=0.0653/0.067\mathrm{kg/s}=0.974\mathrm{kg/s}$

电机功率 $N=M_\mathrm{r}\times w/\eta_\mathrm{ad}/\eta_\mathrm{mo}=0.974\times34/0.85/0.9\mathrm{kW}=43.29\mathrm{kW}$

制冷系统的制冷量 $Q_0=M_\mathrm{r}\times q_0=0.974\times169\mathrm{kW}=164.6\mathrm{kW}$

制冷系统的制热量 $Q_\mathrm{k}=M_\mathrm{r}q_\mathrm{k}=0.974\times209\mathrm{kW}=198.3\mathrm{kW}$

能效比 $\mathrm{EER}=Q_0/N=164.6/43.29=3.80$

制热系数 $\mathrm{COP}=Q_\mathrm{k}/N=198.3/43.29=4.58$

6. 单螺杆压缩机的简介

1960 年，法国人 Zimmern（辛麦恩）发明单螺杆的新结构。1962 年试制出第一台样机。20 世纪 70 年代初，荷兰 GRASSO（格拉索）制成第一台单螺杆制冷压缩机。1972 年，日本开始生产单螺杆空气压缩机。1982 年，开始生产单螺杆制冷压缩机。

图 4.3-19 所示的单螺杆压缩机，实际上有 3 个运转部件，电动机直接带动的是主螺杆，两侧各有一个星轮 [图 4.3-19（b）中称为闸转子]。主螺杆旋转时，与星轮和外壳组成的空间会与吸气口连通（开始吸气），并逐步变大（吸气终了），再逐渐变小（压缩），最后与排气口相连（排气）。这个过程与双螺杆压缩机类似，但工作容积分上下两组，星轮也是一正一反安装的。两个星轮则承受压缩气体的反作用力，也有较大的轴向力。比起双螺杆压缩机，这些力都不在电机主轴上，维修和更换轴承都比较方便。

图 4.3-20 为半封闭型单螺杆压缩机的结构图，其容量范围大约为 300~1000kW。单螺杆压缩机也需要喷油进行密封和润滑。比起双螺杆压缩机，单螺杆压缩机主转子轴向力和径向力是平衡的，转子及轴承有较长的寿命，维修时只需更换较易磨损的星轮，不用拆卸主轴。其转子多为高强度球墨铸铁，星轮是由一种特殊的高分子材料制造，有较好的减磨作用。

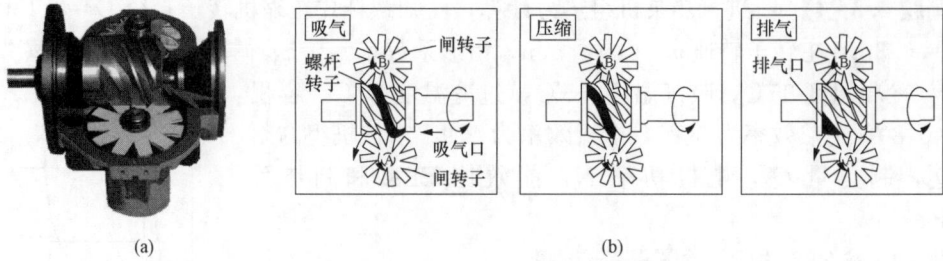

图 4.3-19 单螺杆压缩机的结构和工作原理
(a) 结构；(b) 工作原理

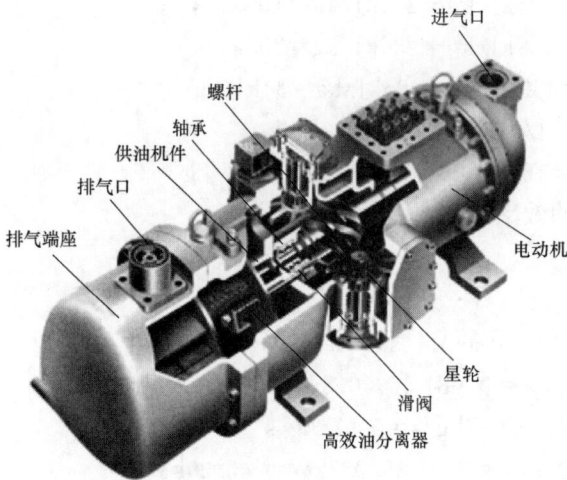

图 4.3-20 半封闭型单螺杆压缩机的结构图

7. 螺杆式压缩机的润滑

相比活塞式压缩机，螺杆式压缩机的润滑系统不仅用于系统的润滑，还负责螺杆转子的密封，因此润滑油的循环量更大。在螺杆压缩机中有两种润滑系统，一种是压差供油，即把本来要进入节流阀的部分工质进入喷射器，喷射器的动力是节流阀前的高压工质，由喷射器把油分离器分离出来的润滑油重新喷回压缩机。另一种是有专门的油泵，将润滑油以一定的压力送到螺杆压缩机的各处。

半封闭型螺杆压缩机润滑油还承担着压缩机的冷却作用，不仅是摩擦副产生的热量，还有压缩过程工质释放的热量，而压缩机驱动电机的热量（通常占压缩机功率的 3%～5%）也可以由润滑油带走。图 4.3-21 给出半封闭型螺杆式压缩机的润滑及电机冷却原理，采用环槽浸润式油冷，油路简单，电机发热转化为油冷负荷，然后进入润滑轴承。

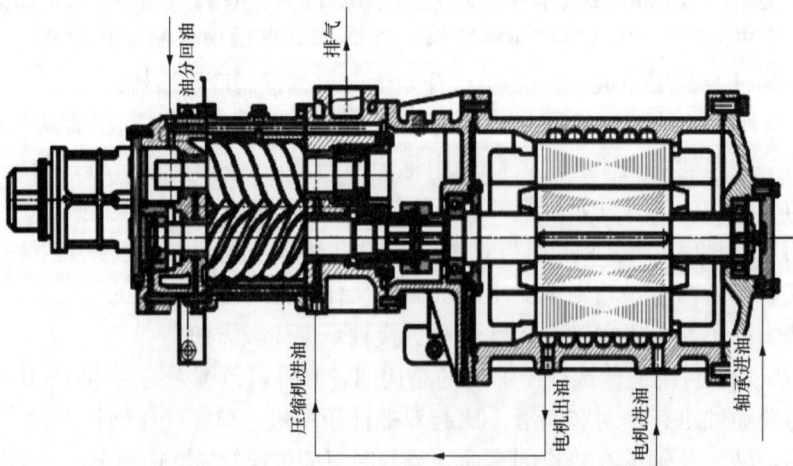

图 4.3-21 半封闭型螺杆式压缩机的润滑及电机冷却

4.4 滚动转子式压缩机

滚动转子式压缩机是回转式压缩机的一种。它是利用一个偏心圆筒形转子在气缸内转动来改变工作容积，实现气体吸入、压缩和排出，因此也属于容积式压缩机。在圆筒形气缸内，偏心套装一个可以转动的转子，也称为滚环。转子围绕旋转中心转动，转子的套筒在气缸的内表面上滚动，两者具有一条接触直线，这就是两圆柱面的切线。因此，气缸内表面与转子外表面之间构成一个月牙形空间，它的两端被气缸盖封闭，这就是气缸的工作腔，其位置随转子的转角而变化。在气缸的吸气孔与排气孔之间开有一个径向槽，槽中装有一个滑片，滑片顶部装有弹簧。当转子转动时，滑片做径向往复运动，而其下端始终紧贴在转子表面上。滑片将月牙形空间分成两个部分：一部分与吸气孔口相通，称为吸气腔；另一部分通过排气阀与排气腔相通，称排气腔。当转子转动时，吸、排气腔容积都在不断变化，吸气腔不断增大，排气腔不断缩小，当转子转到最高点时，吸气腔容积达到最大，而排气腔缩小为零。转子式压缩机保留了排气阀，其压缩比可以自动调整。它的零部件少，尺寸紧凑，质量轻，这也是它的明显优点，但需要较高的加工精度和配合精度，它在较小容量如1~10kW压缩机中占绝对优势，在低环境温度空气源热泵的压缩机中因可变压缩比，较容易实现喷气的准二级压缩，因而得到广泛应用。

滚动转子式压缩机的结构如图4.4-1所示。

4.4.1 滚动转子式压缩机基本结构和工作原理

图4.4-2为单级滚动转子压缩机的基本结构。它主要由滚动转子、气缸体、滑板及其背部的弹簧、偏心轮轴和气缸两端盖等主要零部件组成。气缸成圆筒形，气缸径向开有吸气孔口和排气孔口（通常排气阀片在侧盖上）。吸气孔口无吸气阀片，但是排气孔口仍有排气阀片。电机轴也是带偏心轮的偏心轮轴（即压缩机主轴），滚动转子装在偏心轮轴上。在工作时，转子在气缸内壁滚动，与气缸之间形成

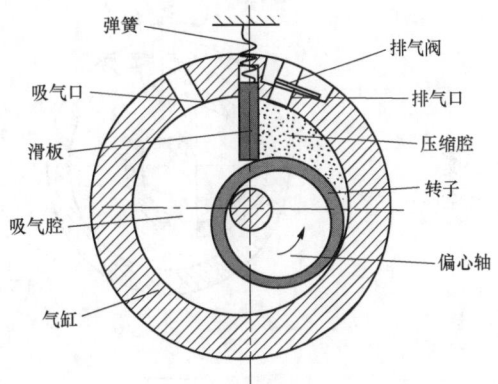

图4.4-1 滚动转子式压缩机结构图

一个月牙形空间，滑板靠弹簧及背压的作用力使其端部与转子上部紧密接触，将月牙形空间分成两部分。月牙形空间两端被气缸盖封着，于是构成封闭的工作腔。被隔开的月牙形工作腔分别为吸气腔和压缩腔：与吸气孔口相通的称为吸气腔；在排气孔口一侧的部分称为压缩腔。当偏心轮轴由原动机驱动绕气缸中心连续旋转时，吸气腔、压缩腔的容积周期性变化，容积内的压力也随之周期性变化，从而实现吸气、压缩、排气及余隙膨胀等工作过程，完成压缩机的功能。

图4.4-3给出了滚动转子压缩机的工作过程，从（a）、（b）、（c）、（d）4个分图可见，随主轴转动，吸气腔逐渐增大，压缩腔逐渐减小。一旦压缩腔气体压力超过排气阀背压，排气阀打开向高压端排气，直到把气体全部排出。

由于阀片右侧压缩腔排气孔口处有少量残留高压气体没有排干净（余隙容积），当滚环

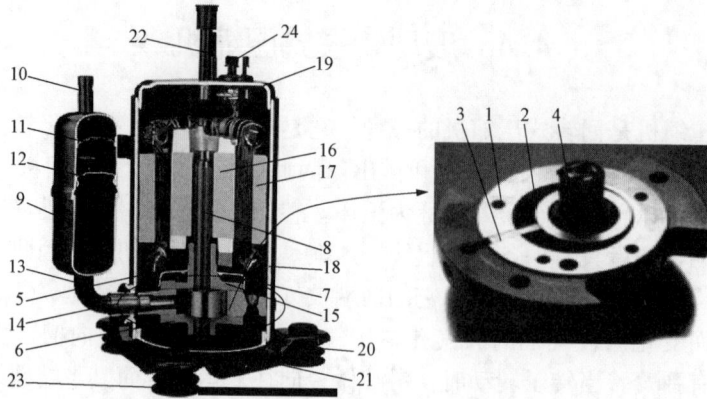

图 4.4 - 2 滚动转子压缩零部件图

1—气缸；2—滚动转子；3—滑片；4—偏心轴；5—框架；6—气缸盖；7—消声器；8—曲柄轴；
9—贮液器；10—吸入管；11—隔板；12—管架；13—L - 管；14—吸入口管；15—阀门；16—转子；
17—定子；18—容器；19—上盖；20—底盖；21—支撑垫；22—排气管；23—索环；24—终端

达到上止点时高低压腔贯通 [图 4.4 - 3（d）]，因余隙容积膨胀，还会影响转子式压缩机的容积效率。

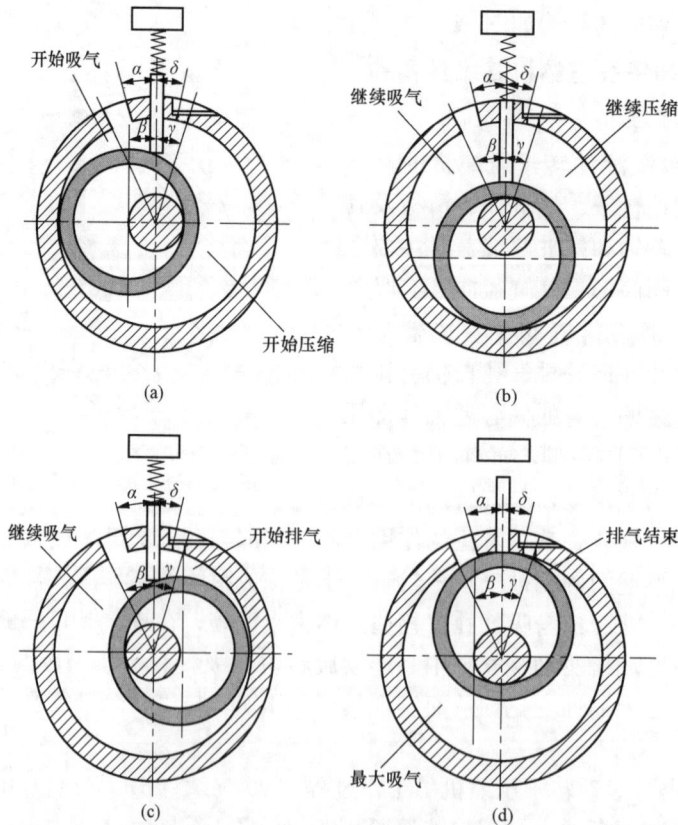

图 4.4 - 3 滚动转子压缩机的工作原理

通常转子压缩机都是双转子的，两者在圆周的偏心相差 $180°$，如图 4.4 - 4 所示。这样能在运转的惯性力方面达到平衡，排气压力的波动也比较小。图 4.4 - 5 给出了单缸和双缸转子式压缩机的主轴扭矩。

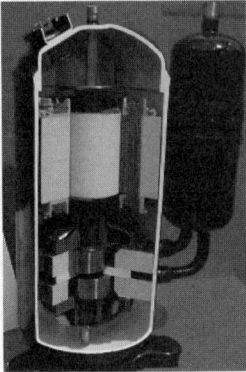

图 4.4 - 4　双缸转子式压缩机

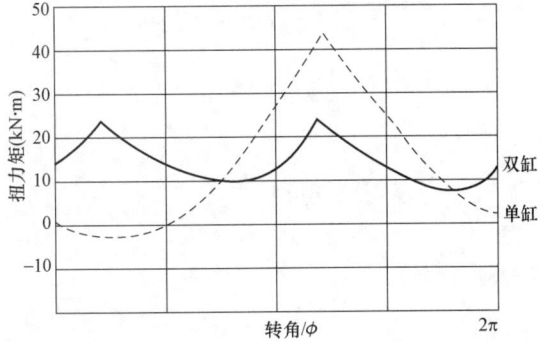

图 4.4 - 5　单缸和双缸转子式压缩机的主轴扭矩

4.4.2　滚动转子压缩机几何计算

从图 4.4 - 6 可见，滚动转子压缩机有几个特征角。

1. 吸气孔口后边缘角 α

顺旋转方向可构成吸气封闭容积，当 $\theta = \alpha$ 时吸气开始，α 大小影响吸气开始前吸气腔中的气体膨胀，造成过度低压或真空。

2. 吸气孔口前边缘角 β

造成在压缩过程开始前吸入的气体向吸气口回流，导致输气量下降。为减少 β 的不利影响，通常 $\beta = 30° \sim 35°$。

3. 排气孔口后边缘角 γ

影响余隙容积的大小，通常 $\gamma = 30° \sim 35°$。

4. 排气孔口前边缘角 ϕ

构成排气封闭容积，造成气体再度压缩。

5. 排气开始角 Ψ

开始排气时基元容积内气体压力略高于排气管中压力，以克服排气阀阻力顶开排气阀。

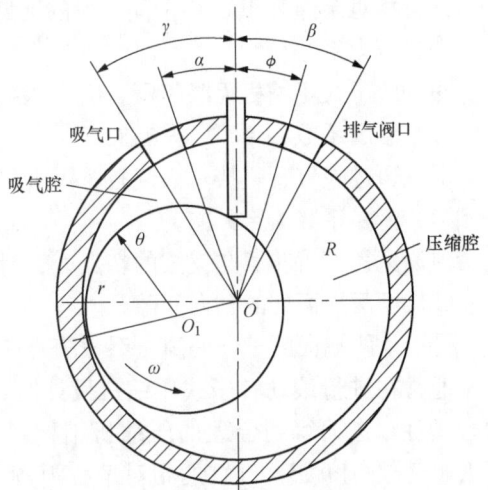

图 4.4 - 6　滚动转子式压缩机的几何结构

表 4.4 - 1　　　　　　　　　　　　　　转子式压缩机的过程与主轴转角

过程	吸气开始	吸气结束	压缩开始	排气开始	排气结束
转角 θ	α	2π	$2\pi + \beta$	$2\beta + \psi$	$4\pi - \gamma$

滚动转子式压缩机的气缸半径为 $R(\text{m})$，转子半径为 $r(\text{m})$，气缸厚度为 $L(\text{m})$，气缸工作容积：

$$V_P = \pi(R^2 - r^2)L(\text{m}^3) \tag{4.4 - 1}$$

69

计滑片厚度时,滑片伸入气缸中所占据的面积:

$$A_x = b\left(x - 2r_x \sin^2 \frac{\alpha_1}{4}\right) + \frac{1}{2}r_x^2(\alpha_1 - \sin\alpha_1)\,(m^2) \tag{4.4-2}$$

吸气和压缩容积的变化关系

$$V_s = \left\{\frac{1}{2}R^2\tau(2-\tau)\theta + R^2\tau\left[(1-\tau)\sin\theta + \frac{1}{4}\tau\sin2\theta\right] - \frac{1}{2}A_X\right\}L\,(m^3) \tag{4.4-3}$$

$$V_d = \pi(R^2 - r^2)L - \left\{\frac{1}{2}R^2\tau(2-\tau)\theta + R^2\tau\left[(1-r)\sin\theta + \frac{1}{4}\tau\sin2\theta\right] - \frac{1}{2}A_X\right\}L\,(m^3)$$

$$\tag{4.4-4}$$

转子压缩机理论容积输气量:

$$V_n = \pi(R^2 - r^2)L_n/60\,(m^3/s) \tag{4.4-5}$$

实际容积输气量:

$$V_r = \lambda V_n\,(m^3/s) \tag{4.4-6}$$

参考活塞式压缩机,其容积效率:

$$\eta_V = \lambda_V \lambda_P \lambda_T \lambda_1 \tag{4.4-7}$$

(1) 容积系数:

$$\lambda_V = 1 - c\left[(p_{dk}/p_{s0})^{\frac{1}{k}} - 1\right] \tag{4.4-8}$$

通常相对余隙容积 C 小于同容量的活塞式压缩机。

(2) 压力系数:

滚动转子式压缩机无吸气阀,吸气压缩损失小,压力系数约为1。

(3) 温度系数 $\lambda_t = 0.95 \sim 0.82$。

吸气通过吸气管直接进入气缸,因吸气管处于高温高压的机壳中,吸入气体仍被加热。

(4) 泄漏系数 $\lambda_1 = 0.95$。

泄漏途径:①转子与气缸的切点处、滑片与转子的接触点处的径向间隙。

②转子两端面处的轴向间隙。

③滑片两端面的轴向间隙。系数随转速变化。

通常在进行滚动转子式压缩机设计时,首先要考虑到结构参数间的相互关系及其数值的合理性,进而得到合理的压缩机结构。滚动转子压缩机的主要结构参数,是指气缸半径 R,气缸高度 H,气缸的相对偏心距 $\psi(e/R)$ 和气缸相对高度 $\lambda(H/D)$,具体计算关系见表 4.4-2。

表 4.4-2　　　　　　　　　滚动转子压缩机主要结构尺寸及其相对关系

名称	尺寸计算关系	名称	尺寸计算关系
气缸直径 D	$D = 2R$	滚动转子半径 r	$r = R - e$
偏心距 e	$e = \psi R$	滑板厚度 B_v	B_v 不小于 $2e$
相对气缸高度	$\lambda = H/D$	滑板径向长度 l_o	$l_o = (5 \sim 10)e$
相对偏心距	$\psi = e/R$	气缸轴向高度 H	$H = \lambda D$

为适应制冷与热泵系统的容量调节,近年来出现了直流永磁变频电机,稀土永磁同步电机,或不用稀土的新型永磁同步磁阻电机。

4.5 涡旋式压缩机

涡旋式压缩机是近年来备受重视并迅速发展起来的一种容积式压缩机。它具有效率高、可靠性强、噪声低、质量轻和尺寸小等特点。涡旋式压缩机的原理早在 1886 年意大利的专利文献有论述，1905 年法国工程师 Creux 正式提出涡旋式压缩机原理及结构，并申请美国专利。

涡旋式制冷压缩机构造简单，不需要进气阀，早先的设计也没有排气阀。而且，允许气态制冷剂中带有液体，故很适合小型热泵系统使用。由于涡旋式制冷压缩机比小型活塞式制冷压缩机具有更高的性能系数，自 20 世纪 70 年代起国外就着手研制这种型式的压缩机，并用于小型空调机组和汽车空调，其中空调机组用的全封闭涡旋式压缩机常多台并联使用，以满足不同负荷下变容量运行。

图 4.5-1 为涡旋式压缩机的实际结构，图 4.5-2 为涡旋式压缩机的动涡盘、静涡盘的外观。

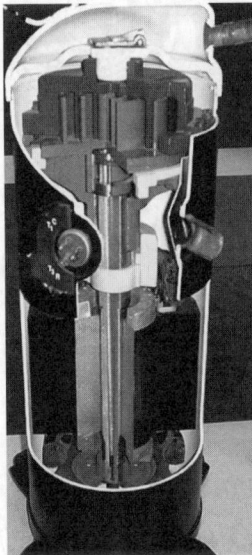

(a)

(b)

图 4.5-1　涡旋式压缩机的结构　　　　图 4.5-2　涡旋式压缩机的涡旋盘
（a）动涡盘；（b）静涡盘

动涡盘和定涡盘涡旋压缩机的机构如图 4.5-3 所示，并给出主要几何参数。

涡旋压缩机主要是由动涡盘、静涡盘、支架、偏心轴及防自转机构构成。把涡旋型线参数相同、相位差 π、基圆中心保持一定距离的动涡盘和静涡盘组装后，可以形成数对封闭的月牙形容积腔。当偏心轴推动动涡盘中心绕静涡盘中心做圆周轨道运动时，这些封闭的容积腔相应地扩大或缩小，由此实现气体的吸入、压缩和排气。低压气体从静涡盘上开设的吸气孔口后进入动静涡旋盘的端部开口进入吸气腔，经压缩后由静涡盘中心处的排气孔排出，其工作过程如图 4.5-4 所示。

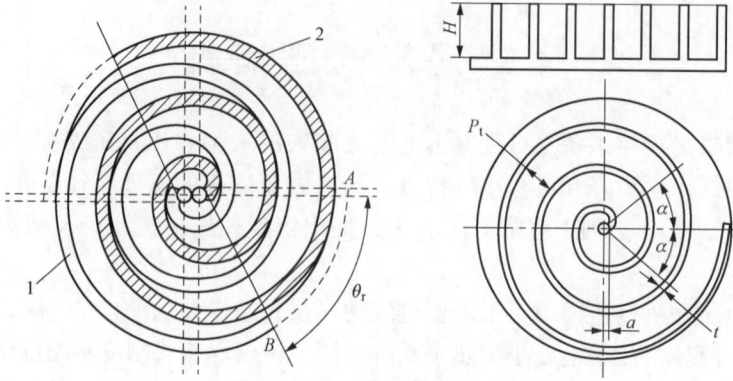

图 4.5-3　涡旋压缩机的涡旋盘

1—动涡盘；2—定涡盘；a—基圆半径；t—涡盘厚度；P_t—两涡圈间距离；H—涡盘高度

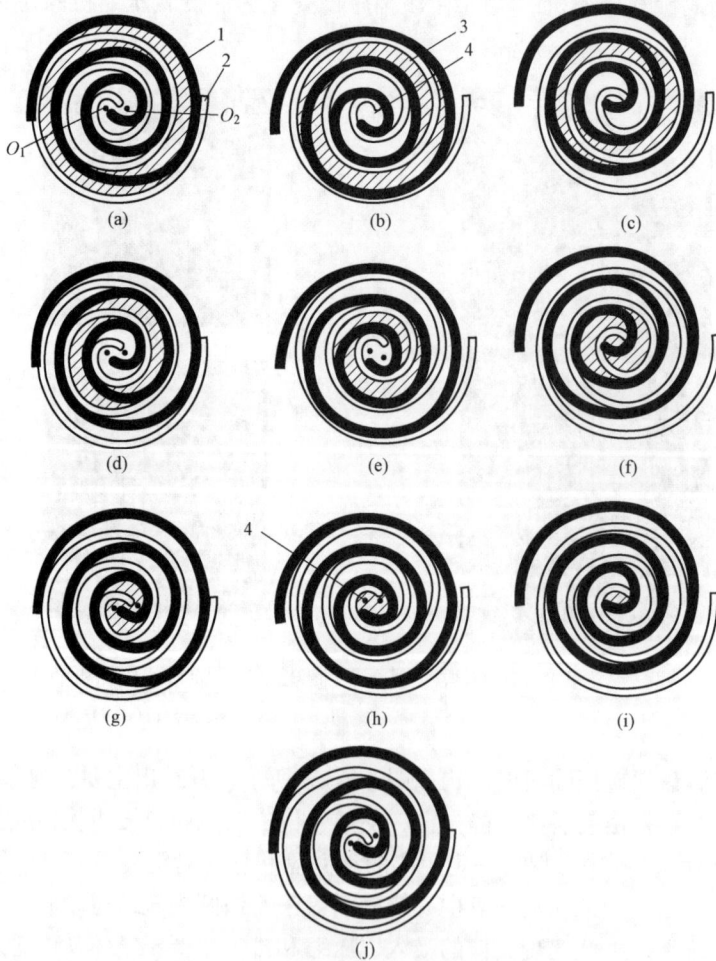

图 4.5-4　涡旋压缩机工作过程示意图

1—动涡旋盘；2—静涡旋盘；3—压缩腔；4—排气孔

（a）$\theta=0°$；（b）$\theta=120°$；（c）$\theta=240°$；（d）$\theta=360°$；（e）$\theta=480°$；（f）$\theta=600°$；（g）$\theta=720°$；

（h）$\theta=840°$；（i）$\theta=960°$；（j）$\theta=1080°$

图 4.5-4（a）所示位置动涡盘中心 O_2 位于静涡盘中心 O_1 的右侧，涡旋密封啮合线在左右两侧，涡旋外圈正好封闭，此时最外圈两个月牙形空间充满气体，完成了吸气过程（阴影部分）。随着曲轴的旋转，动盘做回转平动，而动、静涡旋盘仍保持良好的啮合，使外圈两个月牙形空间中的气体不断地向中心推移，容积不断缩小，压力逐渐升高，进行压缩工程，图 4.5-4（b）～图 4.5-4（f）所示为曲轴转角 θ 每间隔 120°的压缩过程，当两个月牙形空间汇成一个中心腔室并与排气孔相同时，压缩过程结束，如图 4.5-4（g）所示，并开始进入图 4.5-4（g）～图 4.5-4（j）示出的排气过程，中心腔室的空间消失时，排气过程结束，如图 4.5-4（j）所示。

4.5.1 涡旋压缩机几何计算

1. 涡旋压缩机主要参数

以圆的渐开线作为涡旋压缩机的涡圈型线，其主要参数有：基圆半径 r，涡圈壁厚 t，涡圈节距 P_t，涡圈高度 H，渐开线起始角 α，压缩腔对数 N，涡圈数 m，涡圈中心面渐开线展角 Φ，涡圈中心面渐开线最终展角 Φ_e，其中各参数的相互关系为

$$P_t = 2\pi r \tag{4.5-1}$$

$$t = 2r\alpha \tag{4.5-2}$$

$$m = N + 1/4 \tag{4.5-3}$$

2. 型线方程

涡旋压缩机是依靠一对相互啮合的动、静涡盘之间所形成的封闭容积由大到小的周期性变化，来实现气体的吸入、压缩和排出，涡盘的型线直接决定了涡旋压缩机行程容积、载荷、泄漏线长度和内容积比等重要的参数，是设计涡旋压缩机的关键技术之一。

目前，常用涡旋压缩机型线有圆的渐开线、正多边形渐开线（偶数或奇数多边形）、线段渐开线、半圆渐开线、阿基米德螺旋线、代数螺旋线、变径基圆渐开线、包络型线以及通用型线等，都是从中心向外部逐渐展开的光滑曲线。在涡盘的铣削加工中，型线起始端曲率半径小于刀具圆半径的部分将与刀具发生干涉而被切削掉，这样会在涡圈始端形成尖角，造成该部位的应力较大，刚度降低，且不易保证加工精度，因此对涡圈始端型线一般都要进行修正，即用其他曲线代替涡盘中心部位的型线。这里给出型线为单涡圈、以圆的渐开线为基础的 PMP（Perfect Meshing Profile）圆弧修正型线计算。

（1）渐开线及方程。若以渐开角作为参变量，则圆的渐开线可表示为

$$\begin{cases} x = r(\cos\varphi + \varphi\sin\varphi) \\ y = r(\sin\varphi - \varphi\cos\varphi) \end{cases} \tag{4.5-4}$$

式中　r 为渐开线的基圆半径。

由于涡旋压缩机的涡旋体有一定的厚度，若以 α 表示基圆上的渐开线的初始角，则涡旋体的内侧及外侧的渐开线分别表示为

$$\begin{cases} x_i = r[\cos(\varphi_i - \alpha) + \varphi_i\sin\varphi(\varphi_i - \alpha)] \\ y_i = r[\sin(\varphi_i - \alpha) - \varphi_i\cos\varphi(\varphi_i - \alpha)] \end{cases} \tag{4.5-5}$$

$$\begin{cases} x_0 = r[\cos(\varphi_0 - \alpha) + \varphi_0\sin\varphi(\varphi_0 - \alpha)] \\ y_0 = r[\sin(\varphi_0 - \alpha) - \varphi_0\cos\varphi(\varphi_0 - \alpha)] \end{cases} \tag{4.5-6}$$

（2）圆弧修正型线。为了避免涡盘的起始端产生过切，从设计、使用和加工的角度考虑，一般采用圆弧和直线来修正涡旋齿端，这种修正方法称为圆弧类型线修正，其基础齿型

如图 4.5-5 所示。中线展角相差 π 的齿端内、外侧涡线分别被一大一小两段外切圆弧代替，各段曲线之间光滑连接，二者分别称为修正圆弧和连接圆弧，其差值等于主轴回转半径 ρ。由于其动、静涡盘齿端相应侧涡线上的修正起始点具有相同的中线展角，称为等 β 角圆弧修正。在该种圆弧修正的基础上，可衍生出不等角 β 圆弧修正齿型，这两类修正齿型属于无余隙修正齿型，即两涡盘可实现零余隙啮合，而且齿端修正壁面一阶连续。无余隙修正齿型可以大幅度地提高涡旋机械所能达到的内容积比，从而扩展其应用领域；对于设有排气阀的涡旋压缩机，减小余隙还有利于降低排气温度和指示功。

图 4.5-6 是型线中心部位在渐开线展开角为 β 时的修正图。弧 AC 与外侧渐开线相切于 A 点，弧 BC 与内侧渐开线相切于 B 点，AC 为直线连接。基圆的中心为 O 点，半径为 r，连接圆弧 AC 的圆心为 O_1 点，半径为 R_1，修正圆弧 BC 的圆心为 O_2，半径为 R_2。由图 4.5-6 知：

$$\left(\frac{R_1+R_2}{2}\right)^2 = d^2 + r^2 \tag{4.5-7}$$

$$R_2 - R_1 = \rho \tag{4.5-8}$$

$$d = r(\beta+\alpha) - R_1 \tag{4.5-9}$$

$$\gamma = \beta - \arctan(d/r) \tag{4.5-10}$$

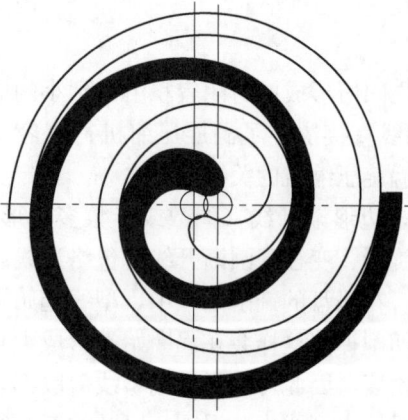

图 4.5-5　圆弧类型线修正基础齿型图

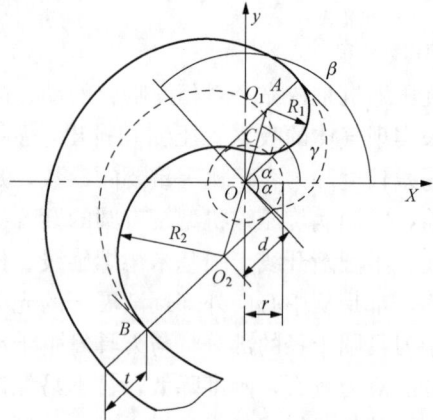

图 4.5-6　对称圆弧修正的修正参数示意图

则排气角 θ 为

$$\theta = 2\pi - \gamma = 2\pi - \beta + \arctan(d/r) \tag{4.5-11}$$

连接圆弧 AC 的参数方程为

$$\begin{cases} x = \sqrt{r^2+d^2}\cos\gamma + R_1\cos\theta \\ y = \sqrt{r^2+d^2}\sin\gamma + R_1\sin\theta \end{cases}, \theta \in \left[\gamma-\pi, \beta-\frac{\pi}{2}\right] \tag{4.5-12}$$

修正圆弧 BC 的参数方程为

$$\begin{cases} x = \sqrt{r^2+d^2}\cos(\gamma+\pi) + R_2\cos\theta \\ y = \sqrt{r^2+d^2}\sin(\gamma+\pi) + R_2\sin\theta \end{cases}, \theta \in \left[\gamma, \beta+\frac{\pi}{2}\right] \tag{4.5-13}$$

3. 工作容积计算方程

涡旋压缩机的涡圈始端进行修正后，为方便计算和分析工作腔容积，可将涡旋压缩机整个工作过程分解为 5 个阶段，即从制冷剂被吸入开始一直到排出为止，定义涡圈最外侧闭合即吸气开始时刻动涡盘的转角 $\theta=0$。

（1） $0\leqslant\theta\leqslant2\pi$。

此时工作腔不封闭，处于吸气阶段，其吸气容积为

$$V(\theta)=r\rho H\left[\theta(2\phi_e-\theta-\pi)-2(\phi_e-\pi+\alpha)\sin\theta-\left(\frac{\pi}{2}-\alpha\right)\sin2\theta+2(1-\cos\theta)\right]$$

$$(4.5-14)$$

式中　r——基圆半径；

　　　H——涡圈高度；

　　　ρ——回转半径；

　　　α——渐开线起始角度；

　　　ϕ_e——涡圈中心面渐开线的最终展角。

（2） $2\pi\leqslant\theta\leqslant\phi_e-\pi-\beta$。

此时工作腔的两个啮合点处于渐开线啮合，其容积为

$$V(\theta)=2H\left[\int_{\phi_e-\theta+\alpha}^{\phi_e-\theta+\alpha+2\pi}\frac{1}{2}r^2\phi^2\mathrm{d}\phi-\int_{\phi_e-\theta-\alpha}^{\phi_e-\theta-\alpha+2\pi}\frac{1}{2}r^2\phi^2\mathrm{d}\phi\right]=4\pi r\rho H\left(\phi_e-\theta+\frac{\pi}{2}\right)$$

$$(4.5-15)$$

（3） $\phi_e-\pi-\beta\leqslant\theta\leqslant\phi_e-\pi/2+\arctan(d/r)-\beta$。

此时涡圈修正部分进入啮合状态，其容积可表示为

$$V(\theta)=H\left[2\int_{\phi_e-\theta+2\pi+\alpha-\pi}^{\phi_e-\theta+2\pi+\alpha}\frac{1}{2}r^2\phi_2\mathrm{d}\phi-2S_t(\theta)-S_y-S_1(\theta)\right]\quad(4.5-16)$$

其中，$S_t(\theta)=S_{t1}^*+S_{t2}(\theta)$

$$2S_{t1}^*(\theta)=2\int_{\beta+\alpha}^{\beta+\pi+\alpha}\frac{1}{2}r^2\phi^2\mathrm{d}\phi-S_1^*-S_y;$$

$$S_1(\theta)=(R_2^2-R_1^2)\psi-\frac{2\rho r}{\cos[\arctan(d/r)]}\sin\psi;$$

$$S_1^*=(R_2^2-R_1^2)\psi^*-\frac{2\rho r}{\cos[\arctan(d/r)]}\sin\psi^*;$$

$$\psi=\phi_e-\frac{\pi}{2}+\arctan\frac{d}{r}-\beta-\theta;$$

$$\psi^*=\frac{\pi}{2}+\arctan\frac{d}{r};$$

$$S_{t2}(\theta)=\int_{\beta+\pi+\alpha}^{\phi_e-\theta+2\pi+\alpha}\frac{1}{2}r^2\phi^2\mathrm{d}\phi-\int_{\beta+\pi-\alpha}^{\phi_e-\theta+2\pi-\alpha}\frac{1}{2}r^2\phi^2\mathrm{d}\phi$$

$$S_y=2r\rho-\pi r^2$$

（4） $\phi_e-\pi/2+\arctan(d/r)-\beta\leqslant\theta\leqslant\phi_e+\pi-\beta$。

此时压缩机进入排气阶段，其容积可表示为

$$V(\theta)=H\left[2\int_{\phi_e-\theta+\alpha+\pi}^{\phi_e-\theta+\alpha+2\pi}\frac{1}{2}r^2\phi^2\mathrm{d}\phi-2S_t(\theta)-S_y\right]\quad(4.5-17)$$

其中，$S_t(\theta)$、S_y 的计算同上一阶段。

（5） $\phi_e+\pi-\beta\leqslant\theta\leqslant\phi_e+3\pi/2+\arctan(d/r)-\beta$。

该阶段涡圈修正部分进入啮合并排气，其容积为

$$V(\theta) = HS_1(\theta) = H\left[(R_2^2 - R_1^2)\psi - \frac{2\rho r}{\cos[\arctan(d/r)]}\sin\psi\right] \tag{4.5-18}$$

压缩机的内容积比为

$$\varepsilon_v = \frac{V_S}{V_D} = \frac{V(2\pi)}{V(\theta_D)} = \frac{V(2\pi)}{V(\phi_e - \pi/2 + \arctan(d/r) - \beta)} \tag{4.5-19}$$

因此，可以通过改变 β 角来调整内容积比。

4. 涡旋式压缩机的理论排量和输气系数

涡旋式压缩机的理论排量

$$V_n = \pi n P_h H(P_h - 2\delta)(2n - 1 - \theta/\pi)/30(\text{m}^3/\text{s})$$
$$P_h = 2\pi\alpha \tag{4.5-20}$$

涡旋式压缩机的输气系数仍然可沿用活塞式压缩机的概念

$$\lambda = \lambda_V \lambda_P \lambda_T \lambda_I$$

没有余隙容积，$\lambda_V = 1$，因无进排气阀，$\lambda_p = 1$，只有温度系数和泄漏系数的影响，可达最高的输气系数，λ 为 0.95 以上。

影响涡旋压缩机效率的因素主要有摩擦、泄漏和制冷剂在进口和内部的扰动造成的损失。通过理论分析，涡旋压缩机各部分损失所占比例大致如下：机械摩擦损失占 53.9%，流动阻力损失占 2.8%，泄漏损失占 43.3%。为提高效率，减少损失，措施见表 4.5-1。

表 4.5-1   减少涡旋压缩机损失的措施

序号	压缩机损失	改进措施
1	动定盘摩擦损失	提高涡旋线、齿顶、底面和侧面的加工精度、平面度、位置度；减少压缩机整机的含尘量，减少固体颗粒数量
2	防自转滑环与各配合键槽间的摩擦损失	提高十字架和键槽的垂直度、平行度、光洁度、平面度
3	曲轴和各驱动面（轴承）间的摩擦损失	减小加工误差和装配误差，使得曲轴中心和滑动轴承的中心线尽量重合；增加润滑，减小止推轴承和主轴承之间的摩擦
4	润滑油的影响	提高润滑油的润滑效果，增加润滑面
5	阻力损失	优化流道宽度、曲率，平衡块形状设计
6	泄漏损失	优化配合间隙，降低泄漏损失

4.5.2 有关最新涡旋式压缩机的说明

前面所说涡旋式压缩机没有进气阀也没有排气阀，是早年针对定工况定压缩比的空调或冷冻装置。由于环境温度的变化或负荷要求的变化，这种定压缩比的设备会出现欠压缩或过压缩现象，都会出现达不到需要的温度或能量浪费甚至排气管剧烈震动。与图 4.2-16 螺杆压缩机的过压缩和欠压缩类似，涡旋压缩机也存在欠压缩和过压缩形成的能量损失。现在多数涡旋式压缩机采用了排气阀，有的还在中间涡旋线处增设了中间排气阀，用于供小压缩比时准确排气，以适应变容量、变压比设计（应对 APF 和 IPLV，有关内容见第八章）。

图 4.5-7 给出了涡旋压缩机的气阀结构，在定盘排气孔处有高压排气阀，当背压高于

排气压力时该阀打不开，但再次排气时就可能打开，克服"欠压缩"。在压缩中间腔体合适位置有中间排气阀，当背压低时可以打开，克服"过压缩"。

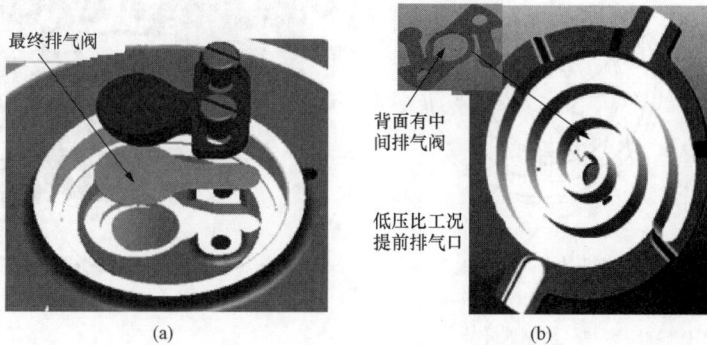

图 4.5-7　涡旋压缩机的气阀结构

(a) 动态排气阀结构图；(b) 中间排气阀结构图

有高压排气阀和中间排气阀的涡旋压缩机在一定程度上提升高压缩比工况下压缩机效率，降低欠压缩程度以降低排气温度，增加运行范围。

涡旋式压缩机采用了多种排气阀以后，排气阻力加大了，压缩机的排气系数就不是 1 了，但基本克服了欠压缩和过压缩，使得压缩机在变工况下的性能得以改善。

4.6　离心式压缩机

离心式压缩机在制冷中应用最早开始于 1921 年。1922 年，美国开利博士发明了世界上第一台离心式冷水机组。离心式压缩机的工作原理不同于容积式压缩机。它是借叶轮高速旋转产生的离心力实现压缩。

4.6.1　离心式压缩机的结构

通过吸气将要压缩的气体引入到叶轮，吸入的气体在叶轮叶片的作用下跟着叶轮做高速旋转，气体由于受离心力的作用引出叶轮周边，导入扩压器流通截面逐渐扩大，通过渐扩把速度能转化为压力能，以提高气体的压力，扩压后的气体在蜗壳里汇集起来后被引出机外。以上这一过程就是离心机的压缩原理。

离心式压缩机属于透平机械，可分为转子和定子两部分，转子上叶轮中的叶片，是把功传递给气体的主要部件，而定子中的扩压器、回流器、蜗室等是用来改变气流运动方向以及把速度能转变为压力能的部件。离心式压缩机由于旋转速度高、流量大，因此在结构紧凑的制冷机中能得到较大的制冷量。离心式压缩机的构造如图 4.6-1 所示。

图 4.6-2 是一台整体的离心式压缩机的结构，包括电机、增速齿轮、离心叶轮、扩压器和润滑系统。其冷量范围为 240～4000kW。通常单级压缩的离心叶轮的转速为 15000RPM，主轴需要用滑动轴承并有配套的高压润滑系统，一定要配套有不停电装置，因为滑动轴承的润滑油须臾不可停止。二级压缩的离心叶轮的转速为 8000～10000RPM，主轴可以用高精度滚动轴承，对润滑系统的要求可以降低，比如瞬间的停电油路中断，轴承中的少量润滑油可保证系统的自动停车。

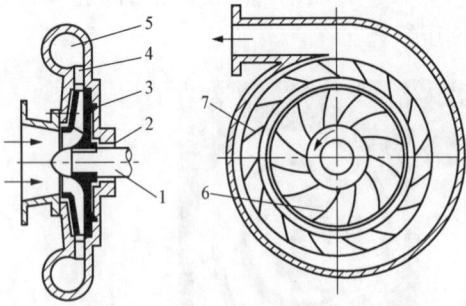

图 4.6-1 离心式压缩机的基本结构
1—轴；2—轴封；3—工作轮；4—扩压器；
5—蜗壳；6—工作轮叶片；7—扩压器叶片

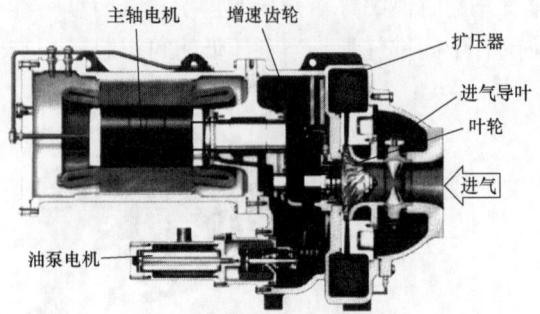

图 4.6-2 离心式压缩机的电机及增速系统

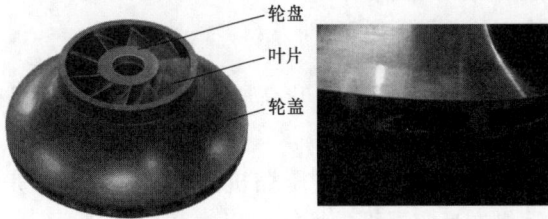

图 4.6-3 闭式离心叶轮

离心机的叶轮有开式和闭式之分，闭式叶轮有更高的效率，但流线的加工难度较高。由于加工技术的提高，目前普遍采用了闭式叶轮，如图 4.6-3 所示。

4.6.2 离心式压缩机的工作原理

由气体流动的伯努力方程：

$$w = \int_1^2 v \mathrm{d}p + \frac{1}{2}(u_2^2 - u_1^2) + q_1 \qquad (4.6-1)$$

（能量头）＝（压力头）＋（速度头）＋（热损）

一般热损可以忽略不计，压力头和速度头之间是守恒的，也就是当高速流动的工质速度降低时，其压力可以升高，这就是速度型压缩机压缩工质的原理。

图 4.6-4 是离心叶轮的速度分析。

根据动量矩原理：

$$[M] = m(C_{u2}r_2 - C_{u1}r_1) \qquad (4.6-2)$$

理论压缩功率：$[M]\omega$

单位质量压缩功：

$$w_{\mathrm{th}} = \frac{[M]\omega}{m} = (C_{u2}r_2 - C_{u1}r_1)\omega = (C_{u2}u_2 - C_{u1}u_1)$$

$$(4.6-3)$$

因 $C_{u1}=0$ ，有 $w_{\mathrm{th}}=C_{u2}u_2$

令 $C_{u2}/u_2=\psi_2$

有理论能量头 $\qquad w_{\mathrm{th}}=\psi_2 u_2^2 \qquad (4.6-4)$

ψ_2 为周速系数

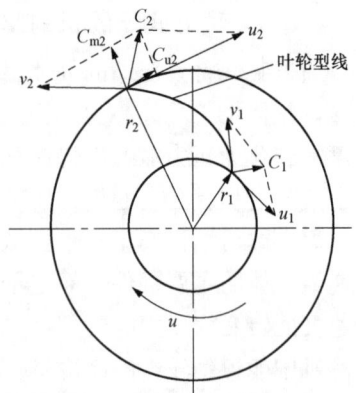

图 4.6-4 离心叶轮的速度分析

压缩机耗功即理论能量头：

$$w_{\mathrm{th}} = h_2 - h_1 \qquad (4.6-5)$$

与制冷剂无关，无论是 R123 还是 R134a，达到同样压缩比时，叶轮叶尖的速度是基本相同的。

由于克服各种损失，实际能量头：

$$w = \frac{w_{th}}{\eta_{ad}} \qquad (4.6\text{-}6)$$

式中　η_{ad}——离心式压缩机的绝热效率，一般为 $0.8\sim0.87$。

制冷剂所获得的能量头：

$$w' = \eta_h w_{th} = \varphi u_2^2 \qquad (4.6\text{-}7)$$

式中　η_h——水力效率；

　　φ——压力系数，$\varphi = \eta_h \psi_{u2}$，约为 $0.45\sim0.55$。

马赫数 $\qquad\qquad M_{u2} = \frac{u_2}{\alpha_1} = 1.3\sim1.5$

在进口状态下制冷剂的音速一般 $200\sim300\text{m/s}$，u_2 可能为 $250\sim450\text{m/s}$。由于叶轮型线复杂，直径过大、过小都不易制造，常为 $0.2\sim0.3\text{m}$。要产生超过音速的线速度，主轴转速要有 $5000\sim15\,000\text{r/min}$。而且制冷量至少在 240kW 以上。

对于叶轮制造、轴承及润滑都提出很高的要求。近年来随着离心机组向小型化发展，出现磁悬浮轴承。

当 u_2 为 200m/s 时，能量头为 20kJ/kg，为达到一定压缩比（通常大于 3）需要用大分子量的工质，如 R123 或 R134a，与公式计算的能量头对应。表 4.6-1 是不同制冷剂用于离心机的参数。

表 4.6-1　　　　　　　　　不 同 制 冷 剂 特 性

制冷剂	R123	R134a	R22
冷凝压力（kPa，37.8℃）	147	960	1450
蒸发压力（kPa，4.4℃）	42	340	570
压缩比	3.5	2.82	2.54
制冷剂循环量/[kg/（s·kW）]	0.0071	0.0066	0.0062
气体流量/[m³/（h·kW）]	8.97	1.45	0.93
单位质量制冷量/(kW/kg)	140	151	161
叶尖速度/(m/s)	200	208	213
臭氧损耗潜值 ODP	0.02	0.00	0.05

离心式压缩机的主要优点如下。

（1）制冷能力大，而且，大型离心式压缩机的效率超过其他类型压缩机。

（2）结构紧凑，质量轻，比同等制冷能力的活塞式压缩机轻 $80\%\sim88\%$，占地面积可以减少一半左右。

（3）没有磨损部件，因而工作可靠，维护费用低。

（4）运行平稳，振动小，噪声较低。运转时制冷剂中不混有润滑油，故蒸发器和冷凝器的传热性能好。

（5）能够进行无级调节。当采用进气口导叶阀时，可使机组的负荷在 $30\%\sim100\%$ 范围内进行能量调节。

（6）能够合理地使用能源。大型离心式制冷压缩机耗电量非常大，为了减少发电设备、电动机以及能量转换过程的各种损失，大型离心式压缩机（制冷量在 $3500 \sim 4500 \mathrm{kW}$ 以上）可用蒸气轮机或燃气轮机直接拖动，达到经济合理地利用能源。

但是，由于离心式压缩机的转数很高，所以，对于材料强度、加工精度和制造质量均要求严格，否则压缩机易于损坏，且不安全。

离心式制冷压缩机的损失按照范围来分可以分为内损失和外损失，内损失包括漏气损失、轮阻损失和流动损失，其中流动损失包括叶轮流动损失、扩压器流动损失、回流弯道与回流器流动损失、蜗壳流动损失、进气室流动损失。外损失包括外部漏气损失和机械损失。

离心式压缩机各部分损失所占总效率的百分比大致为：①叶轮内部损失 25.8%；②扩压器损失 20%；③回流弯道和回流器损失及蜗壳损失 34.2%；④泄漏损失 5%；⑤机械损失 4.8%；⑥叶轮外部摩擦损失 5.2%；⑦入口导流器损失 5%。减少损失的措施见表 4.6-2。

表 4.6-2　　　　　　　　　减少离心式压缩机损失的措施

序号	压缩机损失	改进对策
1	叶轮损失（包括叶片载荷，叶片混频，摩擦损失）	通过流动分析及相对速度场分析，采用三元叶轮设计对叶轮进行改进
2	扩压器损失（包括流道的突然收缩和膨胀，摩擦损失）	对流道宽度、半径比（弯道内径 R/叶轮径 R'）和叶片优化，降低表面粗糙度
3	回流弯道回流器损失（包括弯道，回流器损失，剥离及摩擦损失）	对回流器、叶片形状、叶片数以及流道进行优化，降低表面粗糙度
4	涡壳损失	优化流道设计，降低表面粗糙度
5	漏泄损失	叶轮采用阶梯型，平衡活塞采用台阶型或阶梯型梳齿密封，机壳水平中分面加"O"形面
6	机械损失	采用直接喷油式推力轴承和径向轴承
7	叶轮摩擦损失	提高加工程度
8	入口导流器损失（包括流道损失，摩擦损失）	优化流道宽度，曲率，叶片数和叶片形状，降低表面粗糙度

4.6.3　离心式压缩机的容量调节

固定转速的离心式压缩机如果调节制冷量，是通过进口导叶和可调扩压器双重调节机构，实现制冷量在 30%~100% 范围内无级调节。进口导叶有全开、部分开放和基本关闭的作用，这样一方面使压缩机的进气量减少，另一方面进气的压力也下降。不仅工质流量下降，也降低了排气压力。因为在部分负荷下的环境温度也会有所降低（可参考相关的标准）。新型离心式压缩机采用变频调节，通过转速调节压缩比，并提高了效率。

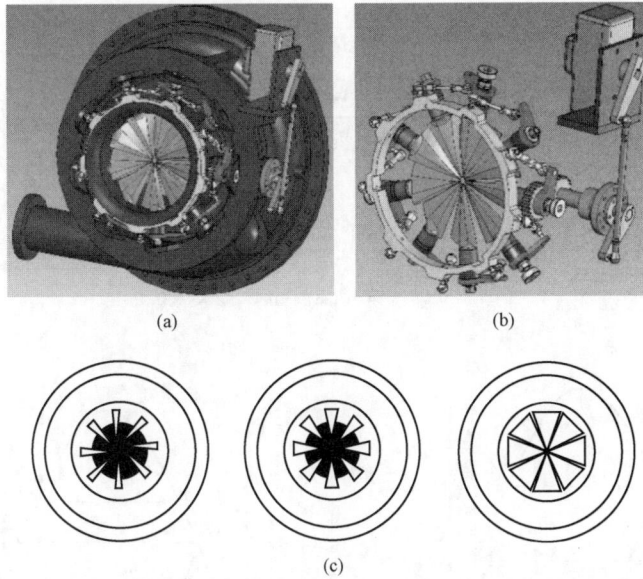

图 4.6-5　离心式压缩机的进气导叶

（a）吸气口导叶；（b）导叶的联动机构；（c）进气导叶的开关

4.6.4　离心式压缩机的多级压缩

　　早年的离心式压缩机都是单级压缩，为达到必要的气体流速，需要有较高的转速，如 15 000～18 000RPM，润滑系统也比较复杂。后来出现了双级压缩，转速下降到 8000～10 000RPM，同时还提高了压缩机效率。最新的离心压缩机采用三级压缩，采用大分子量的 R123 或其替代物 R1233zd（E），转速下降到 3000RPM，可以实现同步电机直接驱动，减去增速齿轮和轴承的损耗，进一步提高了压缩机效率。多级压缩的优点见表 4.6-3。

表 4.6-3　　　　　　　　　　　　多级压缩的效率提高

采用措施	大分子量制冷剂	2 或 3 级压缩	直接驱动	总计
效率提高（%）	5～7	2～4	2～4	9～16

　　图 4.6-6 和图 4.6-7 分别显示了有增速齿轮的单级叶轮和无增速齿轮的三级叶轮，后者简化了结构，效率得以提高。图 4.6-8 和图 4.6-9 分别表示双级压缩的 T—S 图和三级压缩的 T—S 图。

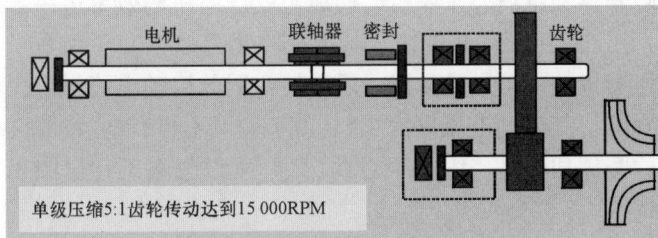

图 4.6-6　有增速齿轮的单级叶轮

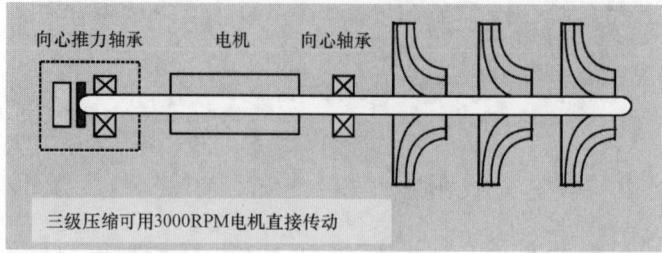

图 4.6 - 7 无增速齿轮的三级叶轮

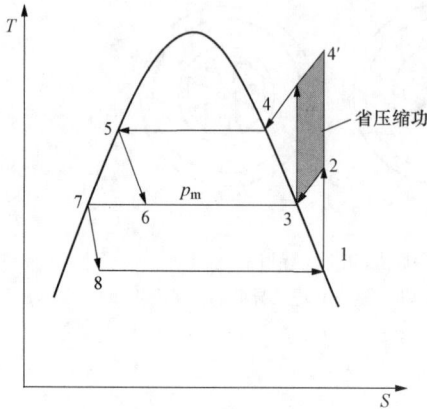

图 4.6 - 8 双级压缩的 $T—S$ 图

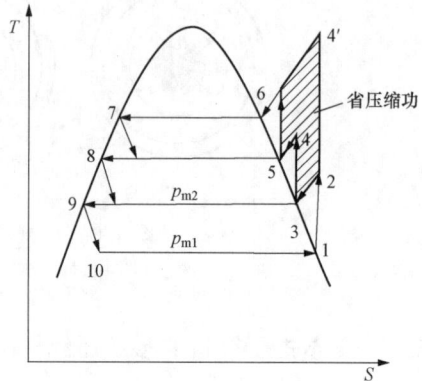

图 4.6 - 9 三级压缩的 $T—S$ 图

4.6.5 离心式压缩机的运行及特性

离心式压缩机的工作特性以及流量和压缩比的关系如图 4.6 - 10 所示。其中包括：

喘振：气体倒流，出气口直接旁通至进气口，需增大流量，防止喘振。

喘振区：喘振线以左区域，压缩机在该区域发生喘振，不能运行。

堵塞：最小截面流速达到声速，流量不能继续增大。

堵塞区：堵塞线以右区域，压缩机流量达到最大。

运行区：压缩机正常运行区域，分高效率区或低效率区。

图 4.6 - 10 指出，离心机的流量有一个最佳值，过高和过低都会影响效率。当流量过小时会产生喘振，过大时会产生堵塞。

4.6.6 磁悬浮离心式压缩机

近年来出现了磁悬浮轴承离心压缩机，使离心式压缩机的效率进一步提高，制冷量可达到 $300 \sim 35000kW$。由于采用了变频调速，其主轴转速为 $18\,000 \sim 48\,000r/min$。

磁悬浮离心式压缩机的主轴是先悬浮，后旋转，因此启动电流很小。对比同容量的电机启动电流为 $500 \sim 600A$，其启动电流仅为 $2A$。由于轴承不再有润滑油，彻底实现了"无油"压缩，磁悬浮轴承的摩擦功仅是传统轴承的 0.5%，可以忽略不计。图 4.6 - 11 是磁悬浮离心式压缩机主体结构。

4.6.7 离心式压缩机的润滑

在本章第 4.6.1 节已有所述，单级压缩的离心叶轮的转速为 $15\,000r/min$，主轴需要用

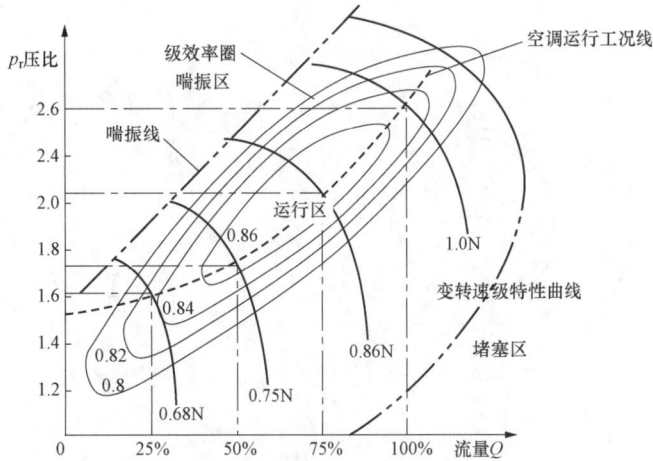

图 4.6-10　离心压缩机特性曲线

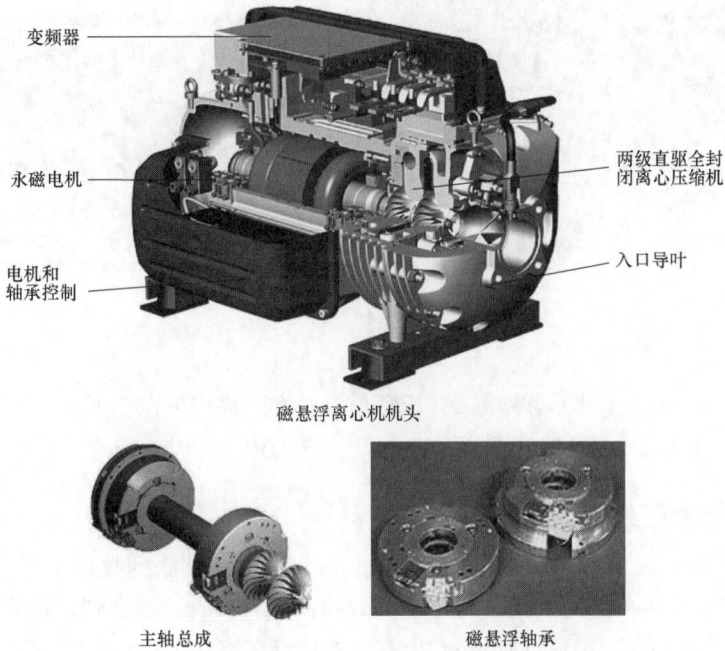

图 4.6-11　磁悬浮离心式压缩机主体结构

滑动轴承并有配套的高压润滑系统，图 4.6-12（a）采用三油楔轴承设计提高机组运行稳定性。在主轴启动前，油泵端压要正常运转，并配套有不停电装置，形成"油悬浮"轴承。二级压缩的离心叶轮的转速为 8000～10 000r/min，主轴可以用高精度滚动轴承，对润滑系统的要求可以降低，比如瞬间的停电油路中断，轴承中的少量润滑油可保证系统的自动停车。

　　图 4.6-12（b）显示离心式压缩机的内部油路（上部孔道）与气封（下部孔道）。所有离心式压缩机压缩过程没有润滑油，在主轴和电机轴处，还要有高压制冷剂形成的气封以防止润滑油进入压缩机内部，避免主轴承的润滑油渗漏到工质中，因此真正的"无油"只有在磁悬浮技术出现之后，使离心机组达到更高的效率。

(a)

(b)

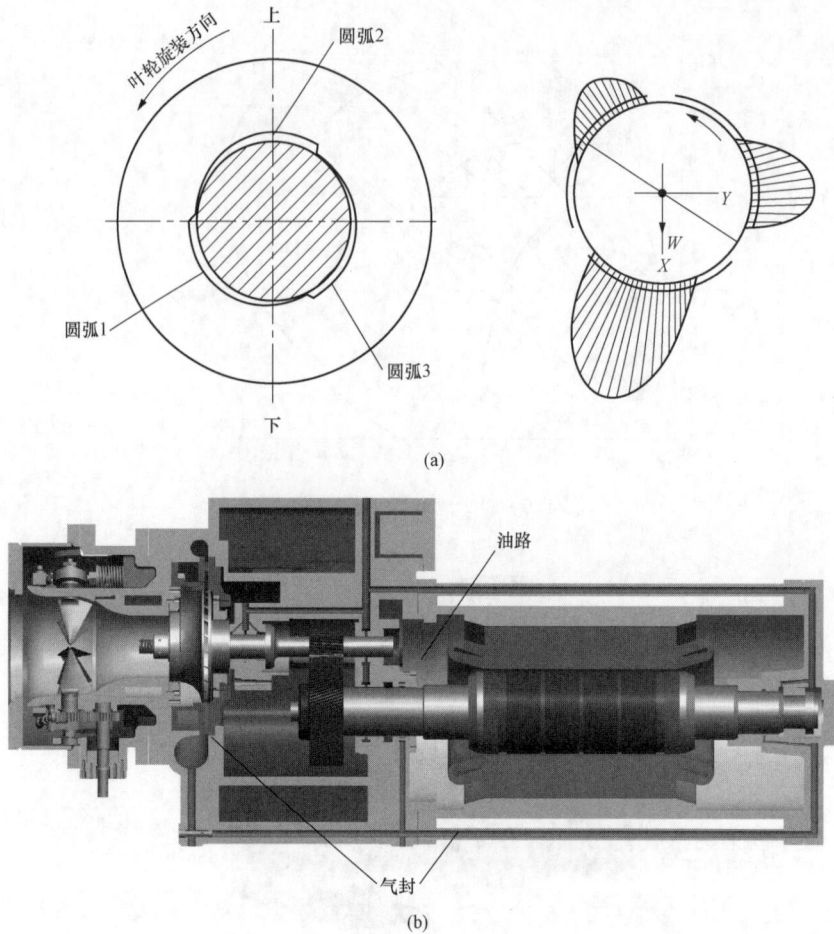

图 4.6-12　单级离心式压缩机的轴承润滑结构与油路和气封
（a）三油楔轴承设计和受力分析图；（b）离心式压缩机的内部油路与气封

4.6.8　离心式压缩机的发展趋势

从容量上，从原来 1MW，往大发展到数十兆瓦，往小发展到数百千瓦（磁悬浮机头）。

在转速上，从定频单级压缩用 15 000r/min 左右（用滑动轴承），到定频两级压缩用 8000r/min 左右（通常用 R134a，用滚动轴承），也有定频三级压缩用 3000r/min（用 R123）。

为提高 IPLV，发展为直流变频机组，并出现磁悬浮二级压缩，达到 40 000～50 000r/min（通常 R134a）。

工质从早年的 R12、R11 发展为 R134a 和 R123，到将来可能用 R1234yf 和 R1233zd（E）等，或可能出现自然工质（水、CO_2 或碳氢化合物）。

本 章 小 结

1. 活塞式压缩机特点

（1）技术成熟，活塞气缸系统相对简单，材料和加工工艺要求较低。

（2）本身结构复杂，运动部件较多，制冷量较小，一般用于中型（60～600kW）和小型（<60kW）制冷机。

（3）转动时有振动，输气不连续，气体压力有波动，输气系数和机械效率较低。除电冰箱压缩机还用活塞式，在小容量已大量被转子式、涡旋式取代；在中型有被螺杆式取代的趋势。

（4）活塞式压缩机的应用：在较低温度制冷、工况变化较大的情况下还要用活塞式压缩机，在较高工作压力下，如 CO_2 跨临界循环普遍采用活塞式压缩机。

2. 螺杆式压缩机结构特点

（1）需要高精度专门机床加工螺杆和箱体。

（2）压缩过程除少量泄漏只进不退，没有余隙容积。

（3）没有吸气阀、排气阀。

（4）用喷油密封、冷却。

（5）相对密封线长，泄漏较严重。

（6）双螺杆压缩机的轴承都有较大的轴向力和径向力，对轴承的要求高。

（7）容量调节能力强，10%～100%。

（8）应用范围广，从中央空调、工业冷冻、冷库、水源热泵到高温热泵。

3. 转子式压缩机的优点：

（1）主轴转两圈完成吸气、压缩和排气过程，但每圈都有一次吸气和排气。

（2）无进气阀，但有排气阀，可以调节排气压力，在排气管道中有压力波动。

（3）相对泄漏线长，需要靠高精度尺寸配合和润滑油密封。

（4）运动部件少，机械损失少，零部件少，尺寸紧凑，质量轻。

（5）结构简单，双缸结构基本平衡惯性力，振动小。

4. 涡旋式压缩机的特点

（1）主轴转多圈完成吸气、压缩和排气过程，但每圈都有一次吸气和排气，压力波动小。

（2）无进气阀和排气阀，无余隙容积。

（3）相对泄漏线长，需要靠高精度和润滑油密封。

（4）运动部件少，机械损失少，指示效率高。

（5）结构简单，体积小，质量轻，通过配重可基本消除偏心运动，振动小，噪声低。

（6）要求加工精度很高。

第5章 换热器

5.1 换热器的分类和强化

5.1.1 换热器的分类

制冷和热泵系统的换热器，主要有蒸发器和冷凝器，通称两器，是制冷与热泵系统与外界热源进行热交换的装置。在制冷与热泵系统内部还可能有内部热交换器（回热器）、中间冷却器和蒸发冷凝器等工质之间进行热交换的换热器。

蒸发器和冷凝器可以因介质分为两大类，即水（盐水）—制冷剂换热器和空气—制冷剂换热器。在大中型水—水制冷与热泵系统中，管壳式蒸发器和管壳式冷凝器都属于水（盐水）—制冷剂换热器，虽然外形相似，但在结构和换热管表面有诸多的不同（图 5.1-1）。仅在很少数的情况下，管壳式蒸发器和冷凝器可以互换。但在小型水—水系统中，板式换热器和套管式换热器既可作为蒸发器，也可作为冷凝器，内部基本没有差别。同样在空气—空气制冷与热泵系统中，管翅式换热器既可做成蒸发器，也可做成冷凝器，在热泵系统中，采用四通阀切换制冷剂的流动方向，这两种任务是随季节而交替的。所以无论从外形，还是管径、管内沟槽及翅片结构，在两种工况都没有区别，有区别就是进出口的方向（图 5.1-2）。因此本章将专用的换热器和通用的换热器分开讲述。

图 5.1-1　水—水系统的管壳式换热器

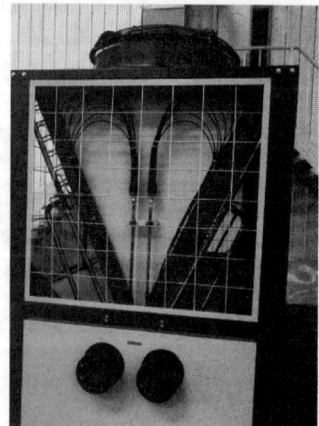

图 5.1-2　空气—空气系统的管翅式换热器

制冷与热泵换热器的分类如图 5.1-3 所示。

5.1.2 换热器的强化

制冷与热泵系统的换热器占整机重量的 $60\%\sim80\%$，并消耗较多的铜、铝等有色金属。制冷与热泵循环的不可逆损失，两器的传热温差占较大比例。由于换热温差和换热面积互相制约，合理设计换热器具有重要意义。换热器一般采用管壁换热。制冷剂为一侧，属于相变

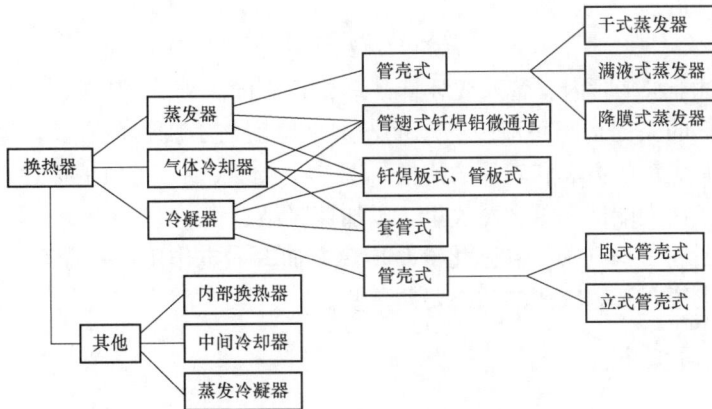

图 5.1-3 制冷与热泵换热器的分类

传热，各有相关的强化措施；而外界流体——通常是水或空气为另一侧。这一侧有较大的热阻，可采用各种翅片来强化。水或空气一侧的流动过程流速过小对传热不利，但流速过大阻力上升，影响系统的能效。

制冷与热泵系统换热设备与其他热力装置中的换热设备相比具有以下特点。

（1）大多数制冷与热泵换热器的工作压力、温度范围比较窄。

（2）介质间的传热温差较小。小温差传热导致制冷换热设备的热流密度小，传热系数低，使得传热面积增大和设备的体积增大。靠加大温差来减少设备的重量和尺寸，在经济上是不合理的，这是因为制冷与热泵系统因传热产生不可逆损失大约为整个系统所有损失（包括压缩机非等熵压缩和节流过程的不可逆损失）的一半，温差的加大将使整机运行效率下降。因此在设计和制造中强化这些设备的传热，改进换热器的结构型式和对换热表面进行优化是最正确的途径。

一个发展趋势是，随着节能和环保的要求提高，制冷和热泵的用能效率（EER 和 COP）越来越高，提高压缩机的效率（包括驱动电机和压缩机本身）已经越来越困难，甚至达到了当前技术的极限。而换热器的优化，包括适当增加换热翅片面积，以及强化传热提高传热系数比较有效。

（3）由于制冷与热泵系统的工况是变化的，这里有制冷与热泵循环的交替，即蒸发器和冷凝器的变换。也有因环境温度的变化或负载变化引起冷热容量的变化，制冷与热泵换热器要与压缩机容量变化相匹配。换热设备性能好坏，有一系列综合性能指标，包括传热系数、热流密度、流动阻力、单位材料耗量、单位外形体积、能量系数等指标加以评价。另外，对换热器与外界流体一侧的结垢、结尘、结霜、结露的防治和处理，也是换热器设计中重要的技术指标。

冷凝放热以图 5.1-4 制冷剂和水之间冷凝换热为例。

总热阻＝工质热阻＋油膜热阻＋管壁热阻＋污垢热阻＋水热阻

总换热系数：

$$K = \left(\frac{1}{\alpha_c} + R_{Oil} + \frac{\delta_p}{\gamma_p} \times \frac{A_{out}}{A_m} + R_f \frac{A_{out}}{A_{in}} + \frac{1}{\alpha_w} \times \frac{A_{out}}{A_{in}} \right) \tag{5.1-1}$$

冷凝放热系数按努谢尔特冷凝放热公式：

$$\alpha_c = C \left(\frac{\rho g \lambda^3 r}{l \eta (t_s - t_w)} \right)^{\frac{1}{4}} \qquad (5.1\text{-}2)$$

式 （5.1-2）中对于水平管内、管外或竖管，系数 C 不同。

强化凝结放热的关键是减小液膜的厚度，这个厚度与工质物性有关，也与表面形状有关。如表面形状有尖锐的突起和较深的沟槽 ［图 5.1-4 （c）］，工质液体便会在表面张力的作用下流进沟槽，使尖端部暴露在蒸气里，以加速凝结过程。

低螺纹管 ［图 5.1-4 （b）］ 在强化冷凝传热方面有一定作用，一方面在于增大表面积，但因加工棱角不尖锐，液膜减薄的效果要差一些。

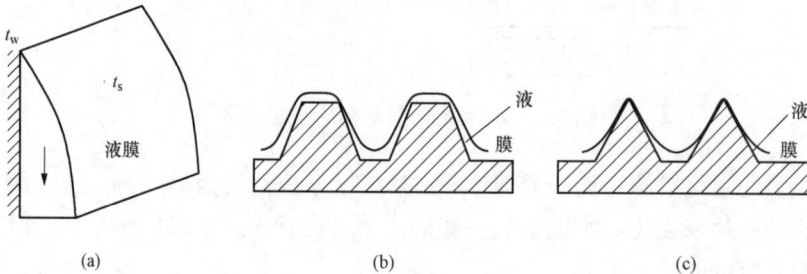

图 5.1-4　冷凝放热的机理
（a）竖壁冷凝放热；（b）低螺纹管；（c）三角螺纹管

沸腾放热的强化从表面上沸腾是凝结的逆过程，但沸腾与冷凝的机理完全不同。沸腾主要是气泡的生成和长大，有较大随机性，难于用数学分析，沸腾换热系统 α_b 通常只给出经验公式。形式为

$$\alpha_b = C \psi^n \qquad (5.1\text{-}3)$$

式中　C——系数；

　　　ψ——热流密度。

图 5.1-5 指出，随着传热温差的增加，当达到泡态沸腾时 α 值也达到最大。

沸腾主要取决于气化核心的数目，在传热温差一定的条件下，如果物体表面有很多微型沟槽或孔，则易于产生气化核心。

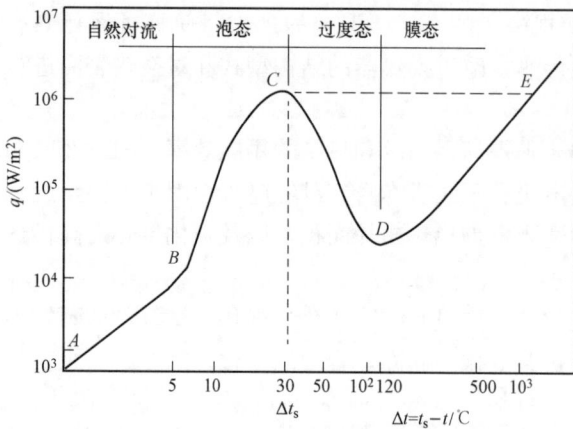

图 5.1-5　沸腾放热的放热系数

图 5.1-6 给出的机械加工的多孔管的加工性和耐油性比较好。这种方法是通过先加工尖锐的突起，再用滚压工艺使相邻突起搭接而形成机械孔道。机械多孔管可比光管提高换热能力 1.5～2 倍，比低螺纹管提高 40%。

空调机的换热器普遍采用铜管铝片的结构。铜管一般外径为 $\phi6\sim10\text{mm}$，间距为 20～25mm；铝片厚度为 $0.1\sim0.12\text{mm}$，表面开槽或有波纹，间距为 1.2～2mm。铝片和铜管通过胀管工艺达到较好的接触。该类换热器的传热系数约为 30～40W/(m²·K)。铜管铝片换热器虽已达到较高的性能指标，但仍然有改进的潜力。包括：

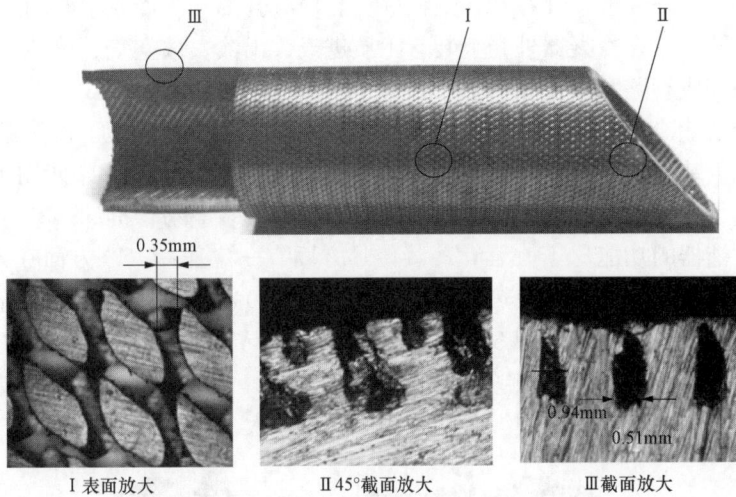

图 5.1-6　机械加工强化沸腾管的外观和显微结构

（1）内螺纹管，$\phi6\sim7mm$ 的小管径管，铜管与翅片从机械胀管发展为液压胀管。

（2）必要时翅片改为铜材。

（3）用作蒸发器的空气侧亲水膜处理。

（4）用作冷凝器的空气侧的翅片间距加密。

近年来，换表面的微翅、微通道（Micro-Channel）的研究进行较多，有的已经走上应用。但对换热流体的洁净程度要求较高，任何油膜或结垢都会使得微小结构的传热效果大打折扣。

对于氨的蒸发器或冷凝器，由于油膜或水垢的作用较严重，所用材料为钢材，较少做微结构的强化措施，而主要采用较大尺度的波纹管、螺旋槽管或大肋片。

在金属表面进行斥油化学处理或喷涂斥油薄膜，可以较大改善氨换热器的传热。

5.2　冷　凝　器

冷凝器将压缩机排出的高温高压蒸气的热量导走，使之冷凝成液态工质。在制冷机中，冷凝器中冷却介质带走的热量大都不再利用，通过冷凝器本身或冷却塔释放到大气或外界水源。在热泵中，冷凝器放出的热量用于供热，成为有用热量。

冷凝器按冷却介质分为水冷冷凝器和空（气）冷冷凝器；按结构分为管壳式、盘管式、套管式、淋激式、蒸发式、翅片管式和板翅式等结构。

5.2.1　卧式管壳式冷凝器

卧式管壳式冷凝器使用最广泛，用于大、中、小型制冷机组，冷媒为氨或氟利昂。氨的换热管多为钢管或不锈钢管，氟利昂冷凝器的换热管为铜管，当冷却水是海水或水质不好时，要采用合金铜管。卧式管壳式冷凝器在制冷与热泵应用中最为广泛。它是由外壳、管板、冷凝管、折流板和水箱所组成。

较小容量冷凝器的外壳，可采用标准无缝钢管，而较大容量的冷凝器外壳则采用钢板卷制焊接。管板焊接在外壳上,并在管板上钻好安装冷凝管的孔。冷凝管两端用胀管或焊接法固定在管板的管孔中。在冷凝器外壳上装有工质进气、出液、放空气、放油、均压和安全阀等接管,以便与相应管路和设备相连接。

管壳式冷凝器让冷却水流经管内,工质气体流入壳管间冷凝。为了强化壳侧换热,在管壳式冷凝器水侧内装有折流板和密封圈,以增加工质流速与流程,并增加水的温升,使水流量相应降低。为了方便清洗冷凝管,冷凝器两头端盖的安装应易于拆卸。有时,冷凝器中一部分容积担当贮液器的功能。

卧式管壳式冷凝器的优点是换热系数较高 [可达 $1200W/(m^2 \cdot K)$],故应用十分广泛,可与大、中容量的压缩机配套,图 5.2-1 给出了卧式管壳式冷凝器内部结构和细节。冷媒一般为氟利昂,传热系数高,水侧多管程,冷却水温升一般为 $4 \sim 6℃$,冷却水消耗量少,对冷却水水质要求高,清洗不方便。通常水侧流动阻力大。

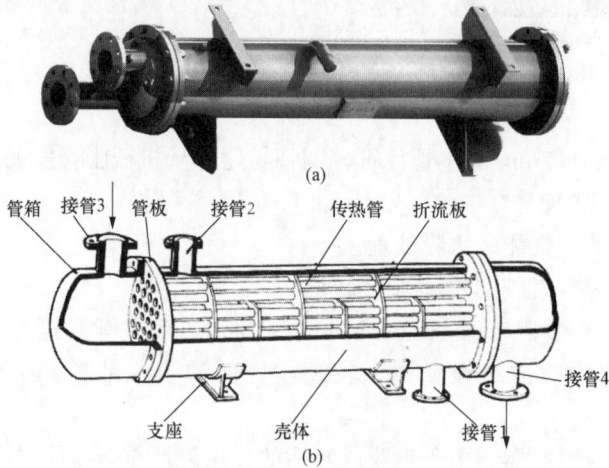

图 5.2-1 卧式管壳式冷凝器

(a) 外观;(b) 结构细节

冷凝器冷却水来源,应用最广泛的是冷却塔,冷却塔把热量最终释放给大气。在条件允许的地方也可以用深井水、河水或海水,船用制冷机多用海水冷却。

图 5.2-2 是分区式管壳式冷凝器,采用分段设计。上部分为过热蒸气区,下部为两相区,可降低传热温差。

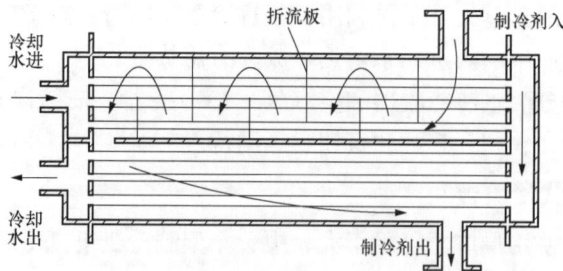

图 5.2-2 分区式管壳式冷凝器

5.2.2 立式管壳式冷凝器

立式管壳式冷凝器如图 5.2-3 所示,优点是占地面积小,可露天安装,清洗较方便;

缺点是传热系数较低，冷却水消耗量较大，适用于水源充足、水质较差的地区。通常用于工业制冷和大型冷库氨制冷系统。立式管壳式冷凝器外观像一个水塔，操作人员可以在顶部观察冷却水的流动状况，判断竖管是否出现堵塞或腐蚀泄漏，以便及时处理。

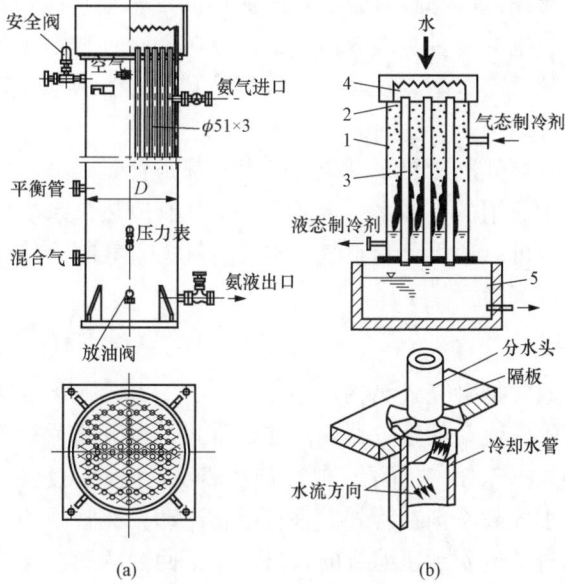

图 5.2-3　立式管壳式冷凝器

（a）立式冷凝器结构；（b）立式冷凝器原理和分水头

1—外壳；2—管板；3—立式水管；4—上部水箱；5—下部水箱

5.2.3　蒸发式冷凝器

蒸发式冷凝器可以认为是把空气冷却式冷凝器与冷却塔结合到一起，通过喷淋水并加强通风，把工质冷凝放热释放到大气，从而简化了结构，如图 5.2-4 所示。

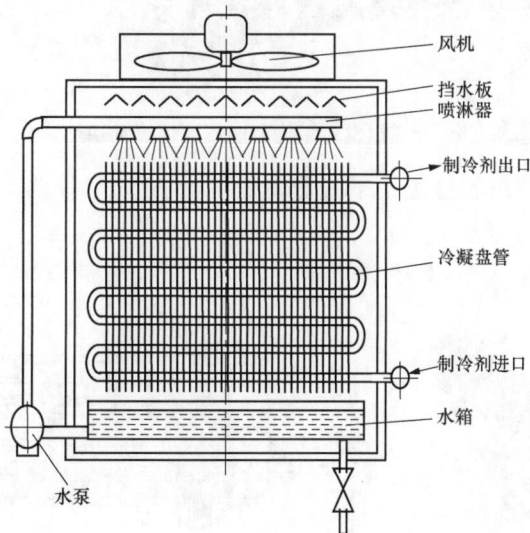

图 5.2-4　蒸发式冷凝器

5.3 蒸 发 器

在制冷机中，蒸发器在低压沸腾时吸收外界流体的热量而产生冷冻水（盐水）或冷风。在热泵装置中，蒸发器产生的冷量也许放掉，也许与热量同时利用。

蒸发器按冷却介质分为冷水型蒸发器和冷风型蒸发器；按结构分为管壳式、盘管式、套管式、管翅式和板翅式等结构。

大中型水—水或水—空气制冷热泵系统的蒸发器都是管壳式蒸发器。虽然外观与管壳式冷凝器相近，但两者很少通用。小型水—水或水—空气制冷热泵系统可用套管式或板式换热器做两器，可以专用，也可以通用。而空气—水或空气—空气制冷热泵系统的蒸发器多是铜管翅片式，与冷凝器可以互换。

5.3.1 干式蒸发器

狭义的干式蒸发器通常指管壳式结构，用于 500kW 以下制冷热泵系统。广义的干式蒸发器包括所有制冷剂在管内流动的蒸发器，比如盘管式、铜管翅片式等。

管壳式干式蒸发器如图 5.3-1 所示。制冷剂在蒸发管内流动，在壳侧（即换热管外侧）装多块折流板，水或盐水等载冷剂在管外做垂直反转流动。在管内的制冷剂能够全部变为蒸气，并将分离出来的润滑油也吹到压缩机的入口，保证回油的通畅。这种形式的一个主要特征是在管中未被工质液体完全充满，由于蒸气量大，液体量小，管子内表面只有一部分被液体浸湿。干式蒸发器对蒸发温度的控制是用蒸气出口过热度调节热力膨胀阀或电子膨胀阀，保证供液的量。当有大的波动，或意外停电，因水量较大，基本不会产生冻结事故。

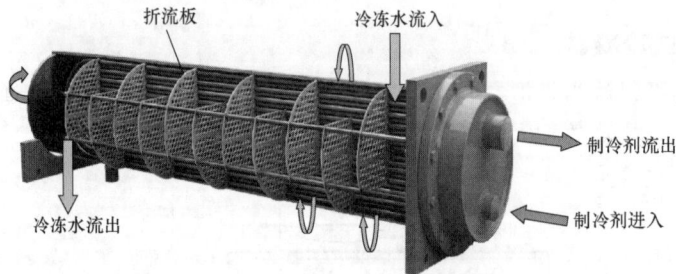

图 5.3-1　干式蒸发器结构和两侧流体流动换热示意图

为了克服蒸发管道的热胀冷缩，干式蒸发器可做成 U 形管路，在工作时可自由伸缩。如图 5.3-2 所示。

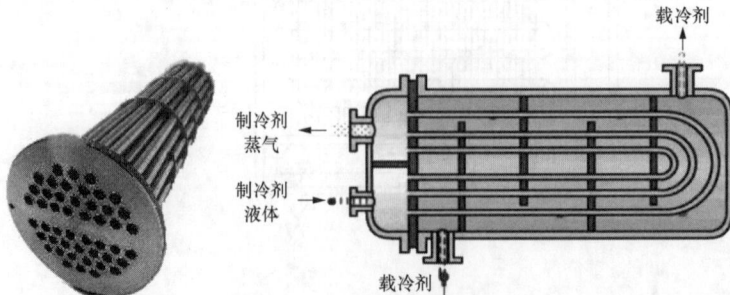

图 5.3-2　U 形管路干式蒸发器

5.3.2　满液式蒸发器

当制冷量较大时，在相同的材料的尺寸下，满液式蒸发器比干式蒸发器的换热系数高。图 5.3 - 3 给出了其结构简图。其主要特点是蒸发器传热面积的大部分或全部被液体工质浸润。铜管外表面比内表面容易强化，因而换热系数较大。其缺点是需要充注较大量的工质；而且若采用能溶于润滑油的工质，则润滑油将难以返回压缩机。有关如何回油，对于难溶和部分溶解于制冷剂的润滑油相对容易，完全互溶的润滑油需要定期蒸煮回油。类似这一类的蒸发器有立管式、螺旋管式和卧式管壳式蒸发器等。这种蒸发器需要有准确的液位控制和蒸发温度的控制，否则一旦意外停电，管道内部水容量很小，可能产生冻裂水管的事故，因此需要更精确的温度控制。

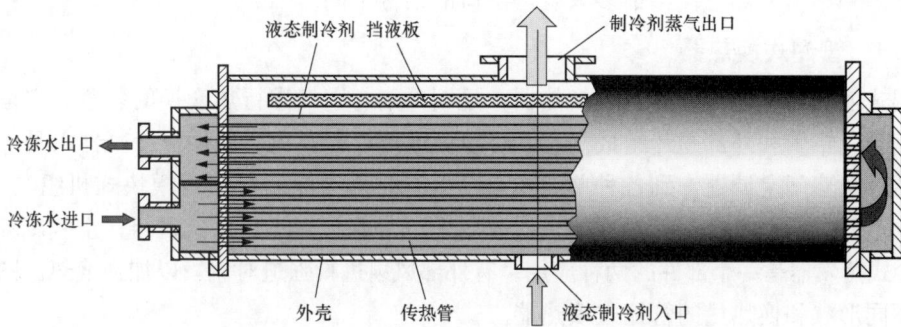

图 5.3 - 3　满液式蒸发器结构和流体流动示意图

满液式蒸发器中储存了大量的液态制冷剂并保持一定高度的自由面，一般是从底部流进，沸腾的气体从上部排除。来自膨胀阀的制冷剂经蒸发器底部入口进入换热器壳程内，吸热汽化，带走管程内流动的冷冻水放出的热量，从而获得所需要的冷量。为了液体不被带入压缩机，蒸发器上部要设计挡液板。

5.3.3　降膜式蒸发器

降膜式蒸发器的外形与满液式蒸发器很相近，如图 5.3 - 4 所示。降膜式蒸发器顶部有喷淋结构，通过将布液盘制冷剂喷淋到换热管表面，换热管表面为图 5.1 - 6 所示强化结构，并将通过表面的毛细结构使布液尽量分布均匀，因而有较高的换热系数。这种蒸发器只在壳

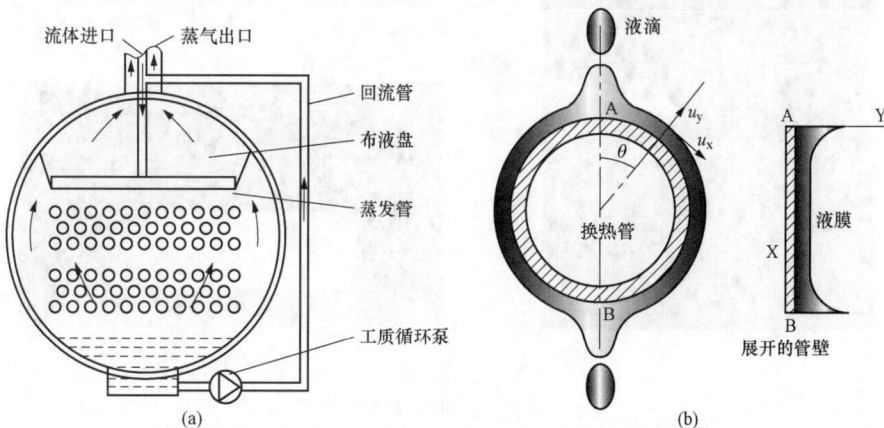

图 5.3 - 4　降膜式蒸发器

体下部有少量的制冷剂液体，并且经过循环喷淋充分"蒸煮"，因而含油量较高，下部少量工质流体通过循环泵或通过压差喷射器参与喷淋的再循环，并有一部分直接回到压缩机的润滑系统，从而简化润滑油回油系统，降低了成本。降膜式蒸发器比满液式蒸发器工质充灌量减少70%，对于整个制冷系统，降膜式蒸发器的机组工质充灌量比满液式机组约少30%，有利于制冷剂的减量。

5.4 通用换热器

所谓通用换热器，是指换热器在结构上既可作为蒸发器，也可作为冷凝器。通用换热器在换热表面和结构上都一样，最多只有进出口的结构不同。

5.4.1 管翅式换热器

管翅式换热器又称为翅片管式换热器，是制冷剂与空气进行热交换的装置。它是由铜管或不锈钢管、铝管和外部翅片组成。它既可以做成蒸发器，也可以做成冷凝器，是一种通用型换热器。从房间空调器，到各种单元式空调（有时称为商用机组或模块式机组）、空气源热泵以及多联式空调机组，管翅式换热器应用十分普遍。对于热泵式机组，空气冷却的冷凝器与风冷式蒸发器是一个部件的两种应用。有外部风扇进行强迫对流，以加强换热。图5.4-1是各种不同形状和换热量的管翅式换热器。

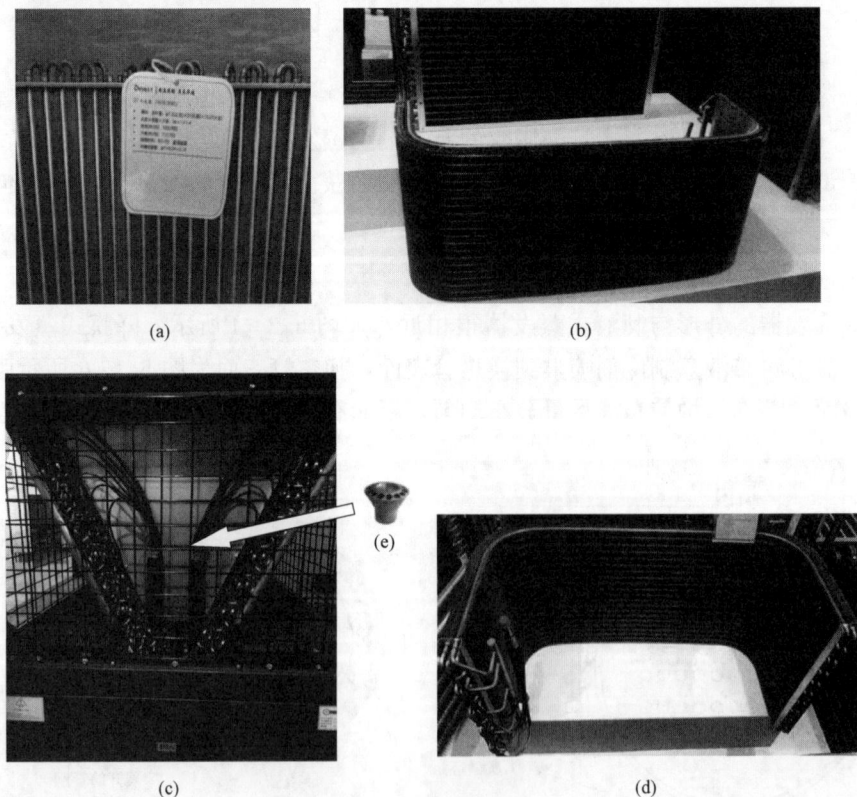

图5.4-1 各种管翅式换热器

（a）普通铝翅片；（b）亲水膜处理的翅片；（c）空气源热泵用室外换热器；（d）全铜结构；（e）分液器

管翅式换热器的结构已经日趋成熟。在小型空调或热泵中,光滑铜管已被内螺纹铜管替代,铜管外径从早年 10mm 变为目前的 6～7mm,外部翅片厚度多在 0.1mm,间距为 1.5mm 左右。

管路外径的减小,与制冷剂从 R22 改变为 R410A 有关,后者的密度较大。外部翅片间距受到翅片有凝结水时的"水桥"影响,通过表面的亲水膜处理,凝结水不再形成液滴,间距可以变小。

当管翅式换热器作为蒸发器使用时,其分配器是不可缺少的关键部件。通常分液器是一个圆锥形结构,制冷剂从中间的大孔进入,然后沿圆锥大端多个等长的毛细管流出〔图 5.4-1(e)〕。毛细管可以是节流阀的一部分,主要作用是均匀分配制冷剂的流量。在蒸发器的出口端,也有一个联箱管路,有汇总制冷剂的作用。

当管翅式换热器作为冷凝器使用时,其进口端是联箱管路,进入高压制冷剂蒸气,通过多路管路冷凝之后,还通过分配器的各个毛细管汇总到总管,再进入节流阀。

图 5.4-2 为目前普遍采用的铝翅片和内螺纹铜管结构。

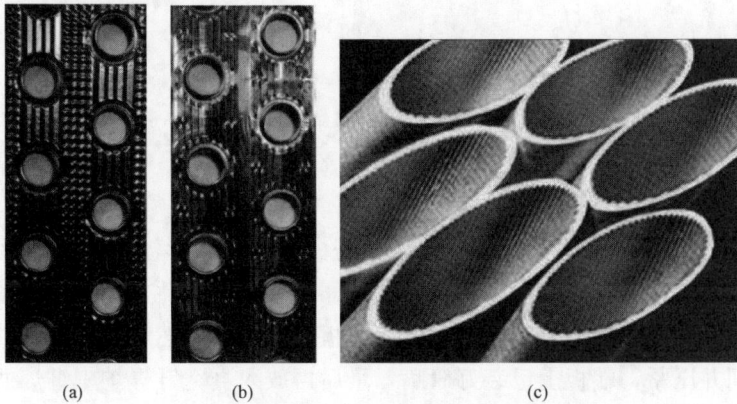

(a)　　　　　(b)　　　　　(c)

图 5.4-2　铝翅片和内螺纹铜管

(a) 室外亲水翅片;(b) 室内亲水翅片;(c) 内螺纹管

研究表明,房间空调器产品若将管径由 9.52mm 缩小为 5mm,单位管长铜管的表面积和内容积分别减少 47.4% 和 75.4%。这就意味着,即使铜管的厚度不变,单位管长的铜用量减少 47.4%。实际上,由于细管耐压强度增加、铜管壁厚减薄,单位管长的铜材可减少 62.9%、制冷剂充注量可减少 73.6%。将小管径换热管应用于空调器,则能减少材料消耗和制冷剂充注量,也可以实现高能效换热器的设计。全铜管翅式换热器适合船用、沿海和岛屿用。

图 5.4-3(a) 为全铝扁管翅片换热器,起源于为了提高强度并减轻重量的汽车用空调换热器,也出现在房间空调器上,并称为"微通道换热器",它采用图 5.4-3(b) 所

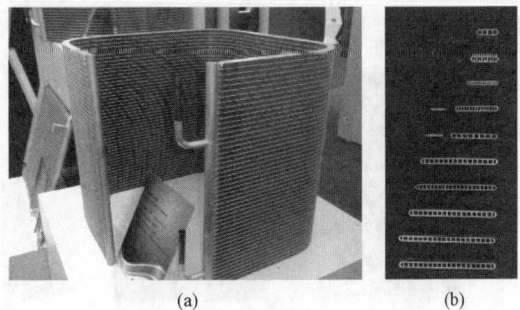

(a)　　　　　　　(b)

图 5.4-3　全铝换热器

(a) 全铝(微通道)结构换热器;

(b) 各种铝扁带多孔换热截面

示的扁带多孔结构，其中最小尺寸的适合 CO_2 制冷与热泵系统。

5.4.2 套管式换热器

套管式换热器是两器中结构最紧凑而且贮液量最小的型式，图 5.4-4 给出了套管式换热器结构图。它既可作为蒸发器也可作为冷凝器。在一根较大直径管中套入一根或几根小直径的铜管弯制成螺旋型，或是单根内管有螺旋沟槽，内、外管间距离通过支撑件保持相等。工质和外界流体完全呈逆流换热。套管式冷凝器一般用于制冷量小于 100kW 的系统中，可以多件关联。管壁如产生水垢，可用化学方法清洗。

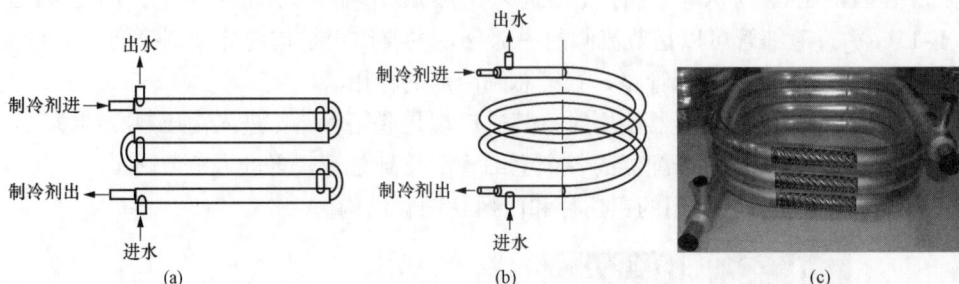

图 5.4-4 套管式换热器
(a) 平面结构；(b) 螺旋结构；(c) 实物

5.4.3 板式换热器

钎焊板式换热器结构如图 5.4-5 所示。它是由一组人字形波纹的不锈钢板或钛板装配而成的，相邻板的波纹角朝向相反。板组件就是靠这些波峰彼此交叉而形成的大量接触点来支撑的。板边同向翻折以代替密封沟槽，使相邻板彼此接触，然后把这一组件夹在两块无波纹的厚端板之间并压紧，端板上已装好管嘴，最后再放入真空钎焊炉中钎焊而成。板式换热器是一种高效紧凑的换热器，适用于各种容量的热泵系统中的制冷工质与水的换热。但对水质要求较高，需要过滤处理，定期清洗；二是由于内容积小，不能贮存液体工质，需要另外安装贮液器。这种结构既可作为冷凝器，也可作为蒸发器使用。

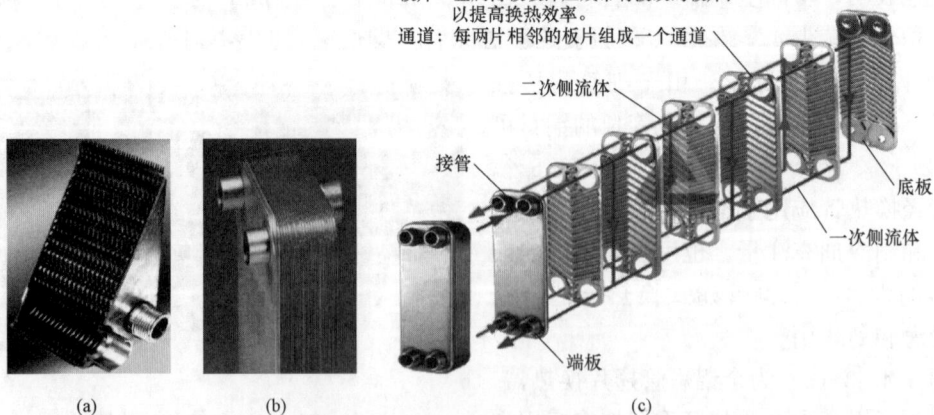

图 5.4-5 钎焊板式换热器结构
(a) 内部；(b) 外观；(c) 流动过程

5.4.4 板壳式换热器

近年开发了一种类似焊接式板式换热器，结构如图 5.4 - 6 所示。其板束可以整体从外壳拉出，板片外部流水一侧可以定期清洗，克服了焊接板式换热器不易清洗的缺点。因此可以用于与水换热的蒸发器或冷凝器。

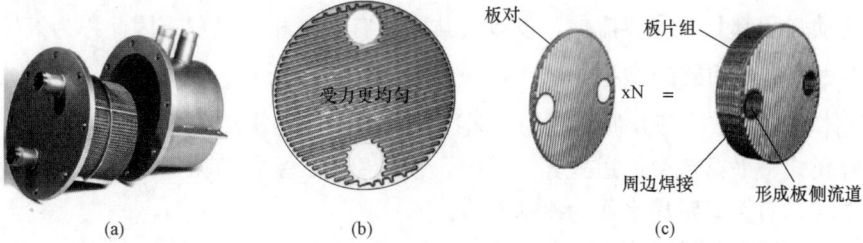

图 5.4 - 6 板壳式换热器
(a) 外观；(b) 内部板片；(c) 板束

目前已经有多种不同的板片尺寸，直径范围：$200\sim1400\text{mm}$，单台换热器换热面积可达 1800m^2，壳程直径可达 1000mm，并有多种材质可供选择。

5.4.5 制冷与热泵系统用其他换热器

制冷与热泵系统还有其他换热器，都是制冷与热泵循环内部热交换的换热器，包括回热器（内部热交换器）、中间冷却器和蒸发冷凝器等。

1. 回热器

回热器（又称内部热交换器）属于气—液热交换器，使节流前的液体和来自蒸发器的低温蒸气进行内部热交换。热交换的结果是制冷剂液体过冷，低温蒸气有效过热。其内外夹攻结构如图 5.4 - 7 所示，流体在管内流动，蒸气在管外流动，只是进行热量交换，并没有相变。

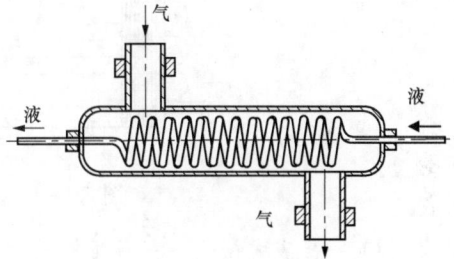

图 5.4 - 7 回热器的结构

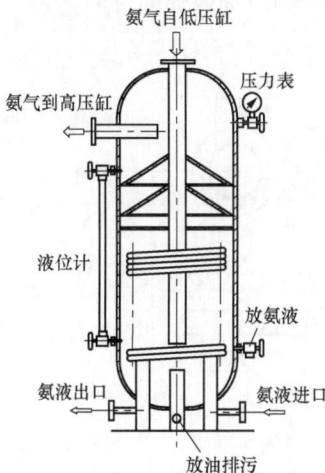

图 5.4 - 8 中间冷却器的结构

2. 中间冷却器（中冷器）

在双级制冷与热泵循环中，中间冷却器是一个特殊的换热器，适用于二级或多级压缩机，冷却一级压缩机的排气，减小过热损失；从冷凝器的高压工质分为两路：一路通过一级节流阀后在中间冷却器内蒸发，另一路通过管路与一级节流后的流体进行热交换进一步冷却，再通往二级节流阀去蒸发器，如图 5.4 - 8 所示。

3. 蒸发冷凝器

蒸发冷凝器出现在复叠式循环，是低温级的冷凝器，也是高温级的蒸发器。两者都是相变过程，一般是管壳式换热器，也可以采用套管式换热器或板式换热器。

5.5 CO₂气体冷却器

气体冷却器是CO_2跨临界循环放热端的换热器。它的作用与通常亚临界循环的冷凝器相同。但是由于CO_2的临界温度是31.1℃，CO_2气体在高压放热时，可能全部为流动过程，或绝大部分流动过程都是超临界流体，没有或几乎没有冷凝相变过程，因此称为气体冷却器。

5.5.1 气体冷却器的类型

CO_2气体冷却器按冷却介质可分为：风冷和水冷；按结构型式分为：套管式、板式、管翅片式、管壳式、平行流微通道式等。其中，管翅片式、平行流微通道式、板式通常用空气冷却，管壳式、套管式常用水作为冷却介质。

1. CO_2管翅式气体冷却器

图5.5-1为CO_2汽车空调用气体冷却器，其中冷却管为铝制机械涨管，肋片是铝制平肋片，这种铝制管翅式换热器的管外径和管内径分别为4.9mm和3.4mm。

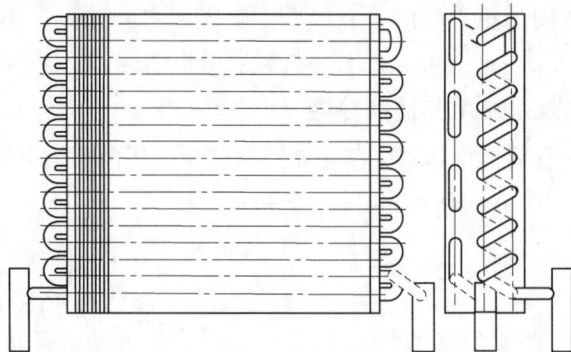

图5.5-1 CO_2汽车空调气体冷却器

2. CO_2平行流式微通道气体冷却器

Pettersen等提出了微通道换热器气体冷却器的概念。这种气体冷却器由侧面管、平行微管以及微管间的折叠翅片构成，如图5.5-2所示。微孔管嵌入侧面管的"插槽"上，积液管设计为两根平行但连通的圆管，管内可以用平板沿垂直于制冷剂流动的方向上隔开以实现两根侧面管间的多流程。

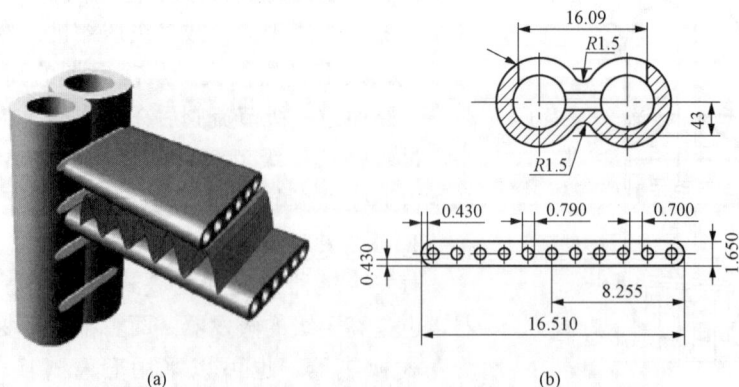

(a)　　　　　　　(b)

图5.5-2 CO_2平行流式微通道气体冷却器的结构图（mm）

(a) 微通道气体冷却器的几何形状；(b) 侧管截面图

3. CO_2板式气体冷却器

图 5.5-3 为 CO_2 紧凑型钎焊板式换热器。制冷剂加注量小，承压高，体积紧凑（不含密封垫和框架部件），质量轻，能够显著缩减系统外形尺寸而节省空间，流体可以在内达到强紊流的状态，提高换热系数。对于跨临界系统，可以在高达十几兆帕压力下运行。

4. CO_2套管式气体冷却器

由于套管式换热器使系统更加紧凑耐压，结构简单，易于加工，所以 CO_2 热水热泵系统的气体冷却器通常采用套管式，如图 5.5-4（a）所示。小型 CO_2 热水热泵系统则采用多头螺旋结构，如图 5.5-4（b）所示。CO_2 通过三条细铜管缠绕在具有螺旋槽的粗管上的，水走中间螺旋粗管。该设计大大提高了金属管的安全性，万一水侧泄漏不会导致更大事故。水侧强化了换热，流体扰动和防垢自洁能力。

图 5.5-3　CO_2紧凑型钎焊板式换热器

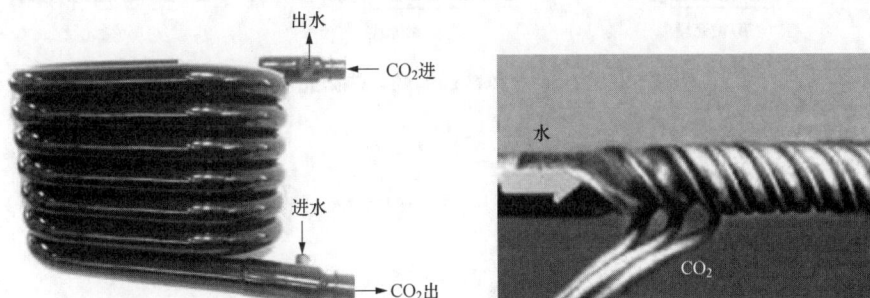

图 5.5-4　CO_2套管式气体冷却器

5.5.2　CO_2套管式气体冷却器计算

图 5.5-5　气体冷却器螺旋内管示意图

本节计算螺旋式三内管套管换热器，利用分布参数法对其模拟。内管为 3 根 $8×1$ 的螺旋式铜管，高压的 CO_2 超临界流体在管内流动。外管为 $28×1$ 的铜管，冷却水在管间流动。气体冷却器螺旋内管如图 5.5-5 所示。

气体冷却器结构示意图和换热原理图分别如图 5.5-6 和图 5.5-7 所示。

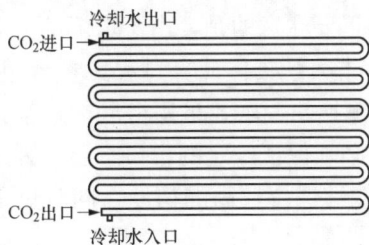

图 5.5-6　CO_2跨临界循环气体冷却器示意图

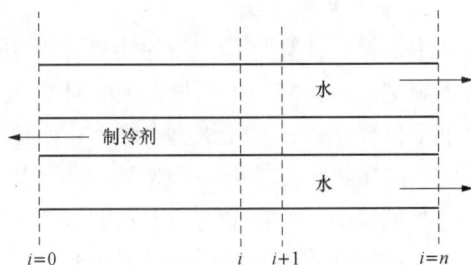

图 5.5-7　气体冷却器换热原理图

分布参数法的推导是在已知气体冷却器结构参数的基础上，通过给定 CO_2 和冷却水进口压力和温度，所模拟出的沿程温度分布以及局部换热系数。为了简化模型计算，进行了以下假设：

（1）管子内部沿轴向不存在热传导。

（2）忽略气体冷却器与外界的散热损失。

（3）忽略气体冷却器内部水侧沿管长的压降。

（4）忽略润滑油对 CO_2 物性的影响。

1. 传热计算模型

气体冷却器换热计算原理图如图 5.5-8 所示。将换热器分成 n 份，每一份可以近似看成是一个微元，且每一个微元段换热量比较小，压降、温度梯度都比较小。因此，每一个微元段内都可以近似看成是定物性的，然后根据每一个微元段的热平衡来解方程组的方法得到各微元段的温度和换热系数。同时，每一个微元段的温差采用对数平均温差进行计算。

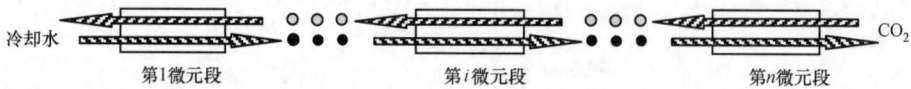

图 5.5-8　CO_2 气体冷却器的换热微元段的示意图

微元段内的冷却水侧的换热方程：

$$Q_{H_2O\_i} = m_{H_2O} C_{P\_H_2O} (T_{H_2O\_i\_out} - T_{H_2O\_i\_int}) \tag{5.5-1}$$

微元段内的超临界 CO_2 侧的换热方程：

$$Q_{CO_2\_i} = m_{CO_2} (h_{CO_2\_i\_in} - h_{CO_2\_i\_out}) \tag{5.5-2}$$

微元段内总传热方程：

$$Q_i = K_i A_i \Delta t_i \tag{5.5-3}$$

式中

$$\Delta t_i = \frac{(t_{CO_2\_i\_in} - t_{H_2O\_i\_out}) - (t_{CO_2\_i\_out} - t_{H_2O\_i\_in})}{\ln[(t_{CO_2\_i\_in} - t_{H_2O\_i\_out})/(t_{CO_2\_i\_out} - t_{H_2O\_i\_in})]} \tag{5.5-4}$$

能量守恒方程：

$$Q_i = Q_{H_2O\_i} = Q_{CO_2\_i} \tag{5.5-5}$$

总传热系数计算公式：

$$K_i = \frac{1}{1/h_{CO_2} + \delta_{oil}/\lambda_{oil} + \delta_{tube}/\lambda_{tube} + 1/h_{H_2O}} \tag{5.5-6}$$

2. 水侧换热关联式

水侧换热计算与 CO_2 侧的换热计算相似，但是这里要注意的是，由于水侧的流通截面积为不规则形状，需采用当量直径来计算水侧换热的雷诺数。具体计算过程可参考相关文献，这里不再赘述，在此仅给出水侧 Nu 换热关联式，水侧换热关联式采用格尼林斯基针对较小雷诺数的换热研究结果，因为对于热泵热水器来说，必须保证一定的出口水温，因此水侧流量相对比较小，使得水侧的 Re 也比较小。该式不仅能够保持较高的精度，同时更重要的一个特点就是其适用于 Re 较小的场合。

$$Nu = \frac{f/8(Re_f - 1000) Pr_f}{1 + 12.7 (f/8)^{1/2} (Pr_f^{2/3} - 1)} \tag{5.5-7}$$

3. 压降计算模型

理想情况下，气体冷却器内部应该是等压换热过程。但实际过程中，由于内部粗糙度等压力损失使得每一个微元都有一定量的压降，同时该微元的压降又会对下一个微元产生一定的影响。为了提高换热计算的精度，应该把每段换热器的压降考虑进去。

换热器中压力损失最大的就是沿程阻力损失，压降可按照光滑管中充分发展的湍流模型来计算：

$$\Delta P = \frac{f\rho u^2 L}{2d} \tag{5.5-8}$$

式中　u——速度；

　　　f——摩擦阻力系数。

流体的摩擦阻力系数主要由流体的 Re 决定，可参照 Blasius 公式进行计算

$$f = 0.3164/Re^{0.25}, Re \leqslant 2 \times 10^4$$
$$f = 0, Re > 2 \times 10^4$$

综上，建立分布参数模型可以得到 CO_2 跨临界循环气体冷却器的沿程温度分布、换热系数以及压降损失。其计算流程如图 5.5-9 所示。计算时需要输入气体冷却器的结构尺寸参数（管数、管径）、冷却水入口参数（流量、压力、温度）和工质入口参数（流量、温度、压力）。先假设水侧出口温度，由模型计算得到水侧入口温度。通过迭代的方法当计算的水侧入口温度与实际水侧入口温度误差在允许范围之内时程序结束，最后依次输出计算结果。

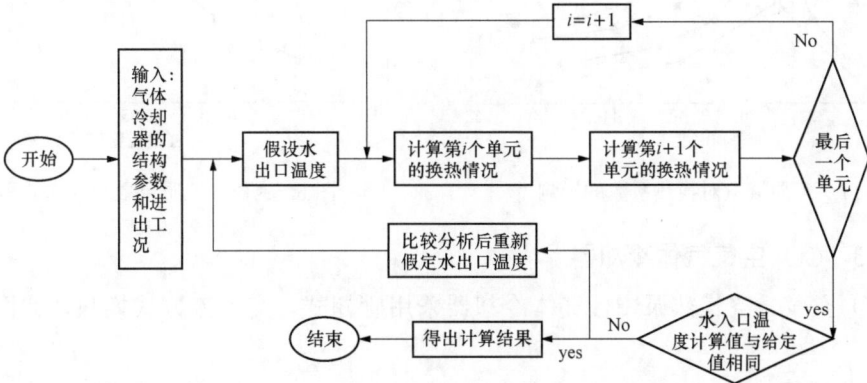

图 5.5-9　气体冷却器稳态分布模型计算流程图

4. 模拟结果分析

换热系数的影响因素有许多，除了温度和压力以外，最主要的还有工质的流量、管数以及管径等。文中给出了保持相同换热面积的情况下，工质流量、管径及管数对换热及压降的影响。图 5.5-10 所示为高压 8MPa，水侧入口 15℃，制冷剂侧入口 100℃时，制冷剂和水的沿程温度变化情况。可以看出，在气体冷却器进口侧和出口侧附近时，工质温度下降比较快，同时相应水侧的温升速度也比较快。当到达换热器中部近临界区时，CO_2 和冷却水的温度梯度逐渐趋于平缓。一方面在工质入口侧，冷热流体温差比较大，并且此时的 CO_2 为高温高压的过热气体，比热比较小，因此其相应的温度梯度比较大。另一方面，在近临界区，由

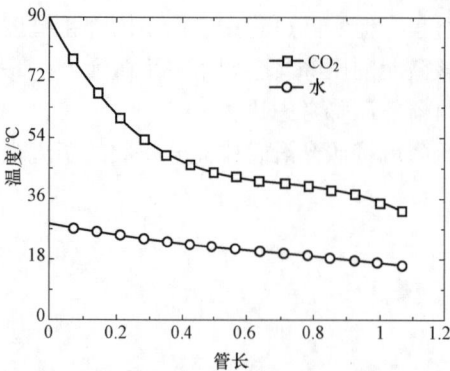

图 5.5-10 气体冷却器内部沿程温度变化

CO_2 物性可知,当温度达到相应的准临界压力时,其比热快速增加,因此该区域的温度梯度比较小。从温度分布图上可以看出,由于气体冷却器内工质为显热换热,有比较大的温度滑移,因此 CO_2 流体与冷却水有较好的温度匹配。

图 5.5-11 和图 5.5-12 分别列出了管数为 3 根,内径为 6mm 时,不同工质流量下的制冷剂侧换热系数及压降变化情况。从图中可以看出流量越大,平均换热系数越大。同时相应的换热系数峰值越大。工质流量越大,换热器内部的压力损失越大,当流量从 0.03kg/s 增加到 0.07kg/s 时,压降从 9.3kPa 增加到 63.4kPa。

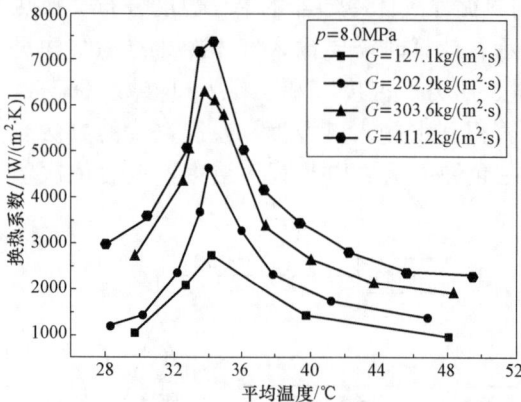

图 5.5-11 工质流量对换热系数的影响

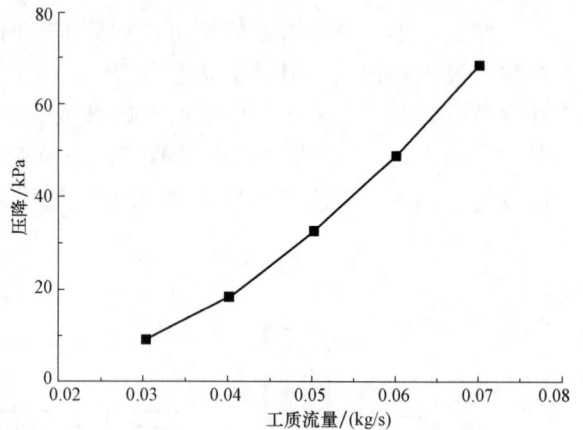

图 5.5-12 工质流量对压降的影响

5.5.3 CO_2 空气气体冷却器

在 CO_2 空气—空气热泵中,气体冷却器采用管翅式,交叉流方式换热,如图 5.5-13 所示。

1. 传热计算模型

CO_2 气体冷却器的模型的建立采用分布参数法,具体计算过程为:先沿空气流动方向将气体冷却器的管排编号,若前后管排数为 3 则 $j=1$,2,3。对于每一排管,再沿着或逆着制冷剂的流动方向均将其划分为等长度的 N 个微元($i=1$,2,3,…,N),划分后应能保证处于前后管排的相同位置的微元其标号相同。在每一个微元中,CO_2 流体与空气处于交叉流换热状态,第(i,j)个微元如图 5.5-13(b)所示。对于每一个微元,根据制冷剂侧放热量、空气侧吸热量以及由传热方程计算的换热量建立能量平衡方程进行求解。

由能量守恒方程

$$Q_{ai,j} = Q_{ri,j} \tag{5.5-9}$$

空气侧吸热:

$$Q_{ai,j} = m_a c_{pai,j}(t_{ai,j} - t_{ai,j-1}) \tag{5.5-10}$$

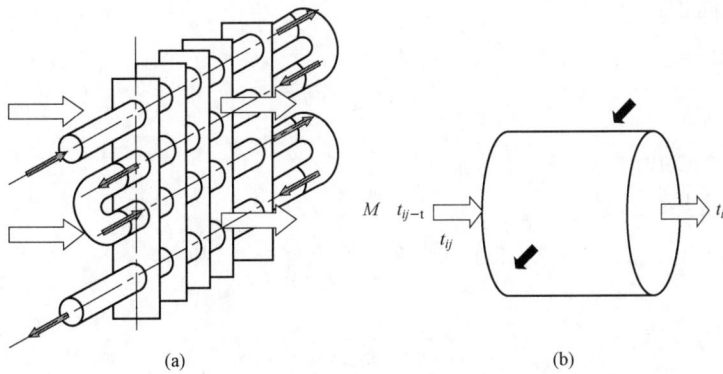

图 5.5 - 13 CO_2 管翅式气体冷却器

（a）交叉流示意图；（b）气体冷却器微元段

$$Q_{ai,j} = \alpha_{ai,j} \eta_a A_a \frac{t_{ai,j} - t_{ai,j-1}}{\ln\left(\dfrac{t_{b,i} - t_{ai,j}}{t_{b,i} - t_{ai,j-1}}\right)} \qquad (5.5 - 11)$$

制冷剂侧放热：

$$Q_{ri,j} = m_r \left[h\left(T, P\right)_{i,j} - h\left(T, p\right)_{i-1,j} \right] \qquad (5.5 - 12)$$

$$Q_{ri,j} = \alpha_{ri,j} A_r \frac{t_{r,i-1} - t_{r,i}}{\ln\left(\dfrac{t_{r,i-1} - t_{w,i}}{t_{r,i} - t_{w,i}}\right)} \qquad (5.5 - 13)$$

式中　t_b——气体冷却器管外壁温度；

　下标 r ——制冷剂；

　　i_w——气体冷却器管内壁温度。

t_b 和 t_w 通过下式建立联系：

$$Q = \frac{t_w - t_b}{\dfrac{1}{2\pi\lambda l}\ln\dfrac{D}{d}} \qquad (5.5 - 14)$$

式中　下标 w——水；

　　下标 b——壁面；

　　　l——微元段长度。

2. 空气侧换热计算

空气侧的微元段划分与制冷剂侧的相同。

在进行空气侧换热计算时，应已知的参数包括：总管长 L、纵向管排数 R、管外径 D、管厚 δ、纵向管间距 s_1、横向管间距 s_2、翅片节距 s_f、翅片厚 δ_f 以及空气进口温度 t_{ain} 和风速 w_a。

空气侧换热计算过程如下：

（1）管外传热面积计算。

翅片面积：　　　　　　　　$f_t = 2 \times (s_1 s_2 - \pi D^2 / 4) / s_f$ 　　　　　　　　(5.5 - 15)

翅片间管子外表面积：　　　　$f_b = \pi D \left(1 - \dfrac{\delta_f}{s_f}\right)$ 　　　　　　　　(5.5 - 16)

103

管子总外表面积： $$f_t = f_f + f_b \qquad (5.5-17)$$

管子内表面积： $$f_i = \pi d \qquad (5.5-18)$$

翅化系数： $$\beta = \frac{f_t}{f_i} \qquad (5.5-19)$$

注：以上计算的面积均指单位管长上的面积。

（2）空气侧换热系数计算。

空气流道的当量直径： $$D_{eq} = \frac{4A_{amin}}{U_{amin}} = \frac{2 \times (s_1 - D)(s_f - \delta_f)}{(s_1 - D) + (s_f - \delta_f)} \qquad (5.5-20)$$

最窄截面处的风速： $$w_{amax} = \frac{s_1 s_f}{(s_1 - D)(s_f - \delta_f)} w_a \qquad (5.5-21)$$

已知某微元的空气进口温度 t_{ain} 后，假设出口温度 t_{aout}，则进出口空气的平均温度 $t_{ma} = (t_{ain} + t_{aout})/2$。查空气温度为 t_{ma} 时的物性参数 v_{ma}、λ_{ma}、ρ_{ma} 和 c_{pma}。

雷诺数： $$Re_a = \frac{w_{amax} \times D_{eq}}{\nu_{ma}} \qquad (5.5-22)$$

努谢尔特数： $$Nu_a = CRe_a^n \left(\frac{L_a}{D_{eq}}\right)^m \qquad (5.5-23)$$

其中，L_a 为沿气流方向的翅片长，式中的系数 C、n、m 按下述公式计算：

$$C = A\left(1.36 - \frac{0.24 \times Re_a}{1000}\right) \qquad (5.5-24)$$

$$A = 0.518 - 0.02315 \times \frac{L_a}{D_{eq}} + 0.000425 \times \left(\frac{L_a}{D_{eq}}\right)^2 - 3 \times 10^{-6} \times \left(\frac{L_a}{D_{eq}}\right)^3 \qquad (5.5-25)$$

$$n = 0.45 + 0.0066 \times \frac{L_a}{D_{eq}} \qquad (5.5-26)$$

$$m = -0.28 + 0.08 \times \frac{Re_a}{1000} \qquad (5.5-27)$$

由 $Nu_a = \frac{\alpha_a D_{eq}}{\lambda_{ma}}$，可得空气侧的换热系数：

$$Nu_a = \frac{\alpha_a D_{eq}}{\lambda_{ma}} \qquad (5.5-28)$$

注：对于叉排管簇，由于气流的扰动比顺排管簇大，故按上式计算的换热系数还要增加 10%。

（3）翅片效率和表面效率计算。

翅片效率的物理意义是翅片平均温度和周围介质的温差同根部温度与周围介质温差的比值。根据传热学理论可导出：

$$\eta_f = \frac{th(m_f h_f')}{m_f h_f'} \qquad (5.5-29)$$

式中 m_f——翅片参数。

$$m_f = \sqrt{\frac{2\alpha_a}{\lambda_f \delta_f}} \qquad (5.5-30)$$

为当量翅高，对于套片管，管簇叉排时翅片为六角形，其当量翅高按下式计算：

$$h_f' = \frac{D}{2} \times (g' - 1) \times (1 + 0.35\ln g') \qquad (5.5-31)$$

其中，$g' = 1.27g\sqrt{\dfrac{L_f}{B_f} - 0.3}$；$g = \dfrac{B_f}{D}$。$L_f$ 和 B_f 分别为六角形的长对边距离和短对边距离。

则表面效率计算公式为：

$$\eta_s = 1 - \frac{f_f}{f_t}(1 - \eta_f) \tag{5.5-32}$$

（4）空气侧换热量计算。

空气侧换热量既可由空气进出口参数和风量计算得到，见式（5.5-33），也可根据空气侧换热系数和换热面积得到，见式（5.5-34）。

$$q_a = m_a c_{pma}(t_{aout} - t_{ain}) = w_{amax} A_{amin} \rho_{ma} c_{pma}(t_{aout} - t_{ain}) \tag{5.5-33}$$

$$q_a = \eta_s f_t \alpha_a \Delta t_{ma} = \eta_s f_t \alpha_a \frac{t_{aout} - t_{ain}}{\ln(t_b - t_{ain}/t_b - t_{aout})} \tag{5.5-34}$$

由式（5.5-33）可直接计算得到管内壁温度，将其代入式（5.5-34）中，即可得到管外壁温度。再根据关系式：

$$q_a = \frac{t_w - t_b}{\dfrac{1}{2\pi\lambda}\ln\dfrac{D}{d}} \tag{5.5-35}$$

可计算出管内壁温度 t_w。

3. 制冷剂侧换热计算

在进行制冷剂侧换热计算时，应知的参数包括：制冷剂流量、气体冷却器进口温度和压力。

制冷剂侧换热计算过程如下：

已知某微元的 CO_2 进口温度 t_{in} 后，假设出口温度 t_{out}，则进出口平均温度 $t_m = (t_{in} + t_{out})/2$，并假设整个微元的压力与 CO_2 进口压力 p_m 相同。查 CO_2 温度为 t_m、压力为 p_m 时的物性参数 v_m、λ_m、ρ_m 和 p_r。

管内截面积：
$$A = \frac{1}{4}\pi d^2 \tag{5.5-36}$$

制冷剂速度：
$$v = \frac{m}{\rho_m A} \tag{5.5-37}$$

制冷剂雷诺数：
$$Re_r = \frac{vd}{v_m} \tag{5.5-38}$$

若已知 CO_2 管内换热的关联式，则可计算得到 Nu_r。

制冷剂侧管内换热系数：
$$\alpha_r = \frac{Nu_r \times \lambda_m}{d} \tag{5.5-39}$$

制冷剂侧换热量：
$$q_r = mc_p(t_{in} - t_{out}) \tag{5.5-40}$$

$$q_r = \alpha_r \pi d \Delta t_m = \alpha_r \pi d \frac{t_{in} - t_{out}}{\ln\dfrac{t_{in} - t_w}{t_{out} - t_w}} \tag{5.5-41}$$

由以上计算过程可知相对于管外空气侧的换热，管内制冷剂侧的换热计算并不复杂，但

是由于 CO_2 超临界流体的特殊性，许多适用于单相流体常物性参数的换热关联式并不适用于此，所以为了使模型的建立更加准确，选择适合于 CO_2 超临界流体换热的关联式是非常必要的。Yoon 等人将超临界 CO_2 的冷却过程以准临界温度为界分成两个区，并根据实验数据拟合了两个区的换热关联式。

本章小结

制冷与热泵用的蒸发器和冷凝器大体上可以归为几种形式，它们的换热系数可以如图 1 和图 2 所示。

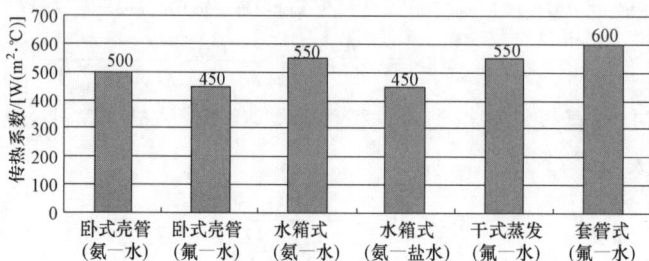

图 1　各种蒸发器的换热系数

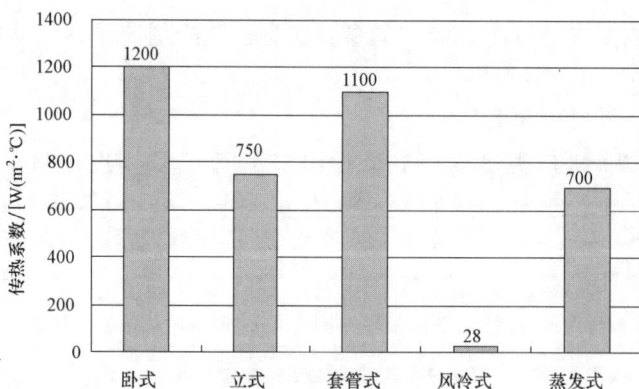

图 2　各种冷凝器的换热系数

换热管道的微细化将继续探索，当管子过细，阻力上升，出现平衡点。

全铜、全铝换热器，不仅换热效率提高，更适合全生命周期设计，便于材料的循环利用。

椭圆管也是一样，在较大当量直径下可以制作椭圆管，翅片是焊接或内压胀管，比较合算，管径过小，模具成本上升。

对于螺杆压缩机，半封闭活塞式压缩机和全封闭压缩机，包括 CO_2 制冷和热泵系统，润滑油始终与换热相关，如何控制系统的含油量是关键。如果无油的磁悬浮离心式压缩机成为主流，制冷和热泵系统内部没有润滑油，换热系数得以提高。

第6章　节流机构和辅助机构

6.1　制冷与热泵系统的节流机构

在制冷与热泵系统中，节流机构既是阻力元件，使工质发生由高压向低压的转变；同时又是工质流量调节元件，通过调节通向蒸发器的工质液体流量，使工质流量与蒸发器负荷、压缩机吸气量以及冷凝器的排热能力相匹配。节流机构是制冷系统最重要的控制装置，通称节流阀或膨胀阀。节流阀原则上要有良好的随时自动调节工质流量的能力，因此，对于制冷和热泵系统，必须选择合适的节流机构，以确保调节合理、安全，避免造成制冷与热泵系统性能恶化等问题。在第2章制冷与热泵原理部分已经说明，图6.1-1给出了节流阀的工作原理，制冷剂流过节流装置是一个高度不可逆过程，在阀门小孔径的阻力作用下，制冷剂液体从高压 p_k 降到低压 p_0，同时将产生大量汽泡并以汽液两相流出，节流前后的焓值 h_k 和 h_0 相等。

常用的节流机构有下列种类：毛细管、热力膨胀阀、电子膨胀阀、热电膨胀阀等；此外还有用于大中型制冷与热泵机组的满液式蒸发器的浮球调节阀、用于降膜式蒸发器的孔板节流阀等。注意膨胀阀和节流阀是相同的概念，只是在产品名称习惯上，有的叫膨胀阀，有的叫节流阀。

节流现象

6.1.1　手动节流阀

手动膨胀阀利用旋转螺纹调节阀门开度调节供液量，通常情况下它与其他节流元件配合使用。例如，在自动膨胀阀出现故障时作为旁通阀备用，以便更换或维修自动膨胀阀而又不影响系统正常运行。除非在新产品研究开发，在制冷与热泵系统中不会单独采用手动膨胀阀。

图6.1-1　节流阀的原理

图6.1-2给出了手动节流阀的外观和结构：主要由手轮、螺杆、阀体、阀芯、阀座和进出口组成。它的工作原理是：利用阀芯与阀座间隙变化调节工质通过量，同时产生需要的压降。手动节流阀只有在大型氨制冷系统中，或制冷与热泵的试验装置中使用。另外作为备用阀装在旁通管路上，以备主阀故障应急或检修自动膨胀阀时使用。

手动节流阀的优点：简单、可靠。缺点：没有自控能力，需要人工调节。类似的阀门也可以用在制冷与热泵系统任何需要调节流量的地方。

6.1.2　浮球节流阀

浮球节流阀（浮球膨胀阀）主要用于制冷剂在大空间沸腾换热的场合，如满液式蒸发器。

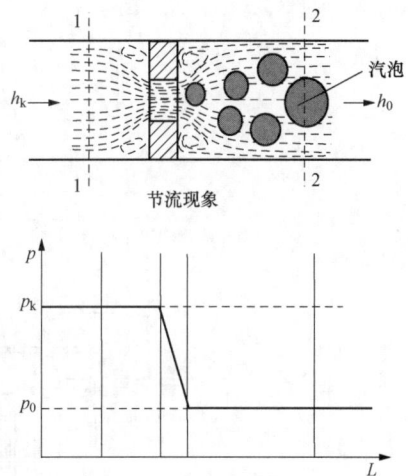

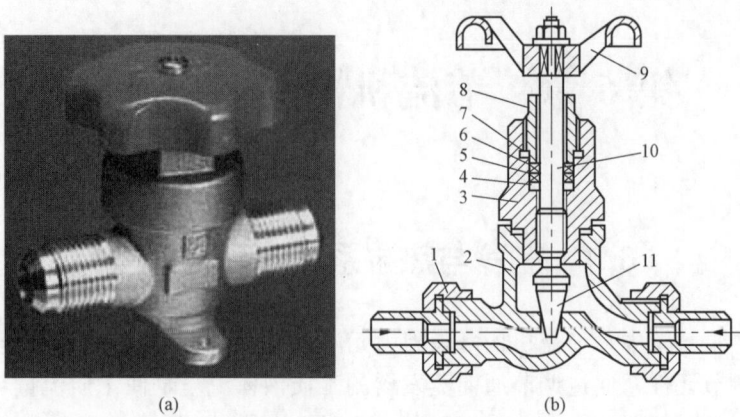

图 6.1-2　手动节流阀的外观和结构
(a) 手动节流阀的外观；(b) 手动节流阀的结构
1—背帽；2—阀体；3—阀盖；4、7—密封垫；5、6—盘根；8—细牙螺帽；9—手轮；10—阀杆；11—锥开阀芯

　　浮球节流阀的原理：根据满液式蒸发器的液面变化来控制蒸发器的供液量，可控制蒸发器的液面高度，同时产生压降。浮球节流阀的安装和原理如图 6.1-3 所示，有以下两种安装方式。

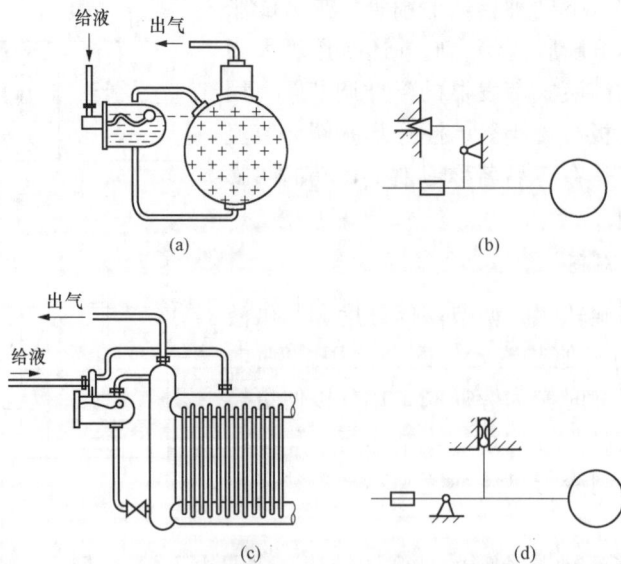

图 6.1-3　两种浮球节流阀的安装和原理
(a) 直通式浮球膨胀阀安装示意图；(b) 直通式浮球膨胀阀工作原理图；(c) 非直通式浮球膨胀阀安装示意图；
(d) 非直通式浮球膨胀阀工作原理图

　　(1) 直通式：工质先进入浮球室再由阀门控制进入蒸发器的流量。
　　特点：结构简单，但由于液位传递的滞后，蒸发器液面波动较大，调节阀稳定性较差。
　　(2) 非直通式：工质直接进入蒸发器，盈亏由浮球室调节控制。
　　特点：液面稳定，调节工作稳定，但构造及安装复杂。

应用：广泛使用于满液式蒸发器的大型氨或氟利昂制冷与热泵系统中。

6.1.3 热力膨胀阀

热力膨胀阀是一种节流装置，它可以根据蒸发器热负荷的大小，调节流入蒸发器的液态制冷剂的流量，以保持蒸发器最大的制冷能力，并可使过热度保持在一定值，防止液体制冷剂通过吸气管路进入压缩机造成"液击"，从而起到保护压缩机的作用。热力膨胀阀的基本原理是通过设置在蒸发器出口至压缩机进口之间的感温包，以其压力与蒸发器进口处的压力差驱动膨胀阀的开启度，从而实现调节进入蒸发器制冷量的目的。热力膨胀阀根据内部结构有两种类型：内平衡式和外平衡式。热力膨胀阀广泛应用于中小型制冷与热泵系统中。

热力膨胀阀本质上是感温型自动膨胀阀，在中小型制冷与热泵系统中应用最广泛，热力膨胀阀根据内部结构有以下两种类型。

1. 内平衡式热力膨胀阀

图 6.1-4 是内平衡式热力膨胀阀结构图。它通过一个充灌有制冷剂的感温包感应蒸发器出口工质过热度产生的饱和压力来调节工质流量，使进入蒸发器的工质流量与负荷相匹配，也使蒸发器中的压力和温度与周围环境相适应，特别适用于干式蒸发器系统。

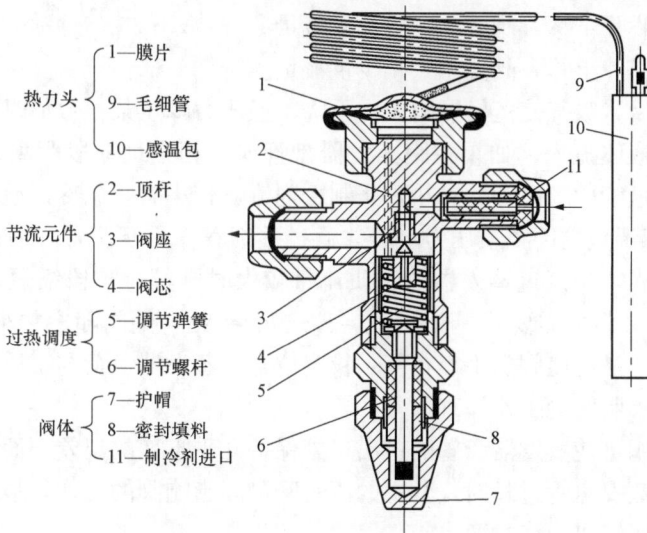

图 6.1-4　内平衡式热力膨胀阀

通过图 6.1-4（b）给出内平衡式热力膨胀阀的结构图和图 6.1-5（a）内平衡式热力膨胀阀的工作原理，其调节原理如下：

蒸发器盘管内的出口温度 t_1 通过传热在感温包 10 中产生压力 F_1 作用在波纹式金属膜片 1 上，膜片两侧工质来自感温包和阀出口。

金属膜片受力 $\begin{cases} \text{向上力：制冷剂蒸发压力 } F_0 \\ \text{弹簧力：（按要求预定过热度调节）} F_s \\ \text{向下力：感温包内工质压力 } F_1 \end{cases}$

膜片受力平衡条件 $\qquad\qquad F_1 = F_0 + F_s$

109

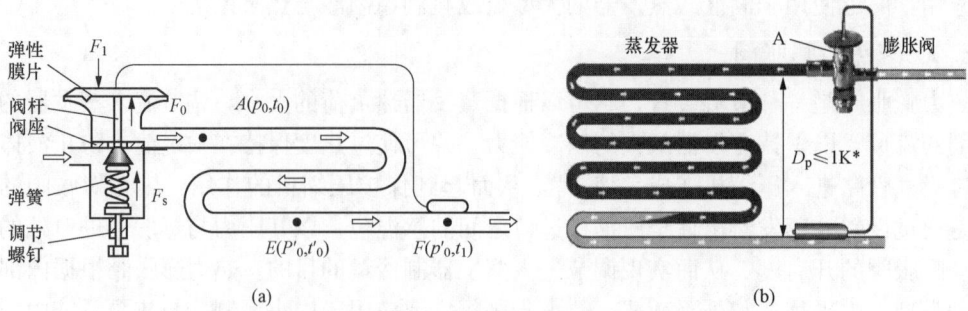

图 6.1-5 内平衡式热力膨胀阀的安装和工作原理

(a) 内平衡式热力膨胀阀的工作原理图；(b) 内平衡式热力膨胀阀的安装

如忽略 A—E 段流阻，则 $\begin{cases} \Delta F_0 = F_0 - F_0' \approx 0 \\ t_0' \approx t_0 \end{cases}$

F 段距离 E 点较近，所以压力近似等于 F_0，但温度是 t_1。

出口过热度 $$\Delta t = t_1 - t_0' \approx t_1 - t_0$$

过热度增大，膜片下移，阀开大，增加供液量。

过热度减小，膜片上移，阀关小，减少供液量。

当压缩机启动后，吸气使蒸发器内压力下降，但压力降至某一数值时，阀座孔两侧的压差使其开启，工质液体流入。如果在距蒸发器盘管末端相当远一段距离处，工质已完全蒸发；在剩下的一段盘管中工质开始过热，当制冷剂流量较小时，制冷剂通过蒸发器时其过热度 Δt 就会增大，感温包内的工质压力上升并通过毛细管作用于膜片，使阀座开度更大，使更多的工质液体流入。当流过蒸发器的工质流量较大时则其过热段缩短，过热度 Δt 减小，感温包压力 F_1 下降，致使需要的弹簧力 $F_s = F_1 - F_0 = \Delta F$，阀门随之关小，工质流量减小。这两个相反的作用，最终使阀门平衡在某一稳定位置，蒸发器负荷与工质流量达到匹配。这就是内平衡式热力膨胀阀的工作原理。

这种热力膨胀阀可使蒸发器盘管的进出口处保持几乎不变的温差，而其绝对蒸发温度大小则可能改变。当蒸发盘管过长时，其中的压力降可能影响阀的工作，最终减小了工质蒸气过热度，不能满足压缩机吸气的要求。

适用：内平衡式热力膨胀阀只适用于中小型干式蒸发器，蒸发器流程短及阻力小的制冷与热泵系统。

2. 外平衡式热力膨胀阀

图 6.1-6 为外平衡式热力膨胀阀的安装和工作原理。它通过感应蒸发器出口工质过热度和该处的压力 F_0' 来调节工质流量，使进入蒸发器的工质流量与负荷相匹配，也使蒸发器中的压力和温度与周围环境相适应，特别适用于蒸发器压力损失较大的制冷系统。

从图 6.1-6 可以看出，外平衡式热力膨胀阀的构造与内平衡式热力膨胀阀基本相同，只是弹性金属膜片下部空间与膨胀出口互不相通，而是通过一根小口径平衡与蒸发器出口相连，这样，膜片下部承受蒸发器出口制冷剂的压力，从而消除了蒸发器内制冷剂流动阻力的影响。

忽略重力和顶杆摩擦力，$F_1 - F_0' = F_s$。

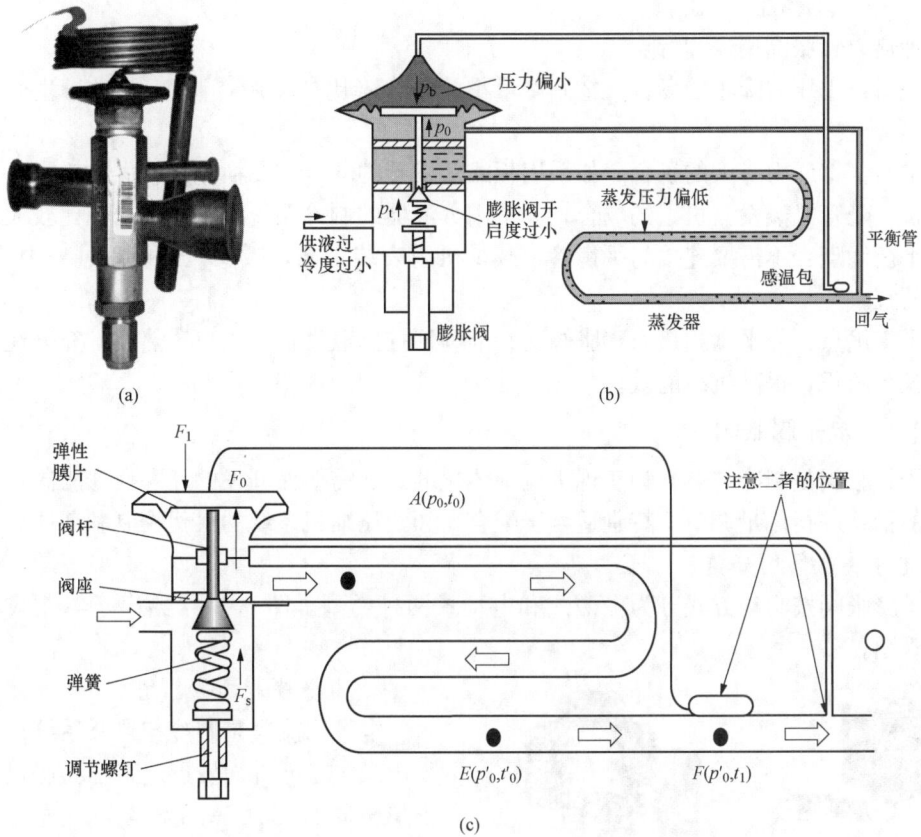

图 6.1-6 外平衡式热力膨胀阀的安装和工作原理

(a) 外平衡式热力膨胀阀外观；(b) 外平衡式热力膨胀阀的安装；(c) 外平衡式热力膨胀阀的工作原理

即蒸发器出口过热度（$t_1 - t_0'$）直接由弹簧张力 F_s 确定。

对于外平衡式热力膨胀阀，传递到波纹式膜片上的是蒸发器出口的蒸气压力和感温包工质的压力，从而保证了蒸发器出口工质的过热度。因而适用于大的压降情况下能增加蒸发器容量的场合。但外平衡式热力膨胀阀在结构上复杂了些，而且多了外平衡引管，安装较麻烦。若蒸发器内工质压力降较小，对出口过热度影响不大，则采用内平衡式热力膨胀阀。若在满负荷下工质压力降超过一定值，则必须采用外平衡式热力膨胀阀，以确保蒸发器额定制冷量。

最后说明热力膨胀阀的选型容量：阀在额定开度时，流过的制冷剂完全气化时吸收的热量。

$$Q = Gq_0 = CA \sqrt{2\rho\Delta p q_0} \qquad (6.1\text{-}1)$$

式中　Q——制冷剂流量，kg/s；

C——流量系数，$C = 0.02\sqrt{\rho_i} + 6.34 v_0$；

A——流通截面积，m^2；

ρ——入口密度，kg/m^3；

p——压差，Pa；

q_0——冷量焓值，kJ/kg。

两种热力膨胀阀用途和特点：

内平衡：①压力降小的场合；②制冷量小的场合（比如家用空调）；③批量生产的制冷设备。

外平衡：①压力降大的场合，如采用板式蒸发器的场合；②换热量较大的机组，比如采用螺杆机、壳管式蒸发器机组的场合；③采用分液器的制冷系统（分液器压降比较大）。

内平衡优点：不需要连接为平衡管，减少机组安装工艺，减少机组使用过程中故障点，价格较便宜。

外平衡优点：外平衡式热力膨胀阀比较准确地控制蒸发器的出口过热度，充分地利用蒸发器的换热面积，提高机组能效。

6.1.4 电子膨胀阀

电子膨胀阀是制冷与热泵为实现机电一体化的发展需要而开发的新一代膨胀阀，它按电脑预设的指令进行流量调节，特别适合于配合变频式压缩机系统的最优控制和节能。

1. 电子膨胀阀的分类

电子膨胀阀按驱动方式分为电磁式和电动式两种类型，图 6.1-7 给出了电磁式电子膨胀阀外观图。

C型电子膨胀阀

图 6.1-7　电磁式电子膨胀阀外观图

2. 电子膨胀阀的作用

电子膨胀阀是制冷与热泵系统在控制上采用微电子元件而发展起来的膨胀机构。电子膨胀阀具有几乎无差调节、适用温度宽广、准确度高、响应速度快等优点。应用于空调和热泵系统时，它的开度是根据室内外温度、湿度的分析比较，通过控制器的计算结果进行控制，使空调和热泵系统实现在最高瞬时效率（EER 或 COP）、最佳舒适度下运行。

电子膨胀阀通常与变频压缩机配套使用，可以减少空调压缩机的开停损失。当制冷与热泵系统停机时，膨胀阀处于关闭的状态；再次开机时，其开度也是按指令逐渐加大，实现压缩机的轻载启动，很快达到适宜（或最佳）开度，避免过调节和振荡。

在空气源热泵式空调机上采用双向电子膨胀阀，在夏季空调和冬季热泵都是一个膨胀阀，并可随环境温度自动改变开度，提高季节性能系数。它也可根据环境温度和湿度按计算结果实现除霜工况。

电子膨胀阀还可以实现安全保护器的作用，让系统性能与效率更高。电子膨胀阀通过控制空调压缩机的排气温度，可以避免压缩机排气温度升高对空调性能产生的不利影响。

总体来说，电子膨胀阀是一种应用于制冷设备中的控制器件。目前，电子膨胀阀越来越多地应用于中小型制冷设备中，最常见的应用是在家用空调和热泵中，通过电信号控制来保证空调热泵系统的稳定与高效运行。

3. 电子膨胀阀结构组成

电子膨胀阀的结构由检测、控制、执行 3 部分组成。电动式又分为直动型和减速型，步

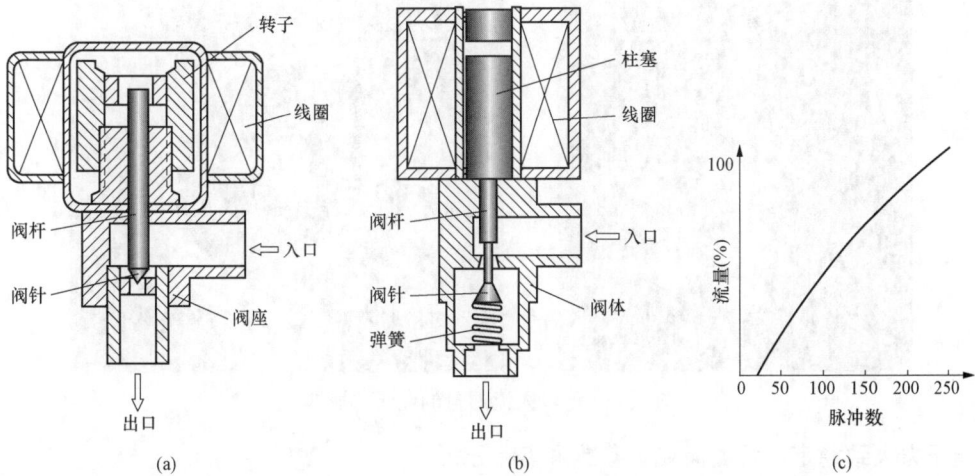

图 6.1-8　电子膨胀阀结构图及特性

(a) 电磁式电子膨胀阀；(b) 电动式电子膨胀阀；(c) 电动膨胀阀流量与脉冲数关系

进电机直接带动阀针的为直动型，步进电机通过齿轮组减速器带阀针的是减速型。通常电子膨胀阀主要由以下 4 部分组成。

(1) 转子：相当于同步电机的转子，其连接阀杆控制阀孔开度大小。

(2) 定子：相当于同步电机的定子，其将电能转为磁场驱动转子转动。

(3) 阀针（芯）：其受转子驱动，端部呈锥形，上下移动进行流量调节。

(4) 阀体：一般采用黄铜制造。

4. 电子膨胀阀的特点

电子膨胀阀流量调节范围大，控制精度高，适用于智能控制，能适用于高效率的制冷剂流量的快速变化。

电子膨胀阀的开度可以和压缩机的转速相适应，使蒸发器的能力得到最大限度的发挥，实现空调制冷系统的最佳控制。

使用电子膨胀阀，可以提高变频压缩机的能量效率，实现温度的快速调节，提高系统的季节能效比。对变频压缩机空调，必须采用电子膨胀阀为节流元件。

电子膨胀阀的形式有多种，均需要有电信号来控制，这为在制冷循环中实施现代微机控制提供了可能。同时因系统和控制方法不同，每种形式的电子膨胀阀都有自己的优势。但步进电机驱动的电子膨胀阀因其更适用微机控制、并有较好的稳定性，而被更多的制冷系统所采用。

较小流通量的电子膨胀阀通常适用于干式蒸发器，用温度传感器控制阀门开度。较大流通量的电子膨胀阀通常用于满液式蒸发器，与液位传感器配套，可精确控制蒸发器内液面的高度（图 6.1-9）。

跨临界 CO_2 制冷与热泵循环已经越来越多地走向实际应用，因为跨临界循环没有凝结过程，是超临界定压放热，节流装置要保证亚临界的蒸发压力和超临界的放热压力稳定，和压缩机共同构成合理的压缩比和稳定的工质流量，但环境温度可能改变，从这方面看，用电子膨胀阀比较有利于调节，膨胀阀的开度要考虑蒸发温度（或是过热度）的变化，也要考虑最

图 6.1-9 较大流通量的电子膨胀阀

优高压压力大致稳定，可能需要多参数采集和分析。

6.1.5 毛细管

毛细管的应用：主要用于热负荷较小的家用制冷器具中，如冰箱、冷柜和小型房间空调。图 6.1-10 为毛细管节流阀的外观，并不是它的常态，而是在产品开发时的实验形状。一旦长度确定，往往直接焊在系统管路上。

图 6.1-10 毛细管节流阀的外观

毛细管是一根直径很小，长度较长并带有一定厚度的纯铜管，其内径为 0.5～2.0mm，壁厚 0.5mm 左右，长度是根据制冷器容量的需要而定，不同容量配不同的长度和内径。毛细管与整个制冷系统是否匹配，直接影响着空调的制冷量或热泵制热量。若增大毛细管的管径或减小其长度，则阻力减小，制冷剂流量增加，蒸发温度提高；反之，则阻力增大，制冷剂流量将减少，蒸发温度降低。

毛细管的节流原理：利用孔径和长度变化产生压力差，实现节流降压，控制制冷剂流量。

毛细管的特点：结构简单，制造方便，价格便宜，不易产生故障。

压缩机停止运行后，冷凝器和蒸发器的压力可以自动达到平衡，减轻了再次启动电动机的负荷。

毛细管的供液能力与其几何尺寸有关，长度增加或内径减少则供液能力减小。

相同工况、相同流量下，长度与内径的 4.6 次方成正比：

$$\frac{L_1}{L_2} = \left(\frac{d_{i1}}{d_{i2}}\right)^{4.6} \tag{6.1-2}$$

图 6.1-11 为毛细管性能实测曲线。其中，1—2 是过冷液相段，压力与管长呈线性下降，2 点开始有第一个汽泡产生，2—3 因剧烈汽化，制冷剂进入饱和气液两相状态，其温度对应的其饱和压力与长度呈非线性下降。

因为毛细管的生产过程很难准确控制内径的尺寸，而内径的变化对节流效果的影响非常大。所以在生产上毛细管的长度稍微长于所需要，要经过气体（通常是氮气）流量计与标准

114

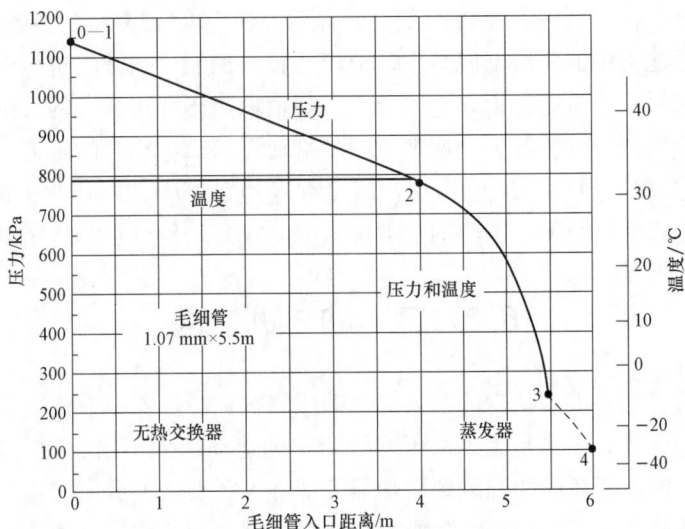

图 6.1 - 11　毛细管节流特性曲线

毛细管进行比较校核，根据流量公式换算后确定精确的长度，剪去多余的长度。

6.1.6　孔板节流装置

孔板作为节流装置主要用在容量为 1000kW 以上的制冷与热泵机组，并主要针对满液式蒸发器和降膜式蒸发器。这么大容量的制冷与热泵系统，可以采用浮球式节流阀，也可以采用电子膨胀阀，但孔板节流阀成本最低。

孔板是最简单的节流装置，实际由小孔产生压力降达到降压和控制流量的作用。孔板一般要两个串联使用，才有较好的调节效果。孔板结构和两孔板之间的距离要通过大量的实验确定，保证满负荷时在第一个孔板只是液体过冷降压，其后不产生闪蒸气体，第二个孔板则降压到蒸发压力。下面是双节流孔板流量调节原理：

当机组在满负荷状况运行时，冷凝器出口的压力为 p_k，大量的过冷制冷剂液体通过节流孔板，当制冷剂通过第一个节流孔板时，它的压力下降至中间压力 p_m，它的压降大小等于图 6.1 - 12 中 H_1 高的制冷剂液柱产生的压力，这样通过第一个孔板刚好不产生闪发气体，制冷剂的质量流量最大。然后制冷剂通过第二个孔板，此时它的压力下降到蒸发压力 p_0，并伴随大量的气泡产生。

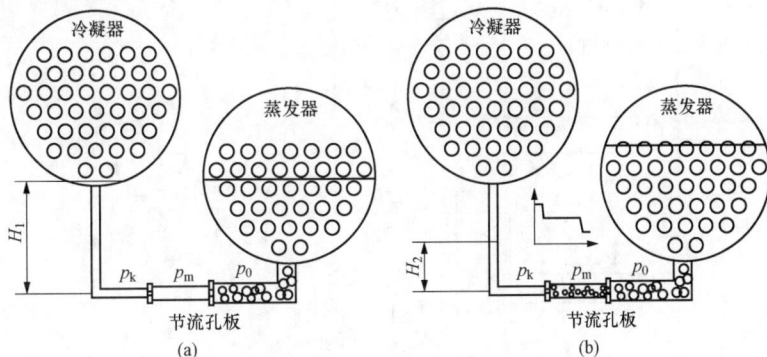

图 6.1 - 12　孔板节流原理

（a）额定负荷；（b）部分负荷

115

当机组在部分负荷运行时，制冷剂的循环量减少，这时较多量的制冷剂聚集在蒸发器中，冷凝器及内部连管中的制冷剂就减少，节流孔板前的制冷剂液柱也相应降低，制冷剂以较小的过冷度进入第一个节流孔板，它的压力下降值取决于孔板通孔的大小，制冷剂通过第一个节流孔板后产生部分闪发气体，增加了制冷剂通过第二个孔板的阻力。这样当部分负荷越小时，压缩机排气量越小，H_2 就越小，制冷剂通过第一个孔板产生的闪发气体就越多，通过第二个孔板的阻力就越大，制冷剂的循环量就越小，恰恰满足制冷剂循环量的要求。

6.2 辅助机构

制冷与热泵系统除了不可缺少的四大件，即压缩机、冷凝器、节流阀和蒸发器之外，通常还需要各种辅助设备，主要是为确保压缩机为主的运动部件不出故障，安全运行。例如，为保证压缩机的润滑，避免润滑油跑到换热器等部件，需要有油分离器；避免蒸发器来不及蒸发的制冷剂液体直接进入压缩机，需要有气液分离器；避免制冷剂中夹杂水分、颗粒物而需要干燥过滤器等。

对于电冰箱、房间空调器、热泵热水器等小型制冷与热泵系统，有些辅助机构也许会与压缩机合为一体，如全封闭压缩机可能兼有气液分离器和油分离器（压缩机高压排气先经过其外壳）的功能，压缩机底部兼有集油器的作用，只有干燥过滤器需要单独设置。对于大中型制冷与热泵系统，例如大型冷库，系统的自动控制和各种辅助机构非常齐全，并越来越多地配有各种压力和温度传感器和自控阀门，以保证系统的运行安全。图 6.2-1 为氨制冷系统的典型流程。本节给出的辅助装置多以氨系统为例，其他工质可以参考。

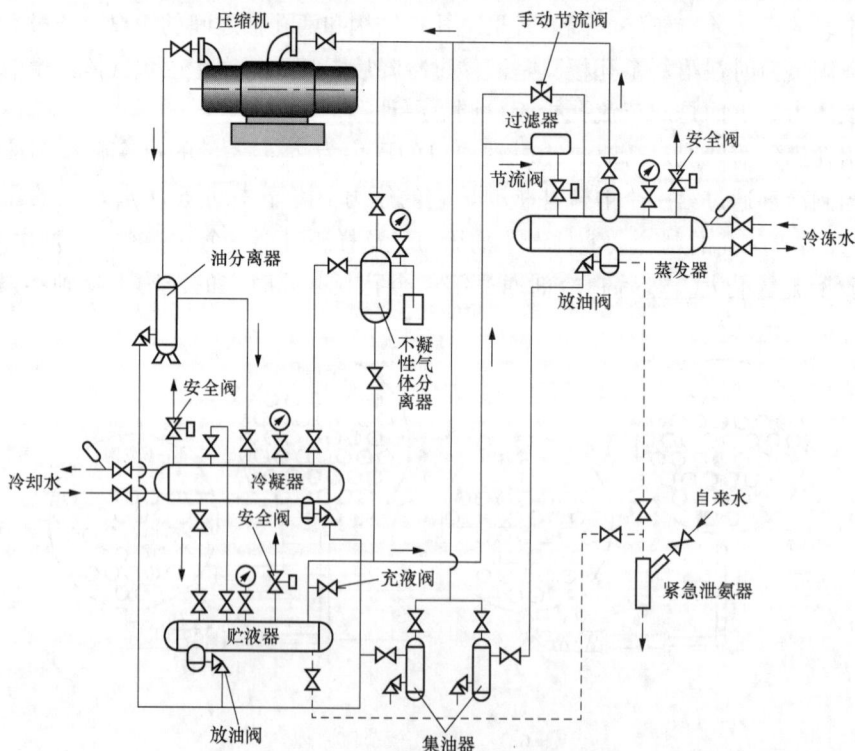

图 6.2-1　氨制冷系统的典型流程

6.2.1 压力容器的有关规定

压力容器，英文：pressure vessel，是指盛装气体或者液体，承载一定压力的密闭设备。在制冷与热泵装置中，所有循环部件都承受压力。除了已经讲述的换热器外，本章的 6.2 节辅助设备也都属于压力容器。

具体范围规定为：最高工作压力大于或者等于 0.1MPa（表压）的气体、液化气体和最高工作温度高于或者等于标准沸点的液体、容积大于或者等于 30L 且内直径（非圆形截面指截面内边界最大几何尺寸）大于或者等于 150mm 的固定式容器和移动式容器；盛装公称工作压力大于或者等于 0.2MPa（表压），且压力与容积的乘积大于或者等于 1.0MPa·L 的气体、液化气体和标准沸点等于或者低于 60℃液体的气瓶等。

压力容器的设计压力（p）划分为低压、中压、高压和超高压 4 个压力等级：

(1) 低压（代号 L）0.1MPa≤p<1.6MPa；

(2) 中压（代号 M）1.6MPa≤p<10.0MPa；

(3) 高压（代号 H）10.0MPa≤p<100.0MPa；

(4) 超高压（代号 U）p≥100.0MPa。

6.2.2 油分离器

1. 油分离器的作用

通常油分离器是一个筒形结构，安装在压缩机出口，分离制冷剂中携带的润滑油。任何容积式压缩机在压缩空间都需要有润滑油减少摩擦力，保证摩擦副运转可靠。压缩机出口排气会夹带大量的润滑油雾滴。如果不及时拦截下来输回到压缩机润滑系统，压缩机很快会失油并出现故障，大量的润滑油跑到两器产生严重的油膜热阻，还会影响系统的换热性能和循环性能。

2. 油分离器的类型

根据原理和结构的不同，油分离器类型有过滤式、洗涤式、离心式、填料式等。

3. 油分离器的结构及工作原理

因为压缩机排气主要是高压工质蒸气，属于气体，而润滑油虽然是体积极小的雾滴，但仍然是液体。油分离器是根据气体和液体在密度、惯性力、是否呈颗粒等性质上的不同而分离油的液滴。

过滤式油分离器都有过滤网，由金属网或细金属丝组成，通过层层阻挡来拦截下颗粒度较大的油滴。如果有专用的填料阻挡油滴，就属于填料式油分离器。通常进气口向下，排气口向上或在侧面，分离出来的油液位于最底部，定期要向压缩机回油。

离心式油分离器的进气口在油分离器圆周的切线方向，进来的蒸气沿螺旋气道高速旋转，油滴因有较大惯性，撞击并留在壁面并收集在底部。蒸气则在中轴向上排出。

如果将进气管向下直接通到底部油液面以下，让蒸气通过油面，部分大的油滴会被油液吸附，这就是洗涤式油分离器。

油分离器不一定是以上 4 种单一的形式，可以是两种或两种以上形式的组合，如图 6.2-2 所示。

良好的油分离器可以分离出从压缩机排出的 99.5%的润滑油，其余的 0.5%还会随着制冷剂流动到系统的各个部件，还需要各种措施进行油的分离。

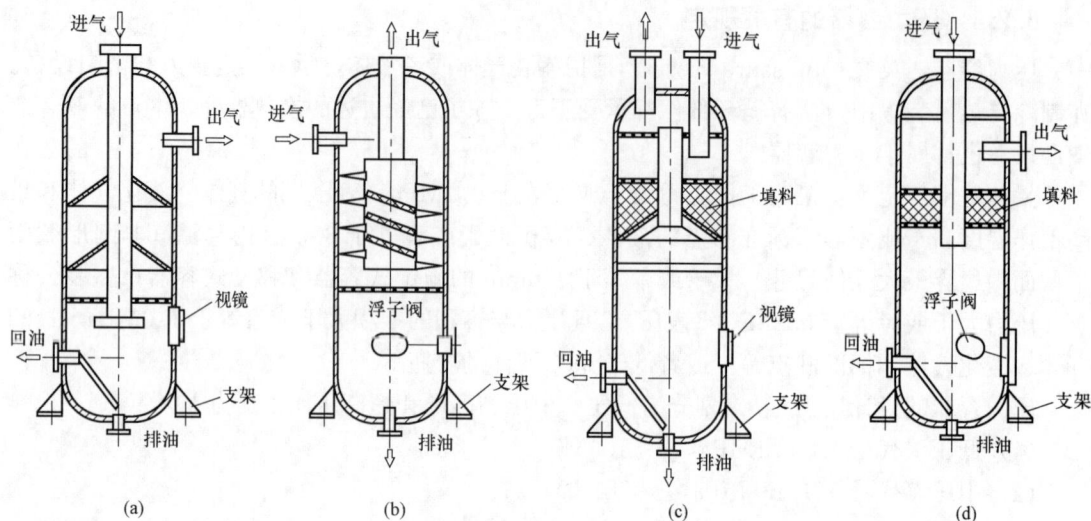

图 6.2-2　油分离器
(a) 洗涤式；(b) 离心式；(c) 填料式；(d) 过滤式

4. 油分离器的尺寸和参数

根据油分离器中制冷的流通面积和流通速度，油分离器的圆筒内径为

$$d = \sqrt{\frac{4\lambda V_h}{3600\pi\omega}} = 0.0188\sqrt{\frac{\lambda V_h}{\omega}}(\text{m}) \qquad (6.2-1)$$

式中　λ——压缩机的输气系数；

　　　V_h——压缩机理论吸气量，m^3/h；

　　　ω——油分离器内气体流速，填料式油分离器宜采用 $0.3 \sim 0.5\ \text{m/s}$，其他型式油分离器宜采用不大于 0.8m/s。

6.2.3　集油器

作用：收集系统中各部位多余的润滑油，在维修时临时贮存润滑油。

位置：可能与油分离器、冷凝器、贮液器、蒸发器等设备相连。

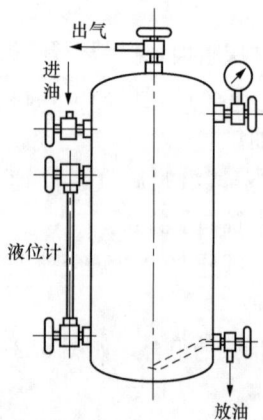

图 6.2-3　集油器

应用：对于小型制冷与热泵系统，多余的润滑油贮存在压缩机底部，没有单独的集油器。对于大中型制冷与热泵系统，特别是氨制冷系统，需要将油分离器分离出来的或两器中多余的润滑油集中贮存在集油器，如图 6.2-3 所示。

6.2.4　高压贮液器

作用：收集冷凝器后液态高压制冷剂，或在维修时临时贮存制冷剂。通过设置贮液器，可避免液态制冷剂在冷凝器中积存过多而使传热面积变小，影响冷凝器的传热效果，又可利用集液器的储液能力，平衡和稳定系统内的制冷剂循环量，使空调处于正常运行状态。氨高压贮液器的外形如图 6.2-4 所示。

位置：与冷凝器出口相连。

应用：大中型氨或氟利昂制冷与热泵系统。

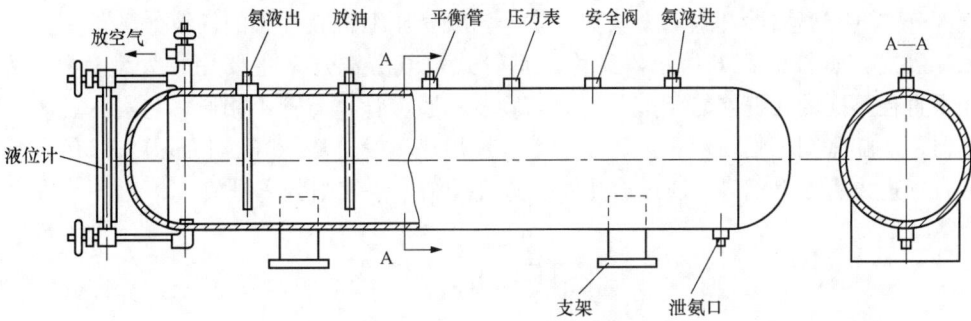

图 6.2-4 氨高压贮液器

高压贮液器的尺寸和参数

$$V = \sum M_R \frac{\varphi v_i}{\beta}(\text{m}^3) \qquad (6.2-2)$$

式中　V——高压贮液器的容积，m^3；

　　M_R——制冷装置中每小时氨液的总循环量，kg/h；

　　φ——高压贮液器的容积系数，查手册取值；

　　v_i——冷凝温度下液氨的比容，L/kg；

　　β——氨液充满度，一般宜取 70%。

6.2.5 空气分离器

作用：分离制冷剂中混杂的不凝性气体，并回收净化后的制冷剂。

原理：制冷剂降温冷凝分离不凝性气体。

类型：

（1）立式：如图 6.2-5 所示，中部的螺旋管道是通过节流阀降压的制冷剂，蒸发吸收管外的热量。螺旋管外部则是凝结器上部含有不凝性气体的混合气，其中氨蒸气被凝结收集，空气则定期排空。

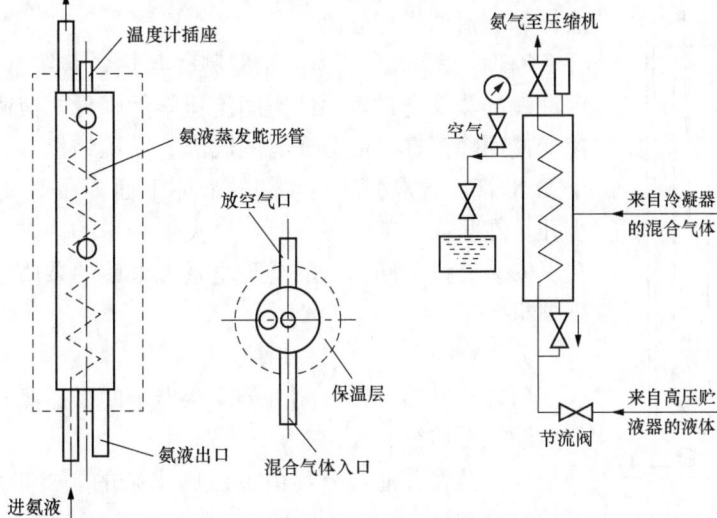

图 6.2-5 立式空气分离器

空气＋氨气→空气分离器中部→放热冷凝→氨液＋空气→放空气

氨液→空气分离器冷却盘管→吸热蒸发→氨气→压缩机吸气管的气液分离器

（2）卧式：如图 6.2-6 所示，又称四重管式空气分离器，主要用于大型氨制冷系统，是由 4 根直径不同的无缝网管组成。管 1 与管 3 相通，管 2 与管 4 相通。它实际上是一种套管换热器，从膨胀阀来的氨液进入管 1 和管 3 被加热蒸发，从冷凝器上部引来带有不凝性气体的混合气进入管 2 和管 4，通过放热将氨蒸气凝结，空气则分离排放。

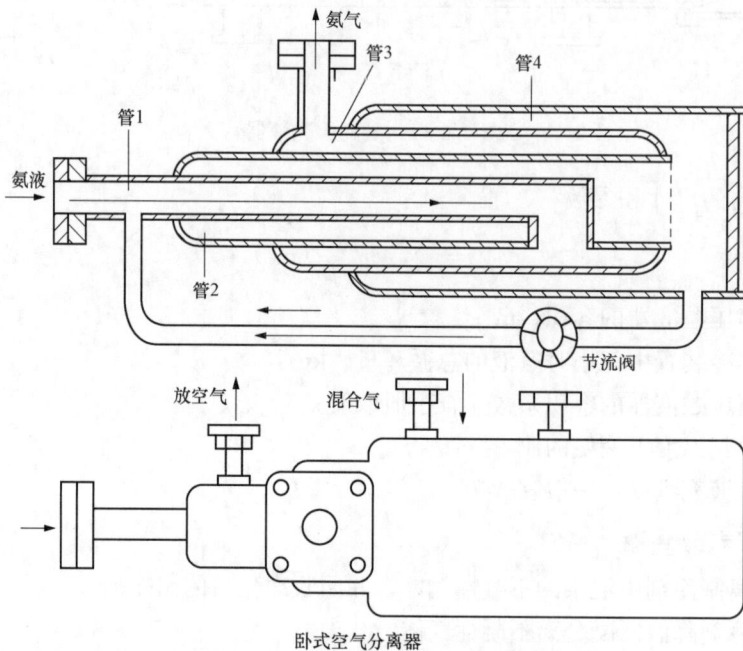

图 6.2-6 卧式空气分离器的构造

6.2.6 气液分离器

作用：安装在蒸发器和压缩机之间，将制冷剂蒸气与制冷剂液体和润滑油进行分离。

原理：图 6.2-7 为中小型制冷与热泵系统常用气液分离器。含液滴的蒸气通过较大的空间流速骤然降低，液滴因比重较大流速变慢而降落在气液分离器的底部。而压缩机进气管的出口是一个 U 形管，通常沉没在底部的液体下面，在 U 形管的下部有一小孔，在吸入上部的蒸气时，会夹带少量的油进入压缩机。回油孔上安装有过滤网，目的是防止系统里面的杂质通过回油孔进入压缩机。

分类：

（1）蒸发器后：分离由蒸发器出来的低压蒸气中的液滴，避免压缩机湿压缩；

（2）蒸发器前：分离由节流阀出来的制冷剂中的闪发气体，只让制冷剂液体进入蒸发器，提高蒸发器热交换效果，兼分配

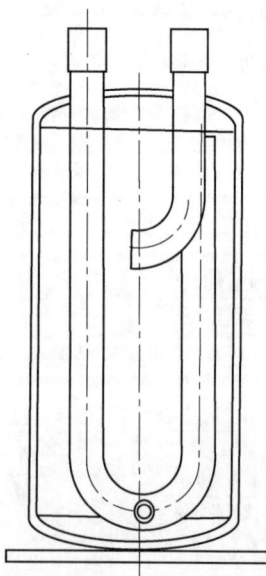

图 6.2-7 气液分离器

液体。

设计：桶径
$$d=\sqrt{\frac{4M_{\mathrm{R}}\upsilon}{3600\pi\omega}}\ (\mathrm{m})$$
(6.2-3)

式中 M_{R}——制冷装置中每小时制冷剂的总循环量，kg/h；

υ——冷凝温度下液氨的比容，L/kg；

ω——气液分离器内气体流速，一般采用 0.5m/s。

6.2.7 低压循环桶

作用：低压循环桶是循环桶的一种，装在工质泵供液制冷系统中，其功能是保证充分向工质泵供应液态低压工质，同时也起了气液分离器的作用，使向压缩机吸气腔流去的是气态制冷工质。

结构：筒状结构，如图 6.2-8 所示。有立式和卧式两种类型：

设计：圆筒的内径
$$d=\sqrt{\frac{4V_{\mathrm{h}}\lambda}{3600\pi\omega\xi n}}\ (\mathrm{m})$$
(6.2-4)

式中 V_{h}——压缩机理论吸气量，m³/h；

ω——低压循环桶内气体流速，立式宜采用 0.5m/s，卧式宜采用 0.8m/s；

ξ——低压循环桶截面积系数，立式宜采用 1，卧式宜采用 0.3；

n——低压循环桶气体出气口的个数。

低压循环桶应设置自动液位控制器和超高液位报警装置，正常液位控制在桶身全长距桶底 1/3 处；报警液位控制在桶身全长距桶顶 1/3 处。低压循环桶必须设置安全阀、压力表和液面指示器。设置压差控制器、止回阀、旁通阀、抽气阀和相应的管路。

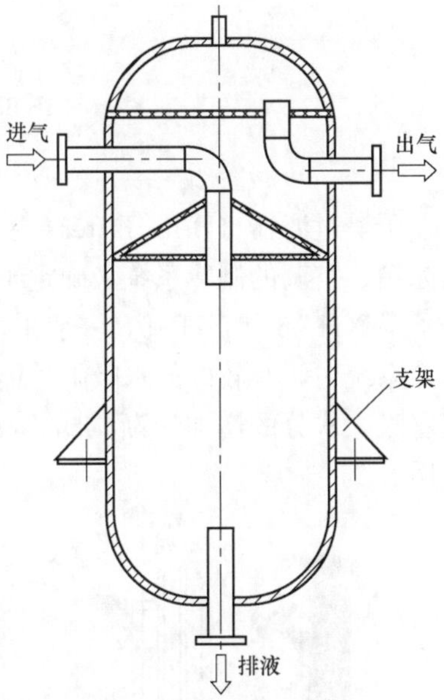

6.2.8 排液桶

作用：设备检修或蒸发器除霜时暂时储存制冷剂液体。

结构：桶状结构。

设计：排液桶的容积
$$V_{\mathrm{P}}=\frac{V_{\mathrm{zfq}}\theta_{\mathrm{q}}}{\beta}\ (\mathrm{m}^{3})$$
(6.2-5)

图 6.2-8 立式低压循环桶

式中 V_{zfq}——最大的一个蒸发器总容积，m³；

θ_{q}——冷却设备注氨量的百分数；

β——排液桶氨液充满度，一般宜取 0.7。

6.2.9 过滤器和干燥器

在制冷循环中必须预防水分和污物（油污、铁屑等），侵入水分是新添加制冷剂和润滑油所含的微量水分，或由于检修系统时空气侵入而带来的水分。如果系统中的水分未排除干净，则当制冷剂通过节流阀时，因压力及温度下降，有时水分会凝固成冰，使通道阻塞，影响制冷装置的正常运转。又如管道、冷凝器和蒸发器，若事先没有彻底清洗，而有铁屑及杂质残存在系统中，就会堵塞通道并损坏运动部件。因此，在系统中必须安装过滤器和干燥器。

氟利昂中混有水时对系统产成的不良影响，如腐蚀金属，形成杂质。在膨胀阀最小截面处形成冰塞。

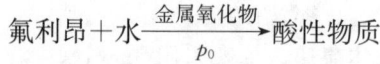

$$氟利昂+水 \xrightarrow[p_0]{金属氧化物} 酸性物质$$

所以通常在贮液器后、节流阀前之间的液体管路上设置干燥器。过滤器如被污物堵塞，则必须拆下滤网，清洗干净后再装上。

结构：通常将干燥器和过滤器做成一体，统称干燥过滤器，如图 6.2-9 所示。

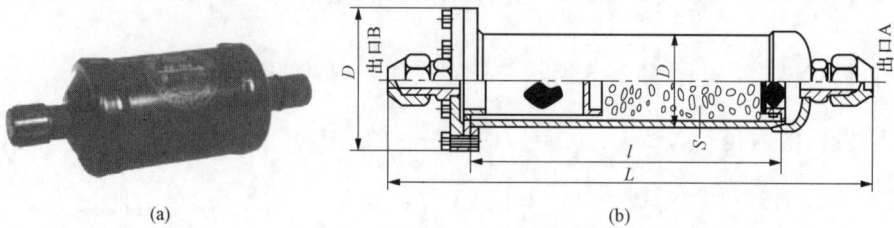

图 6.2-9 干燥过滤器的外观和结构
（a）外观；（b）结构

干燥过滤器（Drier Filter）主要是起到去除水分和过滤杂质的作用。一般来说，这要根据冰箱、空调的制冷系统来确定干燥器的规格，如直径、内径、外径的规格。干燥剂通常用分子筛 XH-6 和 XH-9，一般采用 XH-9 的较多，其通用性强，而 XH-6 只能用于 R134a 制冷系统中，有较好的水吸附性能。干燥器的寿命在 7～10 年。这类干剂吸水能力很强，但随着吸入水分的增加逐渐减弱，故必须定期将硅胶取出，并加热烘干，去除水分后再装入使用。

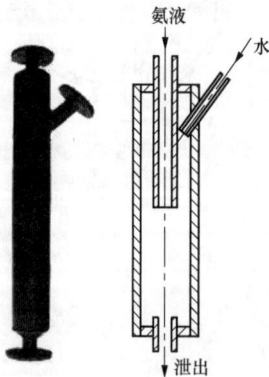

图 6.2-10 紧急泄氨器

6.2.10 紧急泄氨器

大中型的氨制冷系统中，充装氨量较多，在遇到火警或其他意外事故时，氨会燃烧和爆炸，必须将系统中的氨液迅速地排出，以保护设备和人身安全。图 6.2-10 为紧急泄氨器。它的氨液入口处与贮液器及蒸发器等设备的泄氨接口连接，水入口处与供水管连接。发生事故时，应先打开供水管阀，然后再打开紧急泄氨器与制冷系统连接的阀门，使大量的水与氨液混合，形成浓度较小的氨水排入下水道。稀释的氨水对环境影响很小。

6.3 制冷与热泵运行及安全控制机构

6.3.1 运行控制机构

制冷与热泵运行系统无论简单与复杂都有运行及安全的控制系统。对于小型制冷与热泵，通常力求简单的控制系统。而大中系统通常都采用复杂自动控制系统。控制系统包括：

1. 设备的开停

小容量的制冷或热泵系统如电冰箱和房间空调可以直接启动，但不能短时间内多次启动，要有温度保护或启动延时，以免压缩机的线圈因启动电流过大而烧毁。较大的制冷与热泵系统需通过继电器启动，更大功率的系统需要有单独的启动装置，避免对电网造成冲击。

2. 压缩机的保护

压缩机是制冷与热泵系统的"心脏"，一旦出现意外，系统面临停机甚至报废。压缩机的保护包括：

（1）排气压力保护（高压保护）。

保护压缩机的排气压力不超压，属于安全保护装置。

（2）吸气压力保护（低压保护）。

蒸发温度降低，使制冷机在不必要的低温下工作，会浪费电能，有时也会使液体载冷剂冻结。故吸气压力也必须严格控制，保持在一定压力以上，属于节能加安全的保护装置。

（3）油压保护。

除了电冰箱等用小型压缩机飞溅润滑系统和磁悬浮离心式压缩机无油系统外，任何压缩机都需要一定压力的润滑油。需要随时监测润滑油的压力，当油压正常，油温也正常时才能启动压缩机，在工作时一旦油压出现异常就立即实现报警或停机。

图6.3-1为带有高低压继电器和压差继电器的压缩机保护系统。所有这些保护采用压力表或波纹管式的压力传感器采集信号，再通过触点开关驱动继电器，实现报警或停机。

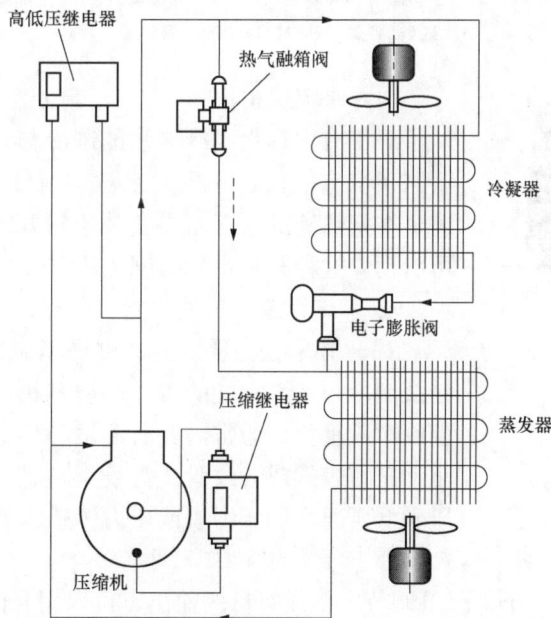

图6.3-1 带有高低压继电器和压差继电器的压缩机保护系统

图 6.3-2 为高低压继电器和压差继电器原理图，可以认为波纹管是一种弹簧式压力表，它感知压力后在长度方向的变化推动触点，实现对压力的限制。

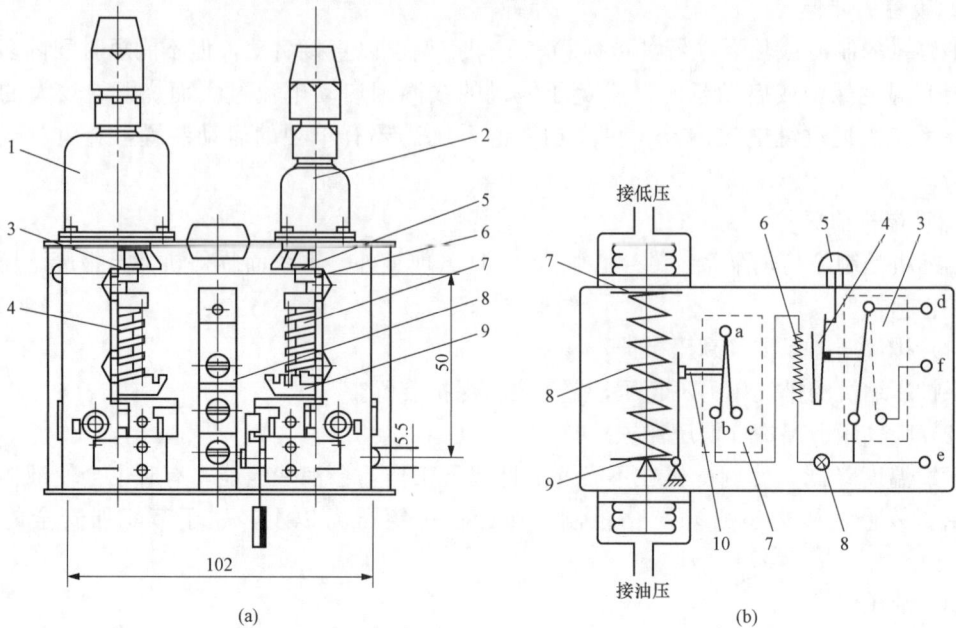

(a)　　　　　　　　　　(b)

图 6.3-2　高低压继电器和压差继电器原理图

(a) 高低压继电器内部结构

1—低压波纹管壳；2—高压波纹管壳；3—低压幅差调节盘；4—低压调节弹簧；5—高压幅差调节盘；6—顶杆；
7—高压调节弹簧；8—接线板；9—压力调节盘；10—手动复位按钮

(b) 压差继电器原理图

1—压差开关；2—欠压指示灯；3—迟时开关；4—双金属片；5—复位按钮；6—电加热器；7—压差调节螺丝；
8—弹簧；9—杠杆；10—顶杆

图 6.3-3　流量开关外形图

（4）水流保护。

对于有冷却水或冷冻水的制冷与热泵系统，如果水泵或管路系统有故障，开机时水没有流动起来，也会造成故障。需要在换热器的水管路中安装流量开关，有水流动后主机才可启动。这种开关也称为靶式流量开关，如图 6.3-3 所示。

3. 系统的温度压力控制

对于制冷与热泵系统，对环境温度和终端温度的测量，涉及制冷与热泵系统的工作品质和用能效率，温度的检测和控制非常重要。通常需要有温度传感器，传统的有用感温包驱动压力表式或波纹管式温度继电器。另外，循环系统的高压和低压通常用压力表或压力传感器测量。

4. 容量调节和工况调节

容量调节通常是在一个工况下调节冷量或热量的输出，可以用开停调节，也可以用变频等变容量调节。工况调节原则上对蒸发温度或冷凝温度进行调节，具体对于压缩机可改变其压缩比。

6.3.2 安全阀

1. 安全阀

当制冷与热泵系统处于意外的高温环境或系统发生故障，为防止设备压力过高发生危险，安全阀打开，将制冷剂排向低压贮罐。为保护臭氧层和减少温室效应，除非 CO_2 制冷剂，原则上不得向大气排放任何制冷剂。

2. 易熔塞或爆破片

小型 CO_2 制冷与热泵系统可以用易熔塞或爆破片代替安全阀。

以上属于被动安全装置。

6.3.3 自控阀

多数制冷与热泵系统配置带有微电脑的控制器，通过采集信号自动控制系统的开停或工况的变化。

1. 电磁阀

（1）作用：自动接通或切断制冷系统的供液管路，广泛用于如空调器、冷藏箱等氟利昂制冷机中。

（2）位置：安装在冷凝器与蒸发器间的管路上，可控制液体管路的启闭。

（3）结构：如图 6.3-4 所示。

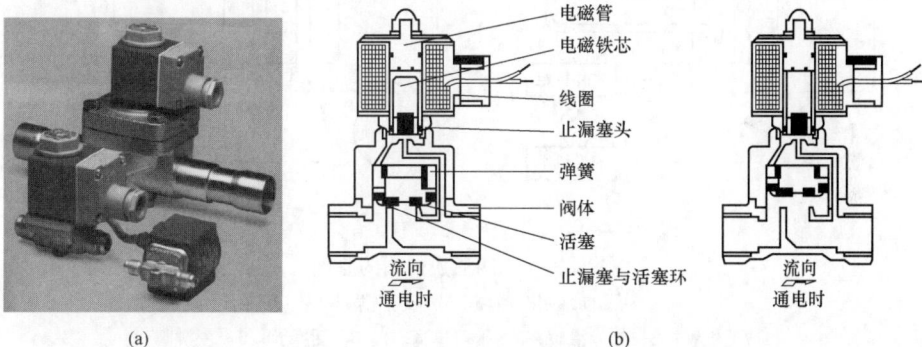

图 6.3-4　制冷与热泵系统用电磁阀的外观和工作原理
（a）电磁阀的外观；（b）电磁阀的工作原理

2. 电磁四通换向阀

（1）作用：控制、改变制冷剂流量，使系统由制冷工况向热泵工况转变。在冬季可以通过换向实现除霜。

（2）应用：主要用于热泵型家用空调器和任何容量的空气源热泵。

（3）结构：四通换向阀的外观和动作原理，如图 6.3-5 和图 6.3-6 所示。它通过电磁导阀，改变高压制冷剂的流动方向，从而推动换向阀的水平移动，达到改变主流制冷剂的流动方向。

3. 冷库用自动除霜阀

热气融霜是大中型氨冷库定期清除冷风机翅片的霜层，采用 $10℃$ 左右的工质液体进入冷风机的管路融解外部霜层。氨制冷的压焓图如图 6.3-7 所示。1—2—3—4—1 是正常的制

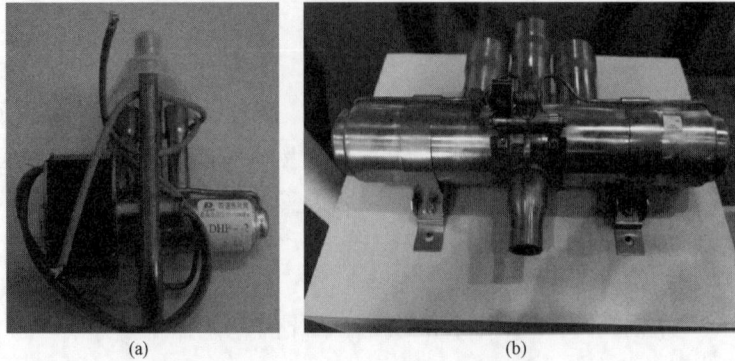

图 6.3-5　四通换向阀的外观

（a）小型四通换向阀；（b）大型四通换向阀

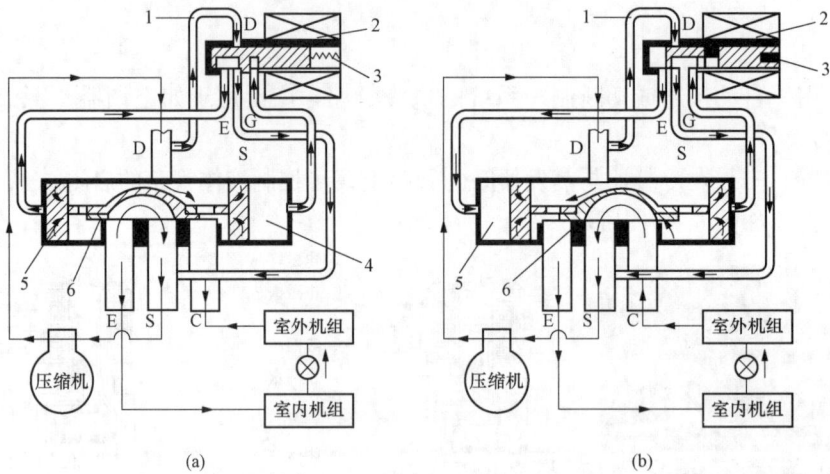

图 6.3-6　四通换向阀的原理

（a）制冷循环；（b）制热循环

1—毛细管；2—先导滑阀；3—压缩弹簧；4,5—活塞腔；6—主滑阀

冷循环。氨热气融霜过程是 2—5—6—7，通常 5—6 需要的压力是 0.65MPa，这时对应的饱和温度是 12℃，需要从压缩机出口或高压储液罐引出高压氨蒸气，经过热气节流阀 2—5 降压，进入蒸发器。具体的结构如图 6.3-8 所示。

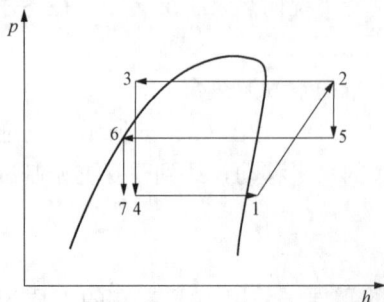

图 6.3-7　氨冷库循环原理和热气融霜过程

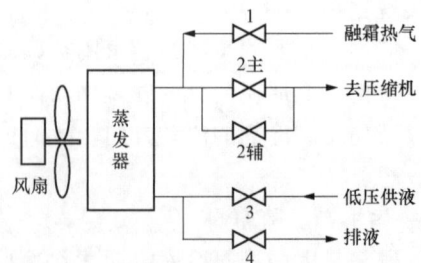

图 6.3-8　氨冷库蒸发器热气融霜的结构

图 6.3-9 为一种依靠阀门前后压差、分两步控制阀门开启度的回气电磁阀。第一步，当电磁阀线圈通电后，阀的开度为 10%，使蒸发器内压力缓慢下降。第二步，当阀门前后压差小于 0.15MPa 时，阀门完全打开，这时压差已无力形成液锤。图 6.3-10 为回气电磁阀工作条件下压差示意图。

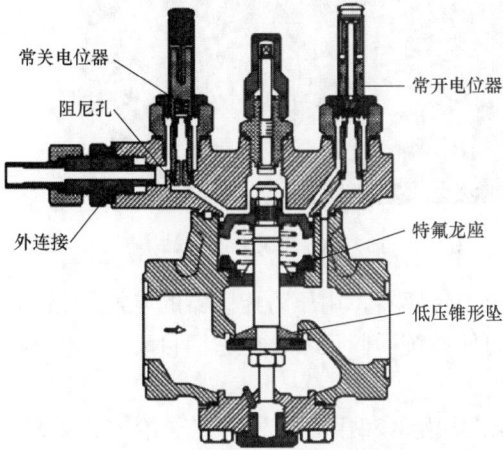

图 6.3-9　回汽电磁阀结构示意图

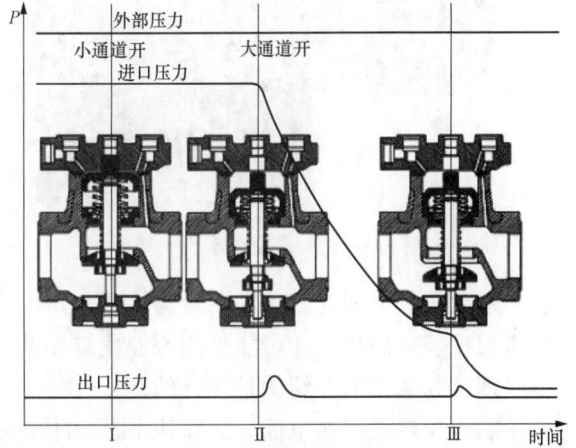

图 6.3-10　回气电磁阀工作条件下压差示意图

6.3.4　计算机或微电子控制系统

微电子芯片的发展非常迅速，大多数制冷与热泵系统从传统的控制方式，向微电子控制方向发展。有关系统包括主控板，包括 CPU、内存、显示和通信等。这些主板或简或繁，有的程序已经固化，有的留下可编写功能。一个典型的主板如图 6.3-11 所示，有关其详细性能说明从略。

图 6.3-11　控制用主板

图 6.3-12 为温度显示及控制单元，图 6.3-13 为一台 CO_2 热泵系统的触摸屏实例，该屏幕有随时显示运行状态、历史参数回溯等功能。

微电子芯片通过温度或压力传感器采集有关温度和压力等数据，可能通过运算放大并转换显示在数字仪表上。同样运算结果可以控制执行机构，实现开停、压缩机变频、改变容量等。很多控制系统可以实现数据通信功能，从而实现远程控制或数据的统计。

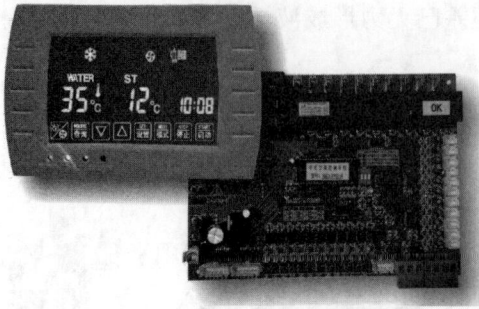

图 6.3 - 12　温度显示及控制单元

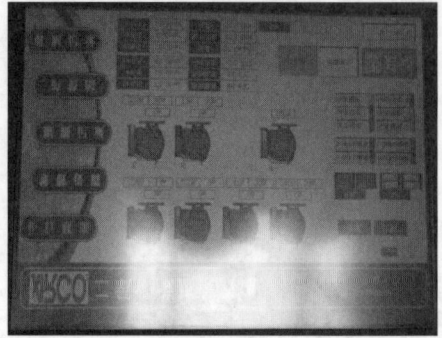

图 6.3 - 13　CO_2 热泵系统的触摸屏

现在多数方式为直接在制冷与热泵管路上安装压力传感器，用压力传感器的电信号放大后实现报警或停机，还可能采用智能化自动调节压力使系统回归正常。但它们自动控制的基本原理与 6.3.1 节介绍的是一样的。

制冷和热泵用热电偶、热电阻和压力传感器等采集温度和压力信号，传输给中央处理器，通过逻辑分析再反馈给执行元件，即继电器、交流接触器、电磁阀、电子膨胀阀和变频器等。例如，压缩机的电机线圈过热，严重时会烧毁线圈。通常有内置温度传感器测量绕组线圈的温度，温度过高会报警或自动采取降温热措施。空气源热泵在冬季工作时，需要定期除霜，也是通过温度和压力传感器的在线检测，有关内容可见第八章。

本章小结

节流阀，或称膨胀阀是制冷与热泵系统的四大件之一，在循环中起着重要作用。由于制冷与热泵系统的节能控制的发展，压缩机趋向变工况、变转速，节流机构采用电子膨胀阀与之适应。今后节流机构还可能采用喷射器或膨胀机进一步提高循环效率。

其他的辅助机构，涉及润滑油系统和安全运行，也是重要的部件，特别是与微电子控制相结合，是今后的重要方向。

第7章 吸收式和吸附式制冷与热泵系统

7.1 吸收式和吸附式制冷与热泵的基本原理

吸收式和吸附式制冷与热泵仍然属于蒸气压缩制冷循环，它不采用机械式压缩机改变工质的容积或流动速度来实现压缩，而是利用二元溶液的吸收或气固工质对的吸收和挥发性质，即通过解析实现的压缩过程，因此通常称为"化学压缩机"。在吸收式和吸附式制冷与热泵循环中，前者需要有二元溶液，称为工质对，后者需要有吸附能力的材料和被吸附的蒸气，一般也是成对使用，也称为工质对。

7.2 吸收式制冷与热泵系统

7.2.1 吸收式工质对（二元溶液）

（1）工质对。

两种可以相互溶解形成溶液的物质。

（2）工质对的要求。

两种物质互溶性好，且具有不同的沸点，在热量作用下，其中之一非常易于挥发。挥发时吸收热量，蒸气有较高的压力；在低温下蒸气又很容易溶解到溶液里，并形成较低的压力。经过一两百年的研究和筛选，人们能够找到最成功的吸收式制冷与热泵常用工质对，只有溴化锂水溶液和氨水溶液两种。

溴化锂水溶液的溴化锂是吸收剂，是高沸点物质，水是制冷剂，是低沸点物质。其制冷只能在0℃以上。

氨水溶液中的水是吸收剂，是高沸点物质，氨是制冷剂，是低沸点物质。可制出低于0℃的冷量。

溴化锂水溶液和氨水溶液都对金属材料有较强的腐蚀性，除了选用抗腐蚀的材料，溶液中添加缓蚀剂也非常重要。例如，溴化锂水溶液中含有 $0.05\%\sim0.2\%$ 的钼酸锂（Li_2MoO_4）或 $0.10\%\sim0.30\%$ 的铬酸锂（Li_2CrO_4）作为缓蚀剂。

（3）吸收式制冷循环与压缩式制冷循环的对比。

吸收式制冷循环仍然属于蒸气压缩式制冷循环，没有机械式的压缩机，而是用溶液的吸收和解析来实现蒸气的压缩过程。以工质氨为例，在吸收式制冷循环中其热力参数的变化，与在机械压缩式制冷循环是一样的，它们的不同点，见表7.2-1。

表 7.2-1   吸收式与压缩式的比较

比较项目	压缩式	吸收式
结构	压缩机	吸收器、溶液泵、发生器

比较项目	压缩式	吸收式
耗能类型	机械能	热能（蒸气、燃油、燃气、废热、余热）
制冷工质	制冷剂（氨、氟利昂）	工质对：吸收剂—制冷剂（溴化锂—水、水—氨）
热力计算	压缩式制冷热力计算	吸收式制冷热力计算

7.2.2 吸收式制冷（热泵）循环的原理和性能系数

用热力学循环分析，可以认为吸收式是由动力循环与制冷循环组成，有 3 个不同温度的热源。如图 7.2-1（a）所示，高温热源 T_H 和环境温度 T_0 组成动力循环，产生的功 W 驱动环境温度 T_0 和低温热源 T_L 组成的制冷热泵循环，实现了热量从 T_L 向 T_0 的输送，称为第一类吸收式制冷（热泵）循环。如图 7.2-1（b）所示，中温热源 T_m 和环境温度 T_0 组成动力循环，产生的功 W 驱动中温热源 T_0 和高温热源 T_H 组成的制冷热泵循环，实现了热量从 T_m 向 T_H 的输送，称为第二类吸收式制冷（热泵）循环。

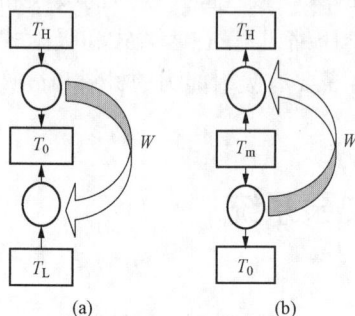

图 7.2-1 吸收式制冷（热泵）系统的原理图
（a）第一类吸收式制冷（热泵）；
（b）第二类吸收式制冷（热泵）

下面以第一类吸收式制冷热泵循环为例分析其性能系数。

理想条件下，热量的做功能力：

$$W_{p,max} = Q_H \eta_c = Q_H \left(1 - \frac{T_0}{T_H}\right) \tag{7.2-1}$$

利用此功可获得的最大冷量：

$$Q_{0,max} = W_{p,max} \varepsilon_c = Q_H \left(1 - \frac{T_0}{T_H}\right)\left(\frac{T_L}{T_0 - T_L}\right) \tag{7.2-2}$$

理想吸收式制冷循环的最大性能系数，是理想卡诺正循环的效率乘以理想卡诺逆循环的效率：

$$COP_{max} = \frac{Q_{0,max}}{Q_H} = \frac{T_H - T_0}{T_H} \frac{T_L}{T_0 - T_L} = \eta_c \cdot \varepsilon_c \tag{7.2-3}$$

而实际吸收式制冷循环的性能系数，是实际正循环的效率乘以实际逆循环的效率，其中特别要考虑传热温差引起的效率损失，因此比以上 COP_{max} 小得多。

吸收式制冷循环的性能系数 COP：制冷量比上热源所消耗的热量与消耗电功率之和。其值的单位以 kW/kW 表示，其中因溶液泵和风机水泵的耗电 W_p 从数量上相比 Q_0 和 Q_H 很小，有时可以忽略不计。

$$COP = \frac{Q_0}{Q_h + W_p} \approx \frac{Q_0}{Q_H} \tag{7.2-4}$$

7.2.3 水—溴化锂吸收式制冷与热泵

1. 溴化锂水溶液的性质

溴化锂的性质与氯化钠很相近，只是吸水性更强。溴化锂的沸点远高于水（常压下，水的沸点 100℃，溴化锂的沸点 1265℃），因而，溴化锂的饱和蒸气中只含有水蒸汽，不需要有精馏等分离过程。

溶液上面的水蒸汽是过热蒸汽。饱和状态下的溶液，溶液温度高于饱和压力所对应的制冷剂饱和温度。

溴化锂极易溶于水，可达 111.2g/100g 水。其饱和浓度随温度下降而下降。溴化锂水溶液具有很强的吸湿性或吸水性；操作时避免皮肤直接接触溶液或飞溅面部、眼里，因极强的吸湿性会造成皮肤或角膜损伤。溴化锂对金属具有较强的腐蚀性，需要加入缓蚀剂。

图 7.2-2 是溴化锂溶液结晶曲线图，图上显示如果在某浓度下降低溶液的温度，就会有晶体析出，影响正常运行（析盐现象）。溴化锂吸收式制冷机要求溴化锂浓度不低于 50%，一般在 60% 左右。溶液温度过低或浓度过高，均易发生结晶。图 7.2-3 是溴化锂溶液的温度—压力图，是循环计算用的基本图表。

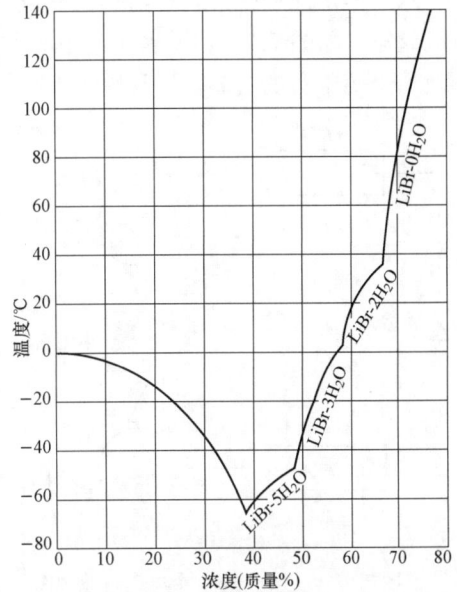

图 7.2-2　溴化锂溶液的结晶曲线

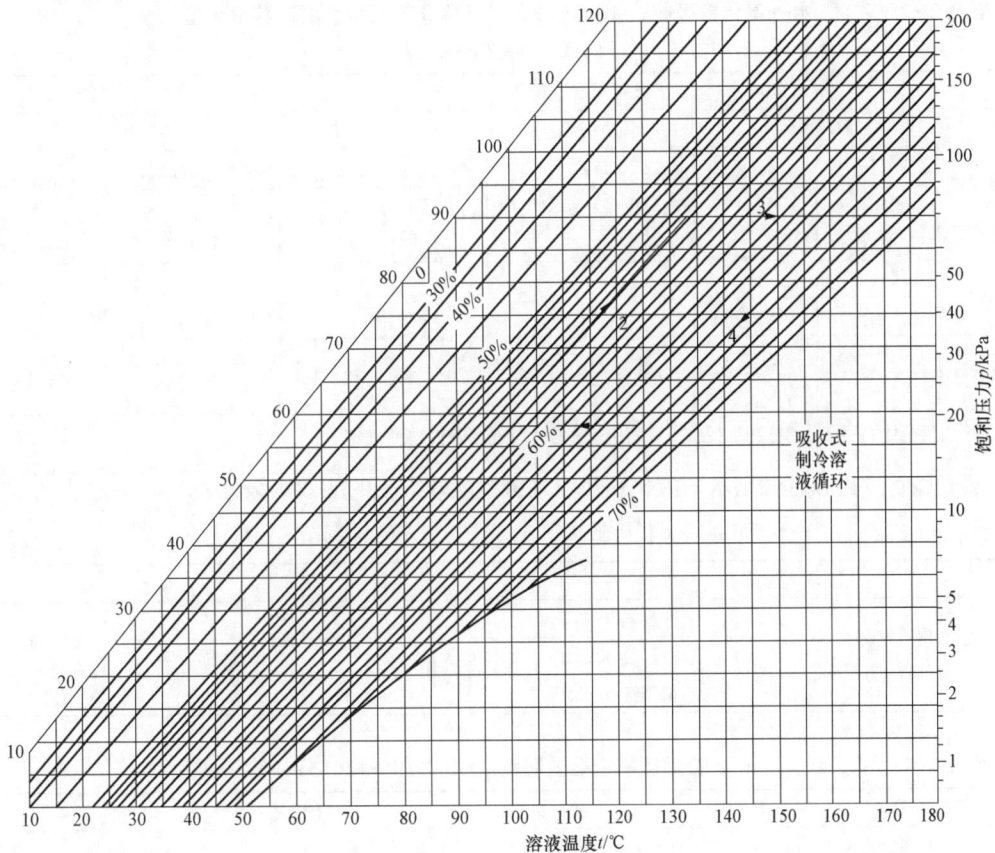

图 7.2-3　溴化锂溶液的温度—压力图

2. 水—溴化锂吸收式制冷与热泵的部件

水—溴化锂吸收式制冷与热泵的设备包括蒸发器、冷凝器、吸收器、发生器、溶液泵、节流阀等，如图 7.2-4 所示。其中吸收器吸收制冷剂水蒸汽，发生器加热、释放制冷剂，溶液热交换器实现内部能量利用，提高效率。溶液泵有对溶液加压作用（溶液泵是一种特殊设计的屏蔽泵），节流阀实现溶液的降压。二者组成溶液循环，起到压缩机的作用。另外冷凝器、节流阀 2 和蒸发器组成制冷剂循环，等同蒸气压缩制冷循环。化学压缩机包括：

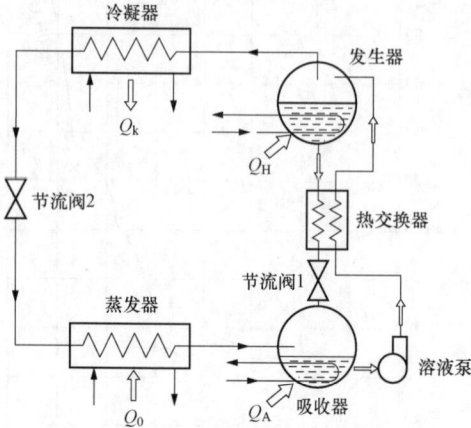

（1）吸收器：吸收制冷剂蒸汽。

（2）发生器：加热、释放制冷剂。

（3）溶液热交换器：内部能量利用，提高效率。

（4）溶液泵：加压作用（屏蔽泵特殊设计）。

3. 水—溴化锂吸收式制冷与热泵机组性能

水—溴化锂吸收式制冷机在热源型式上分为蒸气型和直燃型，机组在循环方式上分为单

图 7.2-4 吸收式制冷与热泵原理图

效型和双效型。通常制冷量为数百千瓦到数兆瓦。有关性能参数见表 7.2-2。

表 7.2-2 水—溴化锂吸收式制冷机名义工况参数范围和性能系数限定值
（GB/T 34620—2017）

型式	名义工况参数范围							性能系数限定值
	加热源侧		使用侧		热源侧			
	蒸气压力（表压）/MPa	燃料	热水		余热水		乏汽进口压力（绝对）/kPa	COP
			进口温度/℃	出口温度/℃	进口温度/℃	出口温度/℃		
单效	0.1~0.8	—	40~70	50~90	20~50	12~45	≥8	≥1.6
	—	燃气、燃油					—	
双效	0.1~0.8	—	20~45	45~65	20~50	12~45	—	≥2.15
	—	燃气、燃油						

注 机组全体名义工况参数值由制造厂和用户根据使用现场条件协商确定。

蒸气型制冷机和直燃型水—溴化锂吸收式机组能效等级的能效等级见表 7.2-3 和表 7.2-4。

表 7.2-3 水—溴化锂吸收式制冷机（GB 29540—2013）

能效等级		1	2	3
单位冷量蒸气耗量/[kg/(kW·h)]	饱和蒸气 0.4MPa	1.12	1.19	1.40
	饱和蒸气 0.5MPa	1.05	1.11	1.31
	饱和蒸气 0.8MPa	1.02	1.09	1.28

表 7.2-4 直燃型机组能效等级（GB 29540—2013）

能效等级	1	2	3
性能系数 COP/（W/W）	1.40	1.30	1.10

4. 水—溴化锂吸收式制冷循环的热力学计算

水—溴化锂吸收式制冷循环可参考图 7.2-5 所示的焓—浓度图，这也是环计算用的基本图表。现在所有计算已经编写了计算机程序，焓—浓度图类似机械压缩制冷的压焓图，列出相应的焓差公式，可以直观地进行编程。

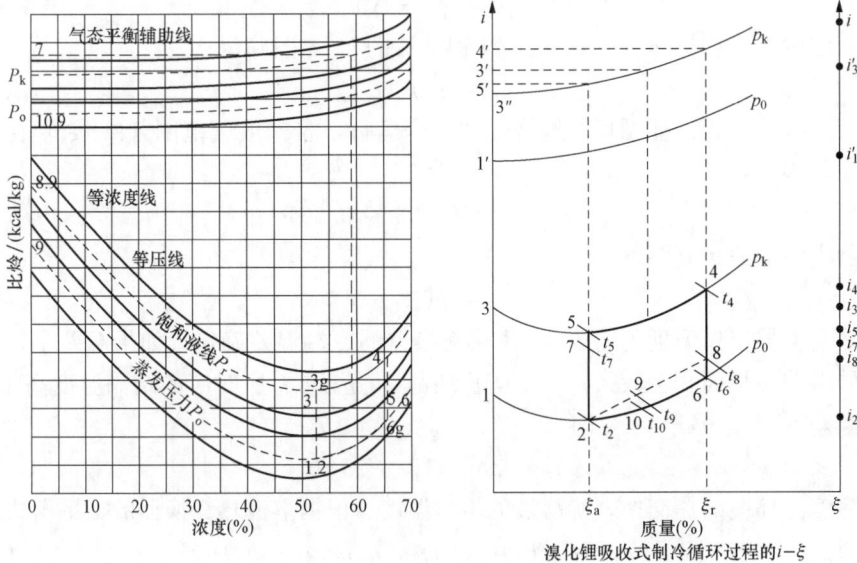

图 7.2-5 水—溴化锂吸收式制冷循环焓—浓度图

水—溴化锂吸收式制冷循环的热力学计算的基本过程：

（1）已知参数。

1）制冷量 Q_0，它是根据生产工艺或空调要求，同时考虑到冷损、制造条件以及运转的经济性等提出的。

2）冷媒水出口温度 t_x，它是根据生产工艺或空调要求提出的。由于 t_x 与蒸发温度 t_0 有关，若 t_0 下降，机组的制冷量及热力系数均下降，因此在满足生产工艺或空调要求的基础上，应尽可能地提高蒸发温度。对于溴化锂吸收式制冷机组，因为用水作为制冷剂，因此一般 t_x 大于 5℃。

3）冷却水进口温度 t_w 根据当地的自然条件决定。应该尽可能地使 t_w 低，以增强吸收效果，但由于存在溴化锂结晶的问题，t_w 并不是越低越好。

4）加热热源温度：考虑到废热利用、结晶和腐蚀等问题，采用 0.1～0.25MPa 的饱和蒸气或 75℃ 以上的热水作为热源比较合理。

（2）参数设定。

吸收器出口水温 t_{w1} 和冷凝器出口水温 t_{w2}；总温升一般取 7～9℃；

$$t_{w1} = t_w + \Delta t_{w1}(℃) \tag{7.2-5}$$

$$t_{w2} = t_w + \Delta t_{w1} + \Delta t_{w2}(℃) \tag{7.2-6}$$

冷凝温度 t_k 和冷凝压力 p_k：冷凝温度一般较冷却水出口温度高 2～5℃；

$$t_k = t_{w2} + (2～5)℃；\quad p_k = f(t_k) \tag{7.2-7}$$

蒸发温度 t_0 及蒸发压力 p_0：蒸发温度一般较冷媒水出口温度 t_x 低 2～4℃

$$t_0 = t_x - (2 \sim 4)\text{℃} \, ; \quad p_0 = f(t_0) \tag{7.2-8}$$

吸收器内稀溶液的最低温度 t_2：t_2 一般比冷却水出口温度高 3～5℃；

$$t_2 = t_w + \Delta t_{w1} + (3 \sim 5)\text{℃} \tag{7.2-9}$$

吸收器压力 p_a：流经挡板时有阻力损失，一般取 $\Delta p_0 = (10 \sim 70)\text{Pa}$；

$$p_a = p_a - \Delta p_0 \tag{7.2-10}$$

稀溶液浓度 ξ_a：根据 p_a 和 t_2，由溴化锂溶液的 $h-\xi$ 图确定；

$$\xi_a = f(p_a, t_2) \tag{7.2-11}$$

浓溶液浓度 ξ_r：为保证循环的经济性和安全运行，希望放气范围（$\xi_r - \xi_a$）在（0.03～0.06）之间，因此：

$$\xi_r = \xi_a + (0.03 \sim 0.06) \tag{7.2-12}$$

发生器内溶液的最高温度 t_4：

$$t_4 = f(\xi_r, p_g) \tag{7.2-13}$$

溶液热交换器出口温度 t_7 与 t_8：t_8 由热交换器的冷端温差确定，如果温差小，热效率虽然高，但要求的传热面积会较大；为了防止结晶，t_8 应比 ξ_r 所对应的结晶温度高 10℃以上，因此冷端温差取（15～25）℃，即

$$t_8 = t_2 + (15 \sim 25)\text{℃} \tag{7.2-14}$$

忽略溶液与环境的热交换，稀溶液的出口温度 t_7 根据溶液热交换器的热平衡式取定，

$$q_{mf}(h_7 - h_2) = (q_{mf} - q_{md})(h_4 - h_8) \tag{7.2-15}$$

$$h_7 = (1 - 1/a)(h_4 - h_8) + h_2 \quad [a = \xi_r/(\xi_r - \xi_a)] \tag{7.2-16}$$

$$(q_{mf} - q_{md} + q_m)h'_9 = (q_{mf} - q_{md})h_8 + q_m h_2 \tag{7.2-17}$$

$$(a - 1 + q_m/q_{md})h'_9 = (a - 1)h_8 + (q_m/q_{md})h_2 \tag{7.2-18}$$

$$f = q_m/q_{md} \tag{7.2-19}$$

制冷机中冷剂水的流量 q_{mw}：

$$q_{mw} = Q_0/q_0 \, ; \quad q_0 = h'_1 - h_3 \tag{7.2-20}$$

发生器热负荷 Q_g：

$$Q_g = (q_{mf} - q_{md})h_4 + q_{md}h'_3 - q_{mf}h_7 \tag{7.2-21}$$

冷凝器热负荷 Q_k：

$$Q_k = q_{md}(h'_3 - h_3) \tag{7.2-22}$$

吸收器热负荷 Q_a：

$$\begin{aligned} Q_a &= (q_{mf} - q_{md})h_8 + q_{md}h'_1 - q_{mf}h_2 \\ &= q_{md}[(a-1)h_8 + h'_1 - ah_2] \end{aligned} \tag{7.2-23}$$

溶液热交换器热负荷 Q_{ex}：

$$Q_{ex} = q_{mf}(h_7 - h_2) = (q_{mf} - q_{md})(h_4 - h_8) \tag{7.2-24}$$

热力系数（热源单耗）或一次能源利用率。

制取单位冷量消耗的驱动热源（蒸气、热水或燃气）数量：

制冷系数：$\qquad\qquad\text{COP} = Q_k/Q_0 \tag{7.2-25}$

制热系数：$\qquad\qquad\text{COP}_h = Q_k/Q_g \tag{7.2-26}$

式中　COP——溴化锂吸收式制冷循环的热力系数，无量纲；

　　　COP$_h$——溴化锂吸收式热泵循环的热力系数，无量纲；

Q_0——溴化锂吸收式制冷循环的冷量输出，kW；

Q_g——溴化锂吸收式制冷循环的驱动热源（蒸气、热水或燃气）数量，kW；

Q_k——溴化锂吸收式制冷循环的热量输出，kW。

通常在热力系数计算中可以不计算溶液泵和水泵风机的耗能。

对于制冷循环单效机性能系数 0.9，双效机性能系数 1.1~1.2，三效机性能系数 1.5~1.6（目前三效机没有大量生产）。

图 7.2-6 为蒸气型溴化锂吸收式制冷机原理和外形，图 7.2-7 是直燃型溴化锂吸收式制冷机的原理和外形。

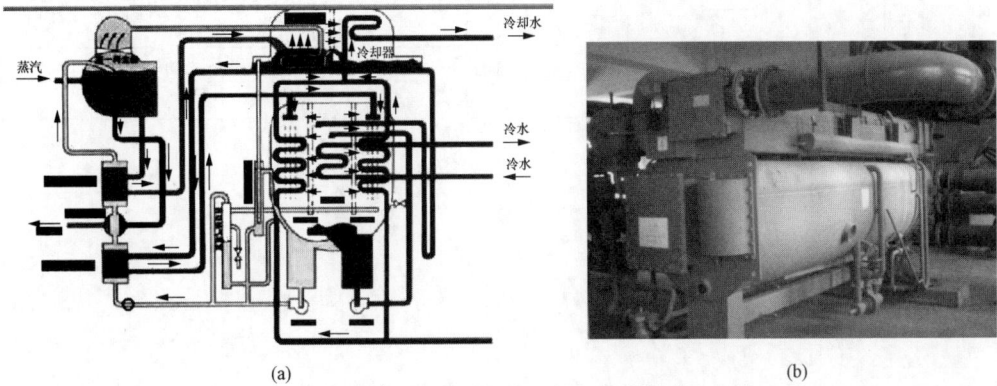

(a)　　　　　　　　　　　　　(b)

图 7.2-6　蒸气型溴化锂吸收式制冷机

(a) 原理图；(b) 实物

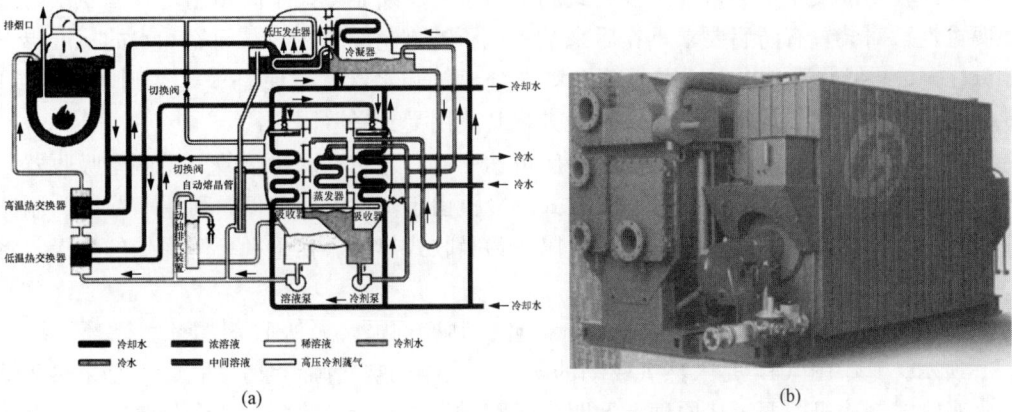

(a)　　　　　　　　　　　　　(b)

图 7.2-7　直燃型溴化锂吸收式制冷机

(a) 原理图；(b) 实物

5. 大型溴化锂吸收式热泵应用案例

大同市是一个以生产原煤为主的能源生产基地，由于煤炭资源丰富，价格便宜，厂矿企业、公共建筑、居民住宅冬季采暖主要由单位自建锅炉房供热。根据大同市热力责任有限公司调查资料统计，原有各种采暖小锅炉 1720 台，这些锅炉容量小、效率低、污染严重。经改造，该市国内首个采用"基于吸收式换热的热电联产集中供热技术"的城市级节能示范项目，对全市 200 多个换热站加装了吸收式大温差换热机组，使城市集中供热热网回水温度降低到 35℃左右，大幅度提高管网输送能力，同时低温回水也为电厂余热深度回收创造条件。同时，在 4 个热电厂实施了汽轮机乏汽余热回收，安装余热回收机组 12 台，实现了电厂余热全部回收，总回收量 1093MW，每年回收余热量 1.59×10^8 GJ，余热供暖面积达 2400 万 m^2。原理图如图 7.2-8 所示。

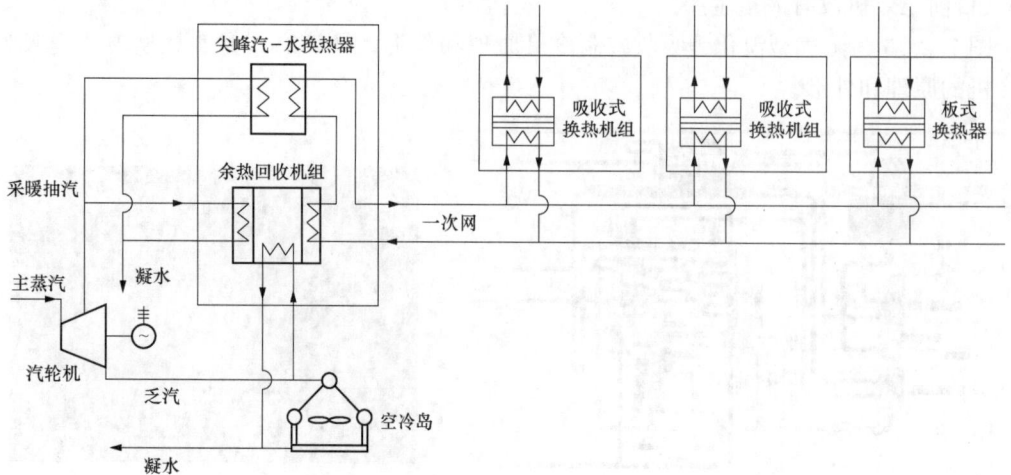

图 7.2-8　基于吸收式换热的热电联产集中供热技术原理图

7.2.4　氨—水吸收式制冷与热泵

在制冷技术的发展史上氨—水吸收式制冷与蒸气压缩制冷几乎同步出现，因氨水溶液有较强腐蚀性，对装置有防腐要求，在后来被机械压缩式制冷取代了。而氨和水的标准沸点虽然相差 133℃，但并不是很大，需要精馏塔来分离氨和水，才能使氨蒸气达到较高的纯度。因此除了一些大型化工厂等有大量余热地方，其应用受到一些限制。

单级氨水吸收式制冷机的蒸发温度一般可达−30℃左右；两级吸收（用两个吸收器）的蒸发温度则更低，可达−60℃。氨水吸收式制冷机由于蒸发温度较低，可用于冷冻、制冰和工业生产的低温过程，而利用其放热量可以成为吸收式热泵。在重视环境保护的今天，将得到广泛应用。

氨—水吸收式制冷系统内部包括两个循环：制冷剂循环及吸收剂循环。循环系统如图 7.2-9 所示。其中图（a）是天然气驱动的氨—水吸收式空气源热泵，图（b）是余热驱动的氨—水吸收式制冷机，两者从原理上无明显区别，只是前者是热泵，后者是制冷机，具体结构或容量不同，注意图（b）中的发生器和精馏器装配在一体。

其中吸收剂循环为：在发生器中，氨水浓溶液被天然气或其他热源加热，氨气从溶液中不断蒸发出来后溶液浓度降低，成为高温稀溶液，通过热交换器换热降温后经节流阀进入吸收器，在吸收器中稀溶液溶解吸收来自过冷器的氨气并放出热量成为氨水浓溶液。从吸收器出来的浓溶液经过热交换器降温后，再经溶液泵加压后送入精馏器，浓溶液被加热后一部分直接进入发生器提馏段，一部分进入吸收器的 GAX 高效换热器进行热交换。两部分浓溶液在换热后都回到发生器，进入下一个吸收剂的循环。

制冷剂循环：在发生器中，氨水浓溶液被加热，高温高压的氨蒸气被不断蒸发出来，然

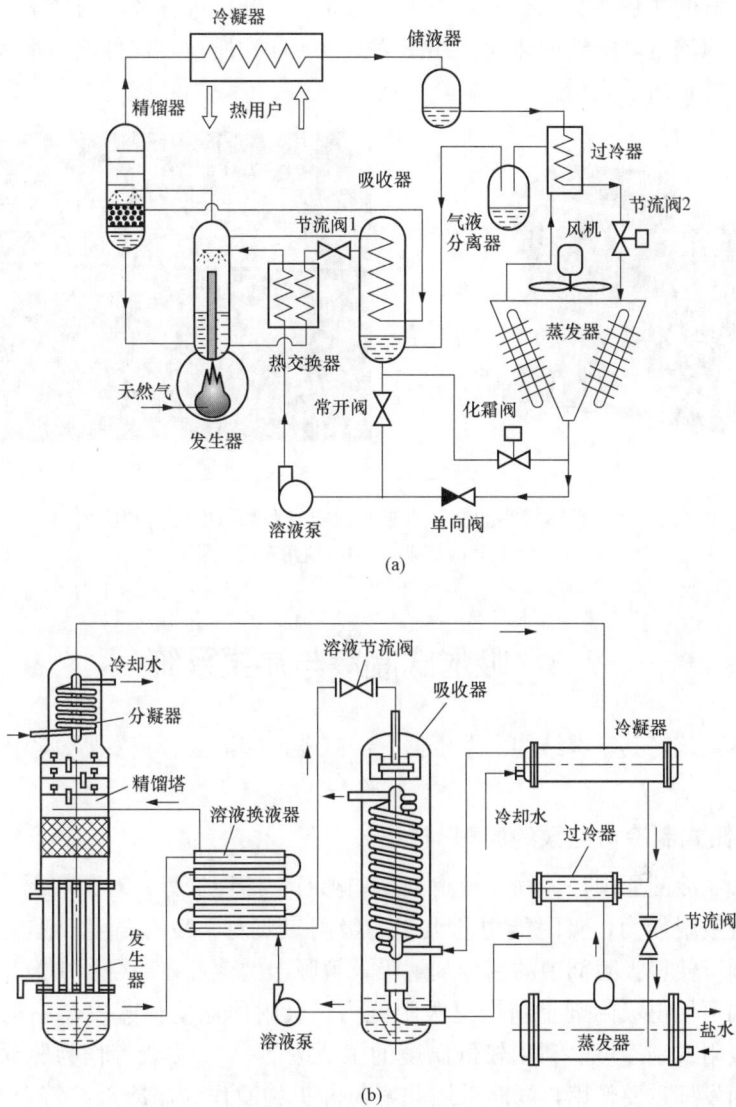

图 7.2 - 9　氨—水吸收式制冷系统
(a) 天然气驱动的氨—水吸收式空气源热泵；(b) 余热驱动的氨—水吸收式制冷机

后进入冷凝器，在冷凝器中经水冷换热器降温（热量被循环水取出，用于采暖、加热热水）后，冷凝为液氨进入过冷器，在图（a）中与来自翅片换热器的氨蒸气进行热量交换成为过冷的液氨，经膨胀阀节流后进入翅片换热器，吸收外界空气中的热量转化为低压氨蒸气，经过蒸发器变为低压过热的氨蒸气，然后进入吸收器被稀溶液吸收，变为浓溶液被泵输入发生器，进入下一制冷剂的循环。在图（b）中的蒸发器则是产生冷量的装置，冷凝器的热量可以利用，也可通过冷却塔释放到大气。

　　目前已有图 7.2 - 10（a）所示天然气燃烧驱动的氨—水吸收式空气源热泵产品，单机供热量可达 65kW。其可在 -30℃ 环境温度下制热，随环境温度升高，其 COP_h 有较大提高，天然气的平均一次能量利用率可达 1.6～1.8。由于整个系统不用电动压缩机，各换热器不用铜材料，用钢制的换热器实现氨工质的压缩，此外，升压用溶液泵的功率很小，因此整体造价低于常规工质的电动空气源热泵。如图7.2-10（b）所示，这种氨—水吸收式空气源热泵已经批量生产并走向了应用。

图7.2-10 天然气驱动氨—水吸收式空气源热泵的结构和应用现场
（a）内部结构；（b）应用现场

7.3 吸附式制冷与热泵系统

吸附式制冷系统，其基本结构由发生器、冷凝器、储液器、蒸发器、吸附器和阀门等部件组成。

7.3.1 吸附式制冷与热泵的原理

固体吸附式制冷的原理是：固体吸附剂（如沸石、活性炭等）对某些制冷剂（如水、甲醇等）蒸气具有吸附能力，吸附能力的大小与吸附工质对、吸附温度和吸附压力等紧密相关。加热吸附剂可使得吸附剂中的制冷剂解吸，解吸出的蒸气在冷凝器中放出热量凝结成液体；冷却吸附剂可使得吸附剂重新恢复吸附能力，吸附作用使得蒸发器中的制冷剂液体蒸发，从而制冷吸附式制冷可以利用较低温度的工业废热、太阳能等作为驱动热源。在能量回收及节能方面发挥重要作用，同时采用非氟氯烃类物质作为制冷剂。符合当前环保要求，固体吸附式制冷还具有结构简单、无运动部件、无噪声、抗震性能好及几乎不受地点限制等一系列优点，具有广泛的应用前景和价值。

7.3.2 吸附式工质对

已研究的吸附式工质对主要有：活性炭—甲醇/氨、沸石—水、硅胶—水、金属氢化物—氢（物理吸附）和氯化钙—氨（化学吸附）等，目前应用较多的是前两者。

吸附剂为多孔介质，市场上的吸附剂（如沸石、活性炭等）一般是粉状或颗粒状，由其填充成的吸附床的接触热阻大，导热性能差。可将吸附剂加工成圆片或圆柱等块状结构，这既有利于减少吸附剂与换热壁面的接触热阻，也改善了吸附床的传热性能，并增加吸附剂的填充量。对于一种具有高强度、高吸附性能和导热性能的以沸石为主的复合吸附剂块，试验表明，在相同的体积下，以该沸石块组成的吸附床的最大吸附量、吸附/解吸速度均比13X沸石颗粒床提高了约50%，而吸附床的导热系数则提高了约1倍。

7.3.3 太阳能驱动吸附式制冷循环

图 7.3-1 展示了一太阳能吸附式制冷系统，基本型循环采用 1 个吸附器，在吸附过程中产生冷效应，白天加热解吸，并利用对环境的放热实现制冷剂冷凝，没有太阳时吸附结束，晚上冷却吸附对应制冷剂蒸发制冷。该系统制冷循环过程可以在 p-T-x 图上表示，如图 7.3-2 中的 1—2—3—4—1 循环所示。为了连续制冷，可以采用 2 个或多个吸附器交替工作，这在太阳能空调的研究中具有重要意义。

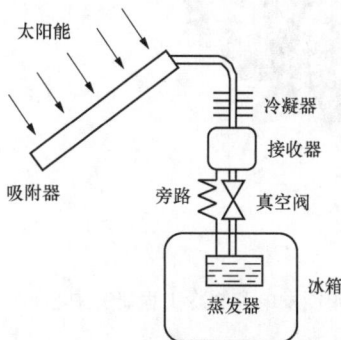

图 7.3-1　太阳能吸附式冰箱原理

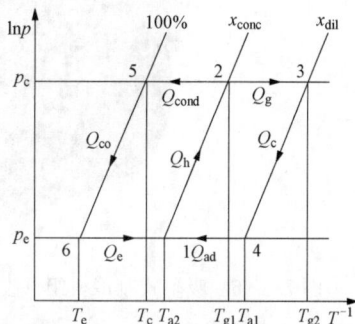

图 7.3-2　吸附式制冷循环的 p-T-x 图

如图 7.3-3 所示的连续回热型循环，2 个吸附器交替运行时，其中 1 台吸附器在吸附时可通过流体将一部分显热和吸附热传给另一台正在解吸的吸附器以实现回热，因此可节省一部分热量，提高了循环的效率。其热力循环流程可表示成图 7.3-4。对活性炭—甲醇系统的模拟计算得到，在蒸发温度、吸附温度和冷凝温度分别为 $-10\,℃$、$0\,℃$ 和 $30\,℃$ 的工况下，采用连续回热循环可使 COP 的最大值提高 30% 左右。

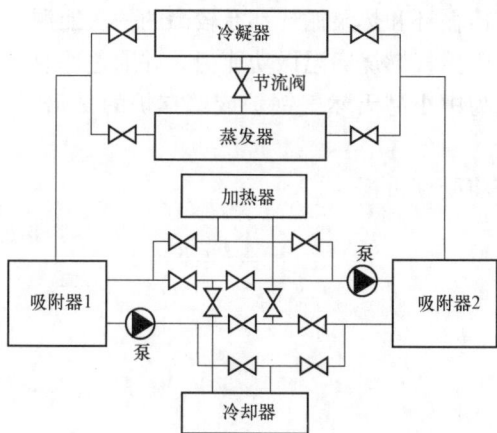

图 7.3-3　连续热回收吸附式制冷系统

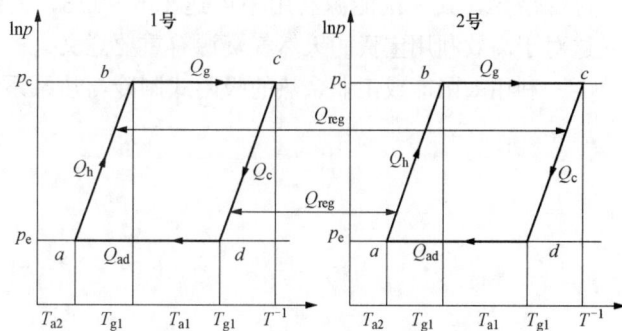

图 7.3-4　双热回收吸附式制冷循环

图 7.3-5 为吸附式制冷机实物，采用工业余热或太阳能等 $80\,℃$ 以下的热水驱动制冷。硅胶—水吸附式制冷机，当热水进口温度为 $80\,℃$，冷却水进口温度为 $30\,℃$，冷水出口温度为 $15\,℃$，其制冷功率为 $15\mathrm{kW}$，性能系数为 0.5。

图 7.3-5　吸附式制冷机组（上海交大太阳能发电和制冷工程研究中心）

本 章 小 结

　　吸收式和吸附式制冷与热泵循环采用热量作为驱动能源，通常是工业余热或太阳能、地热能等可再生能源，可以节约大量的电能。在结构上主要由热交换器组成，除工质溶液泵外，运转安静，无震动和噪声。系统可以在 20％～100％ 的范围内无级调节制冷量，具有优良的调节性能。所采用的循环工质都不破坏臭氧层，没有温室效应。

　　即使是用天然气燃烧加热，其热驱动的吸收式制冷循环和热泵循环都有较高的一次能源利用率，比如天然气驱动的氨水吸收式热泵，利用了天然气燃烧高温做功能力，并通过回收排烟余热，其一次能源利用率可达 1.6～1.8，大约为中小型天然气锅炉或壁挂炉的 2 倍，这对于高效利用宝贵的天然气资源有重要意义。

　　利用太阳能或工业余热的吸附式制冷与热泵系统将受到重视。

第8章 制冷与热泵系统及应用

制冷与热泵的应用非常广泛，其产品无论从品种、数量，还是从工作温度、产品可提供温度等，都数不胜数。在制冷与热泵的产品分类上，按照容量大小和温度高低，可以划分为电冰箱和冷柜，房间空气调节器，单元式空调机，多联式空调（热泵）机组，热泵热水机（器），冷水机（热泵）组，水（地）源热泵机组，冷冻冷藏机组，各种食品专用速冻机、冷饮机、雪糕冰激凌机等。本章选择十二类重点进行有关介绍。由于有关技术已经相对成熟，在性能介绍方面，将侧重有关产品的国家标准或行业标准。

8.1 电冰箱和冷柜

冰箱是最小的制冷设备，是用于食物或其他物品保持恒定低温态的产品，如图 8.1-1所示。现代电冰箱有前开门立式或上开门柜式等多种型式。

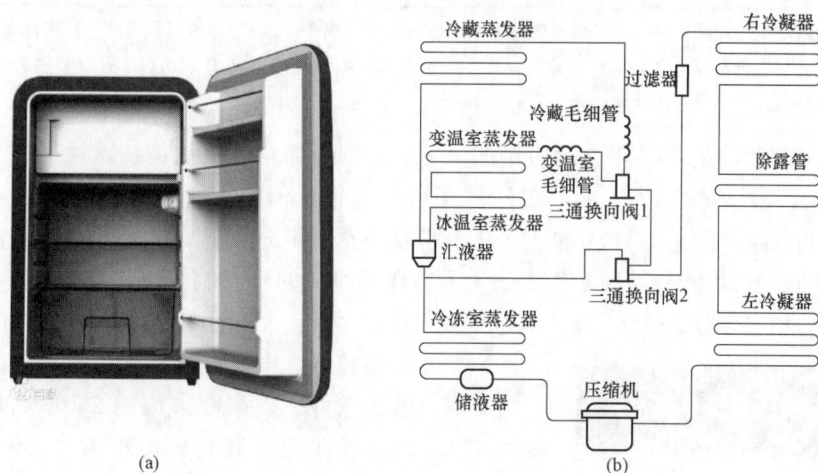

图 8.1-1 电冰箱的外观和原理
(a) 外观；(b) 原理

多数电冰箱结构都很简单，它基本上都是四大件即压缩机、冷凝器、毛细管节流阀和蒸发器组成，但都需要有干燥过滤器，有的还带有回热器提高能效。复杂一些的电冰箱其蒸发器至少有两个：一个在能保持 $-18℃$ 的冷冻箱，另一个在保持在 $0\sim10℃$ 的冷藏箱。随着冰箱产品越来越多，已经出现了多温冰箱。

电冰箱的产品种类很多，有很多分类方式。

8.1.1 产品功能分类

（1）单温冷藏储存式冰柜。

（2）单温冷冻储存式冰柜。

（3）双温冷冻冷藏储存式冰柜。

（4）单温冷冻冷藏可转化储存式冰柜。

8.1.2　制冷形式分类

（1）强制风冷式冰柜。

（2）直冷式冰柜。

（3）风直混合制冷式冰柜。

8.1.3　冰箱的星级分类

冰箱的星级分类见表 8.1-1。

表 8.1-1　　　　　　　　　　　　　　　冰箱的星级分类

级别	符号	冷冻室温度/℃	食品贮藏期限/d
一星级	☆	高于−6	7
二星级	☆☆	不高于−12	30
三星级	☆☆☆	不高于−18	90
四星级	☆☆☆★	不高于−18	90

注　俗称的四星级冰箱并不是真正的四星级冰箱（冷冻室温度不高于−24℃），可以称为高三星级冰箱，识别标志为框中三星与底色不同的另一星并行排列，其中三星表示冷冻室温度不高于−18℃，另一星则表示有冻结能力。冷冻箱和双门或多门冷冻冷藏箱多为高三星级。

电冰箱用的制冷剂，早年广泛应用的是 R12，因破坏臭氧层被淘汰，目前绝大多数电冰箱采用 R600A（异丁烷）为工质，虽然属于可燃气体，但充灌量仅几十克，万一泄漏也不会造成多大的危险，只是在冰箱的生产线上需要注意安全防火。电冰箱箱体的保温层是聚氨酯发泡，用的发泡剂也从早年的 R11 改为不破坏臭氧层的环戊烷等替代物质。

电冰箱的用电效率一般以日耗电（kW·h/d）为准。早期的电冰箱产品，由于压缩机效率较低，电冰箱的保温结构比较简单，其能效比较低。以家庭常用的 200L 双开门四星级电冰箱为例，其日耗电约为 1.2～1.4kW·h 电。目前，由于各方面技术的进步，日耗电已经降到 0.6kW·h 以下，效率提高了 100%。

我国于 2003 年首先对电冰箱实施了能效等级标准。该标准不仅规定了电冰箱在标准状况下耗电量限定值，并且规定了电冰箱的能效等级为 1～5 级，其中 1 级是最高效的产品；2 级代表节能型产品的门槛，即节能评价值，节能产品认证技术需要达到的要求；3、4 级代表中国的平均水平；5 级产品是未来淘汰的产品，如图 8.1-2 所示。

在一般食品商店或超市有两类食品展示

图 8.1-2　电冰箱的能源效率标识

柜，冷藏柜（奶制品、鸡蛋等）和冷冻柜（鱼虾肉品），可能是单体制冷系统，也可能是中央式冷冻系统（在展示柜中只有蒸发器，有集中的压缩冷凝机组和冷却塔），在此不再赘述。

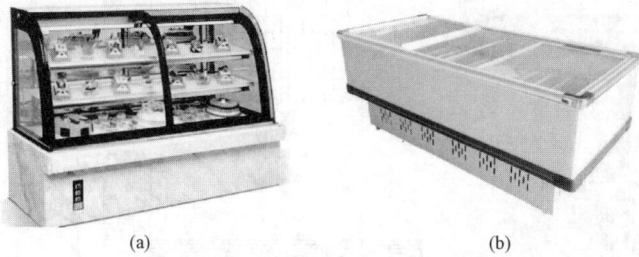

图 8.1-3　食品冷藏展示柜和冷冻展示柜
(a) 冷藏展示柜；(b) 冷冻展示柜

随着我国食品制冷设备品种的增加，我国制定了《商用制冷器具能效限定值和能效等级》（GB 26920—2015），规定了商用冷柜能效限定值、能效等级、节能评价值、试验方法、检验规则和能效等级标注。

另外，我国的房间空调器、单元式空调机、冷水（热泵）机组、水源热泵机组、热泵热水机等制冷与热泵产品都有相关的能效标准。其中，大多数是 3 级能效等级，1 级是最高效的产品；2 级代表节能型产品即节能评价值，3 级是能效限定值即入门级。所有能效标准的节能水平在施行若干年以后还会修正以进一步提高，以推动我国制冷与热泵产品节能技术的发展。

8.2　房间空调器与单元式空调机

房间空调器（又称房间空气调节器）和单元式空调机都是向房间或建筑区域直接提供经过处理空气的设备，通常可简称为空调器和空调机。本书在讲述两者共性的时候，统称为空调器（机）。二者主要包括制冷和除湿用的制冷系统以及空气循环和过滤装置（它们可组装在一个箱壳内或设计成一起使用的组件系统）。通过四通阀转换制冷系统制冷剂运行流向，当从室外低温空气吸热并向室内放热时，称为热泵。

房间空调器的制冷量小于 14kW，单元式空调机制冷量大于或等于 7kW，两者在 7～14kW 有交集，必然在分类方式和性能指标上基本一致。单元式空调机在行业习惯上也称为商用空调或模块机。

房间空调器和单元式空调机的热源侧一般是空气源，也有水源的可能，但在终端系统的载冷（热）剂一般是空气。图 8.2-1 为典型的分体式房间空调器。

8.2.1　房间空调器分类

房间空调器的类型繁多，有多种分类方式。

1. 按结构分类

整体式，其代号 C；整体式空调器结构分为窗式（其代号省略）、穿墙式等。

分体式，其代号 F；分体式空调器分为室内机组和室外机组。类型：窗式、分体式、柜式等。

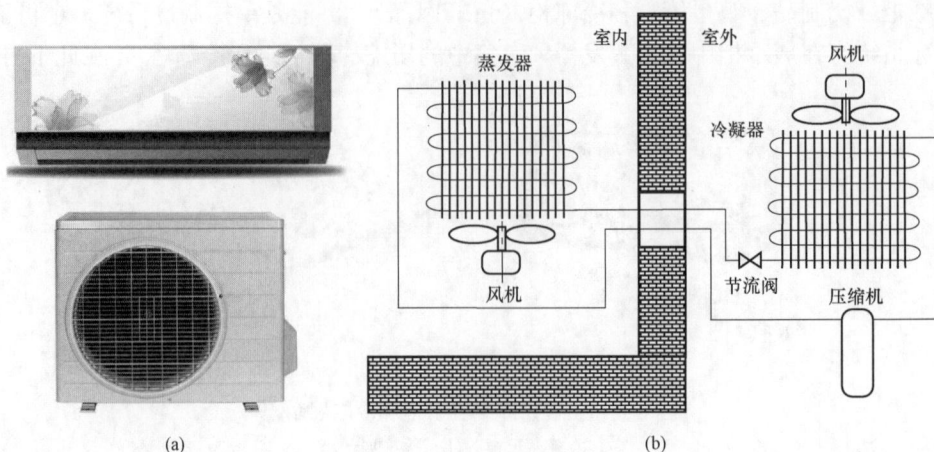

图 8.2-1　分体式房间空调器
（a）外观图；（b）系统图

一拖多空调器。

2. 按功能分类

冷风型，其代号省略（制冷专用）。

热泵型，其代号 R（包括制冷、热泵制热，制冷、热泵与辅助电热装置一起制热、制冷、热泵和以转换电热装置与热泵一起使用的辅助电热装置制热）。

电热型，其代号 D（制冷、电热装置制热）。

3. 按冷却方式分类

空冷式，室外换热器与外部空气进行热交换，是最常见的型式，其代号省略。

水冷式，室外换热器与外部水源进行热交换，是比较少见的型式，其代号 S。

4. 按压缩机控制方式分类

转速一定（频率、转速、容量不变）型，简称定频型，其代号省略。

转速可控（频率、转速、容量可变）型，即转速可控型房间空调器，简称变频型，其代号 Bp。

容量可控（容量可变）型，简称变容型，其代号 Br。

5. 按使用气候环境（最高温度）分类

考虑夏季的气候分区，空调器的气候类型和工作的环境温度见表 8.2-1。

表 8.2-1　　　　　　　　　　空调器的气候类型和工作的环境温度

空调器型式	气候类型		
	T1	T2	T3
	温带气候	低温气候	高温气候
冷风型	18～43℃	10～35℃	21～52℃
热泵型	−7～43℃	−7～35℃	−7～52℃
电热型	≤43℃	≤35℃	≤52℃

空调器产品型号及含义如下：

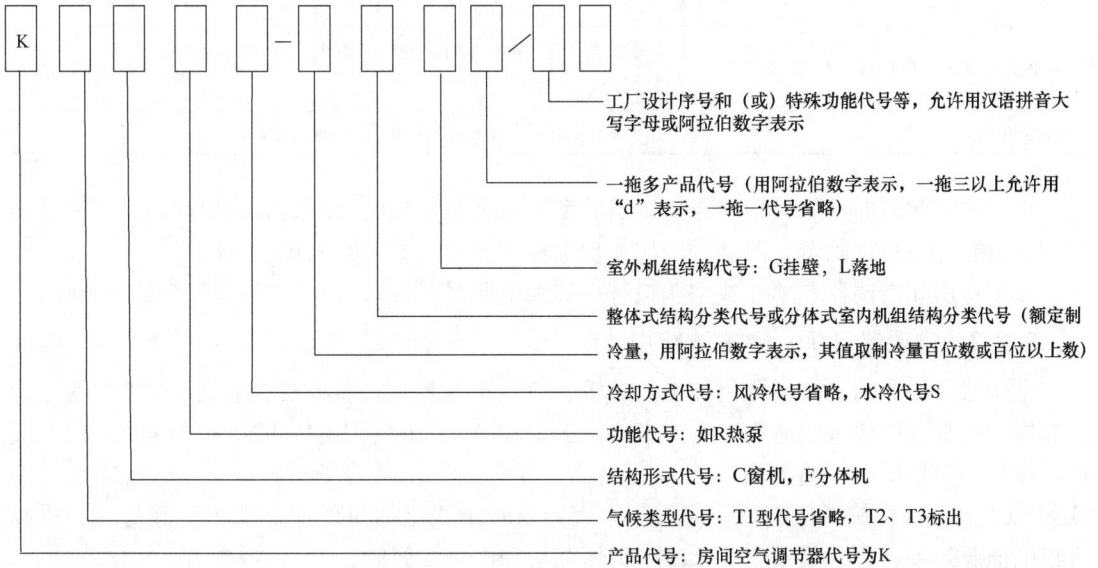

工厂设计序号和（或）特殊功能代号等，允许用汉语拼音大
写字母或阿拉伯数字表示

一拖多产品代号（用阿拉伯数字表示，一拖三以上允许用
"d"表示，一拖一代号省略）

室外机组结构代号：G挂壁，L落地

整体式结构分类代号或分体式室内机组结构分类代号（额定制
冷量，用阿拉伯数字表示，其值取制冷量百位数或百位以上数）

冷却方式代号：风冷代号省略，水冷代号S

功能代号：如R热泵

结构形式代号：C窗机，F分体机

气候类型代号：T1型代号省略，T2、T3标出

产品代号：房间空气调节器代号为K

型号示例：

例 1：KT3C-35/A

表示 T3 气候类型、整体（窗式）冷风型房间空气调节器，额定制冷量为 3500W，第一次改型设计。

例 2：KFR-28GW

表示 T1 气候类型、分体热泵型挂壁式房间空气调节器（包括室内机组和室外机组），额定制冷量为 2800W。最后的 G 表示挂壁，W 表示室外机。

例 3：KFR-50LW/Bp

表示 T1 气候类型、分体热泵型落地式变频（Bp）房间空气调节器（包括室内机组和室外机组），额定制冷量 5000W。最后的 L 表示落地，W 表示室外机。

8.2.2 单元式空调机分类

由于单元式空调机的容量范围从小到大，安装方便，除去在一般分类中可参考房间空调器的分类方式，它还有很多扩展类型，见表 8.2-2。

表 8.2-2　　　单元式空调机的扩展机型（GB/T 17758—2010 单元式空调机）

名　　称	特　征	备注
风管送风空调（热泵）机组 GB/T 18836	通过风管向密闭空间、房间或区域直接提供集中处理空气的设备	简称风管机
计算机和数据处理机房用单元式空调机组 GB/T 19413	向机房等提供诸如空气循环（大风量）、空气净化、冷却（全年提供）、再加热及湿度控制的单元式空调机组	
洁净手术室用空调机组 GB/T 19569	向手术室和为其服务的区域或其他类似的有生物控制要求的场所直接提供处理空气的专用设备	
低温单元式空调机组 GB/T 20108	用于低温工况（5～-18℃）下向密闭空间内提供处理空气的设备	可能有更多的低温工况

名　称	特　征	备注
屋顶式空气调节机组 GB/T 20738	安装于屋顶上并通过风管向密闭空间、房间或区域直接提供处理空气的设备	简称屋顶机
除湿机 GB/T 19411	向密闭空间、房间或区域提供空气湿度处理的设备	

单元式空调机的型号：早年与空调器的型号命名是一致的，新版标准规定空调机型号的编制可由制造商自行确定，但型号中应体现本标准名义工况下空调机的制冷量。

以下将房间空调器和单元式空调机统一称为空调器（机），因为它们有很多的一致性。

8.2.3　空调器（机）的主体结构

空调器（机）的主体结构仍然由压缩机、冷凝器、节流阀和蒸发器组成，都需要有干燥过滤器，热泵型的通过四通换向阀改变冷热工况和除霜。所采用的压缩机基本是全封闭压缩机，在较小容量即电机输入功率 2kW（俗称 3 匹）以下，是转子型压缩机，电机输入功率 2kW 以上，多为涡旋式压缩机，但近年来大容量转子式压缩机的应用有上升趋势。为提高机组的能源效率，普遍采用直流永磁变频压缩机和电子膨胀阀。

传统的空调器（机）几乎都是用 R22 作为制冷剂，现在由于 R22 逐年淘汰，已经基本采用 R410A，并逐渐向 R32（较大容量）和 R290（较小容量）过渡。

8.2.4　空调器（机）的主要用能指标

本节的性能指标，对于空调器和空调机是通用的，无论在原理和测试方法上基本一致。

空调器（机）的测试条件，即室内外温度、湿度等参数，有额定工况的其他规定工况。额定工况是指制冷与热泵装置在一种约定工作温度条件下的运转工况。在 T1 温带气候下，中国空调额定工况是室外温度为 35℃，室内干球温度 27℃，湿球温度 19℃。本节主要介绍能源效率指标。注意制冷量、制热量和输入功率是通过热源侧或电源侧进行精确测量，不是循环内部工质的热力计算。

1. 能效比（EER）

在额定工况和规定条件下，空调器进行制冷运行时，制冷量与有效输入功率之比，其单位用 W/W 表示，可以不标。

$$EER = \frac{Q_0}{W_0} \tag{8.2-1}$$

式中　Q_0——制冷量（制冷能力），空调器在额定工况和规定条件下进行制冷运行时，单位时间内从密封空间、房间或区域内除去的热量总和，W；

　　　W_0——制冷消耗功率，空调器在额定工况和规定条件下进行制冷运行时，所输入的总功率，W。

2. 性能系数（COP）

在额定工况（高温）和规定条件下，空调器进行热泵制热运行时，制热量与有效输入功率*之比，其单位用 W/W 表示，可以不标。

$$COP = \frac{Q_k}{W_k} \tag{8.2-2}$$

式中　Q_k——制热量（制热能力），空调器在额定工况和规定条件下进行制热运行时，单位时间内送入密闭空间、房间或区域内的热量总和，W；

W_k——制热消耗功率，空调器在额定工况和规定条件下进行制热运行时，所消耗的总功率，W。

注：只有热泵制热功能时，其制热消耗功率称为热泵制热消耗功率。

＊有效输入功率指在单位时间内输入空调器内的平均电功率。其中包括：

①压缩机运行的输入功率和除霜输入功率（不用于除霜的辅助电加热装置除外）；

②所有控制和安全装置的输入功率；

③热交换传输装置的输入功率（风扇、泵等）。

部分负荷工况指的是空调或热泵在偏离额定工况负荷减少时的工作条件。比如制冷量包括额定制冷量、额定中间制冷量、最大制冷量及最小制冷量。而空调器（机）的季节性能也很重要。

3. 制冷季节能源消耗效率（SEER）

制冷季节期间，空调器进行制冷运行时从室内除去的热量总和与消耗电量的总和之比。

$$SEER = \frac{CSTL}{CSTE} \qquad (8.2-3)$$

式中　CSTL——制冷季节总制冷量，制冷季节期间，空调器进行制冷运转时所产生的冷量总和，W；

CSTE——制冷季节耗电量，制冷季节期间，空调器进行制冷运转时所消耗的电量总和，W。

4. 制热季节能源消耗效率（HSPF）

制热季节期间，空调器进行热泵制热运行时，送入室内的热量总和与消耗电量的总和之比。

$$HSPF = \frac{HSTL}{HSTE} \qquad (8.2-4)$$

式中　HSTL——制热季节总制热量，制热季节期间，空调器进行制冷运转时所产生的热量总和，W；

HSTE——制热季节耗电量，制热季节期间，空调器进行热泵制热运转时所消耗的电量总和，W。

5. 全年能源消耗效率（APF）

空调器在制冷季节和制热季节期间，从室内空气中除去的冷量与送入室内的热量的总和与同期间内消耗电量的总和之比。

$$APF = \frac{CSTL + HSTL}{CSTE + HSTE} \qquad (8.2-5)$$

$$APC = CSTE + HSTE \qquad (8.2-6)$$

式中　APC——全年运转时季节耗电量，制冷季节时的制冷季节耗电量与制热季节时的制热季节耗电量之总和。

而空调器（机）的季节性能系数，理论上应该把在一个季节的所有室外温度下的性能都测量一下，实际上是不可能的。一般是通过线性回归简化成若干特征点进行测试，再计算出来。具体可参考 GB/T 7725，不再赘述。

8.2.5　空调器（机）的性能测试

空调器（机）在运行时，将面临环境温度和湿度的变化，而在房间或建筑区域内，也可能有不同温、湿度的要求。为此，在一个人工环境中进行性能的测量，通常使用的方法有两类：一是平衡环境型房间式量热计，也称为房间热平衡装置，一般进行小型空调器的测试；二是焓差室，可针对不同容量和环境温度要求进行，两种测量装置的范例如图 8.2-2 所示。

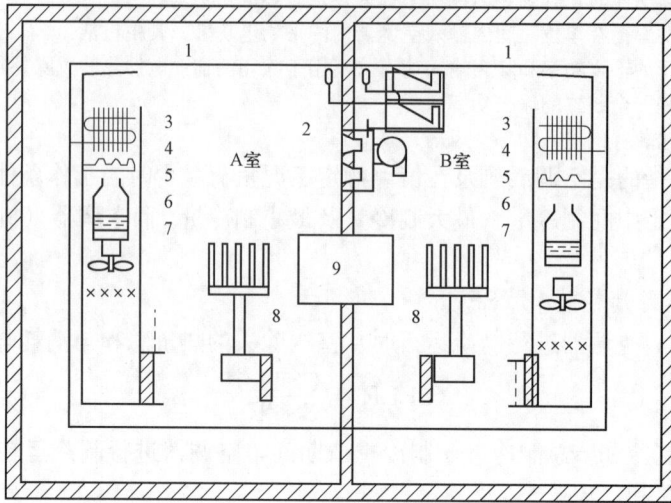

(a)

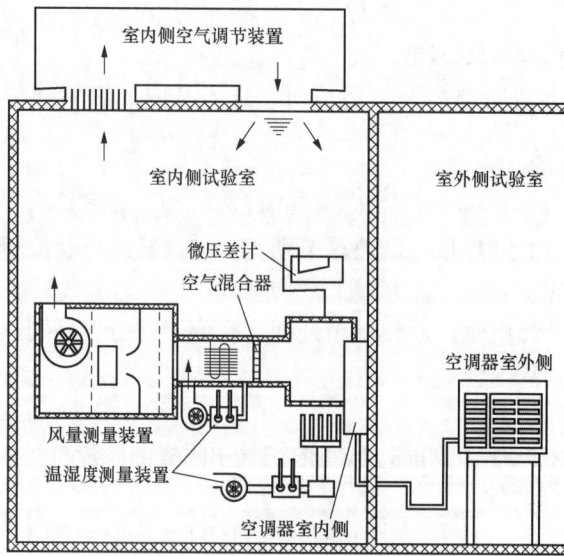

(b)

图 8.2-2 空调器（机）的性能测量装置

（a）平衡环境型房间式量热计；（b）空气焓差法试验室

1—温度可控的套间；2—压力平衡装置；3—冷却盘管；4—加热器；5—加湿器；6—风机；7—混合器；
8—空气取样器；9—被测空调器

平衡环境型房间式量热计是由两间相邻、中间有隔墙的房间所组成的试验装置，两个房间分别作为室内侧和室外侧，每个房间内安装一套空气处理机组，用于控制各个房间内的空气状态。另外，室内侧含有一套风量测定装置，用于测量被测机的风量和出口焓，风量测定装置包含静压箱、接收室、喷嘴和引风机等。

焓差室全称空气焓差法试验室，是以空气焓差法为原理建造的测定空调机制冷、制热能力的试验室。组成包括：试验室外围保温结构、空气处理机组、温湿度采样系统、空气流量测量装置、试验室测量控制系统、测量数据采集系统。

空调器（机）在测量装置中进行测试，在用能效率方面有很多项。表 8.2-3 列出的试验工况，仅是一部分，具体可参考国家标准 GB/T 7725。

表 8.2-3
试 验 工 况

工况条件			室内侧回风状态/℃		室外侧进风状态/℃		水冷式进、出水温/℃	
			干球温度	湿球温度	干球温度	湿球温度	进水温度	出水温度
制冷运行	额定制冷	T1	27	19	35	24	30	35
		T2	21	15	27	19	22	27
		T3	29	19	46	24	30	35
	最大运行	T1	32	23	43	26	34	与制冷能力相同的水量
		T2	27	19	35	24	27	
		T3	32	23	52	31	34	
	冻结	T1			21	—		21
		T2	21	15	10			10
		T3			21			21
	最小运行		21	15	制造厂推荐的最低温		10	（或 21）
	凝露 冷凝水排除		27	24	27	24	—	27

随着我国对环境空气质量要求的不断提高和热泵技术的进步，热泵型空调器（机）得以大力发展，其冬季工作温度已经达 -12℃，甚至在 -20℃ 或更低（参见低环境温度空气源热泵）。

表 8.2-4 是房间空气调节器能效限定值和能效等级（摘自 GB 12021.3—2010），都是在空调机的额定工况条件（表 8.2-2）下测量的，注意有关规定不适合变频空调。

表 8.2-4
房间空调器 EER（摘自 GB 12021.3—2010）

类型	额定制冷量 CC	EER		
		1	2	3
整体式		3.30	3.10	2.90
分体式	CC≤4500W	3.60	3.40	3.20
	4500W＜CC≤7100W	3.50	3.30	3.10
	7100W＜CC≤14 000W	3.40	3.20	3.00

由于转速可控型即变频空调适合变化的天气，或是适合房间内部负载（如人数、发热的设备）变化的情形，越来越多的房间空调器采用变频压缩机，特别是直流永磁变频压缩机，空调的用能效率和舒适度都得以较大幅度提高。

表 8.2-5 是单冷式转速可控型房间空气调节器能效等级 SEER（GB 21455—2013），表 8.2-6 是热泵型转速可控型房间空气调节器的能效等级 APF（GB 21455—2013）。

表 8.2 - 5　单冷式转速可控型房间空气调节器能效等级 SEER（摘自 GB 21455—2013）

类型	额定制冷量 CC	制冷季节能源消耗效率 SEER 能效等级		
		1	2	3
分体式	CC≤4500W	5.40	5.00	4.30
	4500W＜CC≤7100W	5.10	4.40	3.90
	7100W＜CC≤14 000W	4.70	4.00	3.50

表 8.2 - 6　热泵型转速可控型房间空气调节器能效等级 APF（摘自 GB 21455—2013）

类型	额定制冷量 CC	全年能源消耗效率 APF 能效等级		
		1	2	3
分体式	CC≤4500W	4.50	4.00	3.50
	4500W＜CC≤7100W	4.00	3.50	3.30
	7100W＜CC≤14 000W	3.70	3.30	3.10

表 8.2 - 7 是单元式空调机的能源效率等级指标（GB/T 19576—2019），仍然是早年 5 级能效，1 级是最高能效，2 级是节能值，5 级是限定值。

表 8.2 - 7　单元式空调机的能效等级指标（摘自 GB/T 19576—2019）

类型				能效等级		
				1	2	3
风冷式单元式空调机	单冷型 [SEER, W·h/(W·h)]		7000W≤CC≤14 000W	4.50	3.80	2.90
			CC＞14 000W	3.60	3.00	2.70
	热泵型 [APF, W·h/(W·h)]		7000W≤CC≤14 000W	3.50	3.10	2.70
			CC＞14 000W	3.40	3.00	2.60
水冷式单元式空调机 (IPLV, W/W)			CC＞14 000W	4.50	4.30	3.70
			000W≤CC≤14 000W	4.00	3.70	3.30
计算机和数据处理机房用单元式空调机 （AEER, W/W）			风冷式	4.00	3.60	3.00
			水冷式	4.20	4.00	3.50
			乙二醇经济冷却式	3.90	3.70	3.20
			风冷双冷源式	3.60	3.40	2.90
			水冷双冷源式	4.30	3.90	3.40
普通基站用单元式空气调节机（COP, W/W）				3.20	3.00	2.80
恒温恒湿型单元式空气调节机（AEER, W/W）				4.00	3.70	3.00

8.3　多联式空调（热泵）机组

一台或数台风冷室外机可连接数台不同或相同型式、容量的室内机，构成多压缩机和多室内机的制冷或热泵循环系统，可以向一个或数个建筑区域直接提供处理后的空气，称为多联式空调（热泵）机组（简称为多联机）。

传统的中央空调系统通常是水—水制冷循环系统，室外连接冷却塔进行散热，室内用冷水通往风机盘管实现房间空调。冬天的冷却塔一般不能作为热源，所以供暖系统的热源可能是各种锅炉，室内的风机盘管可以流通热水对室内进行供热。这个系统的缺点是不言而喻的。多联机采用空气作为外界热源，用制冷剂作为载冷（热）剂向房间供冷（热），可采用四通换向阀实现热泵工况，制冷工况以及除霜工况的转换，这种机组近年得到广泛应用。

多联式空调（热泵）机组（GB/T 18837）与房间空调器（GB/T 7725）和单元式空调机（GB/T 17758）在循环原理、制冷剂的选取、结构配置、性能指标和测试方法等方面有很大的相似性，两者最大的不同就是多联机用制冷剂将冷热量送到多个室内机（多蒸发器），单元式空调机是一个蒸发器处理空气，用风管送到房间。在房间空调器有一拖多式，当制冷量小于 7kW 时，属于房间空调器；制冷量为 7~14kW 时，可归于房间空调器，也可归为多联式空调机。当制冷量大于 14kW 时就一定归类为多联式空调机。由于城市用水越来越紧张，传统的以冷却塔和风机盘管为系统外热源的中央空调，逐步被多联机替代。出现一拖 16、一拖 32、64 甚至更多的多联式机型。

多联式空调（热泵）机组有多种类型，如热回收型多联式空调（热泵）机组。

按功能分为：单冷型、热泵型、热回收型。

按机组室内机的结构形式分为：落地式、壁挂式、吊顶式、嵌入式、暗装式、风管式。

按冷凝器的冷却方式分为：水冷式、风冷式；其中，水冷式机组按热源方式分为：水环式、地下水式、地表水式和地埋管式。

按送风型式分为：直接吹出型、接风管型。

按空调机能力调节特性分为：定容型、非定容（变频）型。

多联式空调（热泵）机组的型号：机组型号的编制可由制造商自行确定，但型号中应体现名义工况下机组的制冷量。

在性能指标方面，因为多联机以制冷剂为载冷剂，直接向房间内换热，与房间空调器一致。所以房间空调器的性能指标，可直接用于多联式空调（热泵）机组，如名义工况的 EER、COP 等。还有季节性能指标，如 SEER、HSPF 和 APF 等。

图 8.3-1 给出的是在 GB/T 18837—2015 中规定的多联式空调（热泵）机组的测试方法，也表示了安装方法。

按图 8.3-1（a）、（b）、（c）或（d）所示的连接方式和要求连接室内机和室外机；试验组合的配管长度（从室外机组到各台室内机组的管线长度）应不小于图 8.3-1（a）、（b）、（c）或（d）的要求或制造厂规定。分配器的型式不限。

多联式空调机组相对于下节论述的冷水（热泵）机组，根本不同在于终端载冷（热）剂，可以说前者是氟（利昂）系统，后者是水系统。氟系统减少了一次换热损失，采用变频压缩机和电子膨胀等微电脑控制部件，可以实现空调系统的自动控制，对于可回收热量的空调系统，比四管制风机盘管系统简单易控，对于较小的系统有较高的能源效率。但近年来多联机的安装和使用中也发现，由于安装管道在水平方向达 100~200m，垂直方向 20~30m，制冷剂的实际流动损失较大，单位制冷量的工质充灌量（称为充灌比）在这种制冷与热泵系统中是最高的，当终端过多时管路安装的连接处也很多，在应用中应该有一个最佳的容量和工作区域。

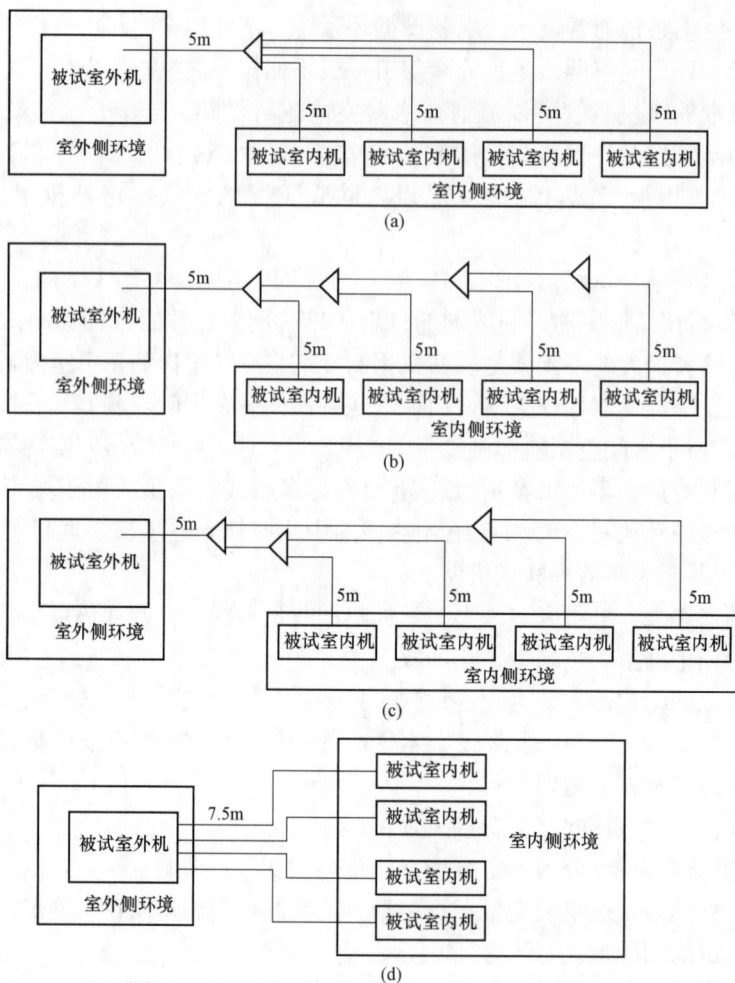

图 8.3-1　多联式空调（热泵）机组的测试和安装示例

8.4　冷水（热泵）机组

冷水（热泵）机组国家标准名称为：蒸气压缩循环冷水（热泵）机组，分工业或商业用途（制冷量 50kW 以上）和户用（制冷量 50kW 以下）两大类。它们共同的特征是用户端供应的是冷水或热水，而不是冷风或热风。

8.4.1　冷水（热泵）机组的分类

冷水（热泵）机组的室外热源侧可以是水源，也可以是空气，但室内侧是冷（热）水循环系统，终端是风机盘管（冷热两用），单独供冷有冷辐射板或冷吊顶，如果单独供热可以是散热器、辐射板或地板散热，这种情况下若需要夏季供冷，可与风机盘管切换。

表 8.4-1　　　　　　　　　　　　冷水（热泵）组名称及相应功能

机组名称	机组功能	机组名称	机组功能
水冷式	水冷单冷式	水—水热泵	水冷式制冷及水热源式制热

机组名称	机组功能	机组名称	机组功能
水—水热泵	水冷式制冷及水热源式制热	风冷式	风冷单冷式
空气—水热泵	风冷式制冷及空气热源热泵制热	蒸发式冷却	蒸发冷却单冷式

无论制冷还是制热，冷水（热泵）机组有额定工况的性能，也有部分负荷工况的性能。

8.4.2 冷水（热泵）机组的结构

典型的冷水（热泵）机组的结构是水—水制冷（热泵）循环系统和空气—水制冷（热泵）循环系统。其单机容量从数十千瓦到数兆瓦不等，压缩机、换热器和节流机构等部件几乎囊括了所有类型。

(a)

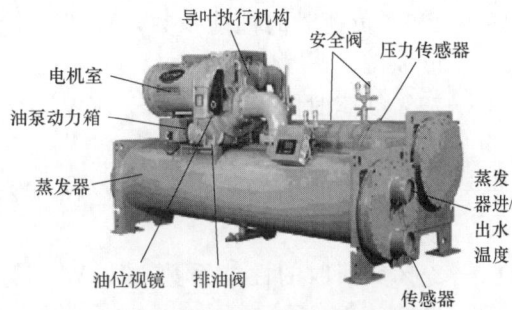
(b)

(c)

(d)

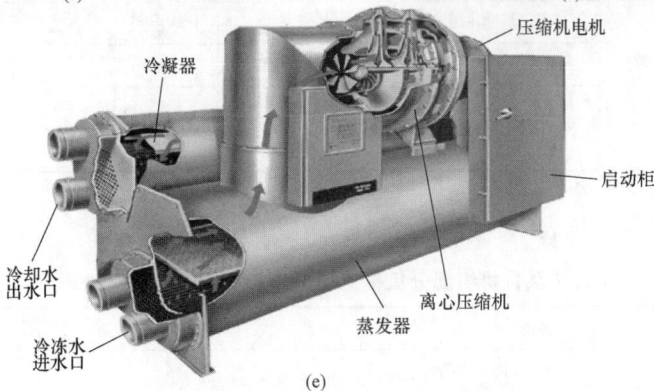
(e)

图 8.4-1 各种冷水（热泵）机组外观

（a）螺杆压缩机冷水（热泵）机组；（b）离心压缩机冷水（热泵）机组；（c）螺杆压缩机空气源冷水（热泵）机组；
（d）涡旋压缩机空气源冷水（热泵）机组；（e）三级压缩离心式冷水机组

8.4.3 冷水（热泵）机组的性能

所有冷水（热泵）机组在能源效率方面，第一要考核额定工况下的 COP，第二要考核部分负荷工况的 COP，通过加权平均得到综合部分负荷性能系数 IPLV（Integrated Part Load Value）。

名义工况性能系数 COP：在名义工况下，机组制冷（热）量除以输入的总电功率得出的比值。

综合部分负荷性能系数 IPLV：部分负荷性能系数是用一个单一数值表示空气调节用冷水机组的部分负荷效率指标，它基于机组部分负荷的性能系数值，按照机组在各种负荷下运行时间的加权因素计算得出。计算公式如下：

$$IPLV = 1.2\% \times A + 32.8\% \times B + 39.7\% \times C + 26.3\% \times D$$

式中　A——100%负荷时的性能系数，W/W，冷却水进水温度 30℃/冷凝器进气干球温度 35℃；

　　　B——75%负荷时的性能系数，W/W，冷却水进水温度 26℃/冷凝器进气干球温度 31.5℃；

　　　C——50%负荷时的性能系数，W/W，冷却水进水温度 23℃/冷凝器进气干球温度 28℃；

　　　D——25%负荷时的性能系数，W/W，冷却水进水温度 19℃/冷凝器进气干球温度 24.5℃。

［上式摘自《公共建设节能设计标准》（GB 50189—2015）］

冷水（热泵）机组的性能测试，需要有精确的进水温度的流量控制，即提供给该装置准确温度的冷水或热水，并严格控制流量，目的是保证出口温度，或是水流的进出口温差。对于风冷热源则控制干湿球温度，见表 8.4-2。其中，水流量的测量偏差为 ±5%，温度的测量偏差为 ±0.3℃。

表 8.4-2　冷水（热泵）机组名义工况时温度/流量条件（GB 8430.1—2007）

项目	使用侧		热源侧					
	冷、热水		水冷式		风冷式		蒸发冷却式	
	水流量	出口水温	进口水温	水流量	干球温度	湿球温度	干球温度	湿球温度
	m²/(h·kW)	℃	℃	m²/(h·kW)	℃		℃	
制冷	0.172	7	30	0.215	35	—		24
热泵制热		45	15	0.134	7	6	—	

对于部分负荷工况，按表 8.4-3 给定条件。

表 8.4-3　冷水（热泵）机组部分负荷工况（来自 GB 8430.1—2007）

名称		部分负荷工况 IPLV
蒸发器	100%负荷出水温度/℃	7
	0%负荷出水温度/℃	
	流量/[m²/(h·kW)]	0.172

名称		部分负荷工况 IPLV
水冷式 冷凝器	100%负荷出水温度/℃	30
	75%负荷出水温度/℃	26
	50%负荷出水温度/℃	23
	25%负荷出水温度/℃	19
	流量/[m²/ (h·kW)]	0.215
风冷式 冷凝器	100%负荷干球温度/℃	35
	75%负荷干球温度/℃	31.5
	50%负荷干球温度/℃	28
	25%负荷干球温度/℃	24.5

对于冷水（热泵）机组，目前施行 3 级能效等级，1 级是最高级，2 级是节能级，3 级是产品能效的入门值。考虑有的经常改变工况的机组，以考核 IPLV 为主，见表 8.4-4；有的工况基本稳定，以考核 COP 为主，见表 8.4-5。

表 8.4-4　　　　　　　　冷水机组能效等级（GB 19577—2015）

类型	名义制冷量 CC /kW	能效等级			
		1	2		3
		IPLV/ (W/W)	IPLV/ (W/W)	COP/ (W/W)	IPLV/ (W/W)
风冷式或 蒸发冷却式	≤50	3.80	3.60	2.80	2.50
	>50	4.00	3.70	2.90	2.70
水冷式	≤528	7.20	6.30	5.00	4.20
	528～1163	7.50	7.00	5.50	4.70
	>1163	7.10	7.60	5.90	5.20

表 8.4-5　　　　　　　　冷水机组能效等级（GB 19577—2015）

类型	名义制冷量 CC /kW	能效等级（EER）			
		1	2		3
		COP/ (W/W)	COP/ (W/W)	COP/ (W/W)	IPLV/ (W/W)
风冷式或 蒸发冷却式	≤50	3.20	3.00	2.50	2.80
	>50	3.40	3.20	2.70	2.90
水冷式	≤528	5.60	5.30	4.20	5.00
	528～1163	6.00	5.60	4.70	5.50
	>1163	6.30	5.80	5.20	5.90

8.5　低环境温度空气源热泵

近年来，由于清洁供暖"无煤化"的要求，推动了低环境温度空气源热泵的发展。这是一种以电动机驱动的蒸气压缩制冷循环，以空气为热（冷）源的集中空调或工艺用热（冷）水，并能在不低于-20℃的环境温度空气里抽取热量的整体或分体设备。其中制冷量在50kW以上称为商用机组，50kW以下称为户用机组。从分类上，低环境温度空气源热泵应该属于冷水（热泵）机组，只是热泵工况下的工作条件是较低的温度。

8.5.1 低环境温度空气源热泵热水机

根据低环境温度空气源热泵的标准GB/T 25127—2010，其中热泵在额定工况（环境温度干球温度为-12℃，湿球温度为-14℃，出水温度41℃）下COP不低于2.1（户用）或2.3（商用）。有关制热IPLV（H）的测试条件见表8.5-1。

按表8.5-2测试综合部分负荷性能值IPLV（H），北京地区IPLV（H）不低于2.4（户用）或2.5（商用）。

制热综合部分负荷性能系数：

$$IPLV(H) = 8.3\% \times COP_A + 40.3\% \times COP_B + 37.6\% \times COP_C + 12.9\% \times COP_D$$

表8.5-1　户用/商用机组部分负荷工况（摘自GB/T 25127.1.2—2010）

项目	负荷（%）	使用侧		热源侧	
		水流量 /[m³/(h·kW)]	出口水温 /℃	干球温度 /℃	湿球温度 /℃
制热	100	0.172	41	-12	-14
	75			-6	-8
	50			0	-3
	25			7	6
制冷	100	7		35	—
	75			31.5	
	50			28	
	25			24.5	

注　在所有工况下，机组换热器水侧污垢系数为0.018m²·℃/kW；新机组换热器水侧应认为是清洁的，测试时污垢系数应考虑为0m²·℃/kW，性能测试时应按GB/T 18430.1—2007的附录C进行温差修正。

表8.5-2　其他城市制热综合部分性能的系数（%）（摘自GB/T 25127.1.2—2010）

城市	IPLV系数				B+C 占的比例
	A（-12℃）100%	B（-6℃）75%	C（0℃）50%	D（7℃）25%	
北京	8.3	40.3	38.6	12.9	78.9
天津	5.9	39.5	43.2	11.5	82.7
济南	2.3	29.0	43.0	25.7	72
石家庄	2.1	31.3	52.1	14.5	83.4
太原	15.1	33.7	35.2	16.1	68.9
西安	0.0	18.2	58.4	28.3	76.6
郑州	0.1	14.7	54.0	31.2	68.7
兰州	12.6	35.9	37.4	14.1	73.3
平均	5.8	30.3	45.2	19.7	75.5

表 8.5 - 3 是《低环境温度空气源热泵（冷水）机组能效限定值及能效等级》（GB 37480—2019）的低温热泵机组能效等级指标。

表 8.5 - 3　低温热泵机组能效等级指标（摘自 GB 37480—2019）

名义制热量（或名义制冷量）/kW	额定出水温度/℃	能效等级			
		1	2	3	
		综合部分负荷性能系数 IPLV (H) /(W/W)	综合部分负荷性能系数 IPLV (H) /(W/W)	综合部分负荷性能系数 IPLV (H) /(W/W)	制热性能系数 COP$_h$/(W/W)
$H \leqslant 35$（或 CC≤50）	35[a]	3.40	3.20	3.00	2.40
	41[b]	3.20	2.80	2.60	2.10
	55[c]	2.30	1.90	1.70	1.60
$H > 35$（或 CC>50）	35	3.40	3.20	3.00	2.40
	41	3.00	2.80	2.60	2.30
	55	2.10	1.90	1.70	1.60

[a] 主要适用于低温辐射采暖末端，如地板采暖等。
[b] 主要适用于强制对流采暖末端，如风机盘管、强制对流低温散热器等。
[c] 主要适用于自然对流和辐射结合的采暖末端，如风机盘管、低温散热器等。

图 8.5 - 1 是低环境温度空气源热泵的户用型和商用型现场。通常冬季供暖时室内是散热器或地板采暖，夏季空调时转换为风机盘管。

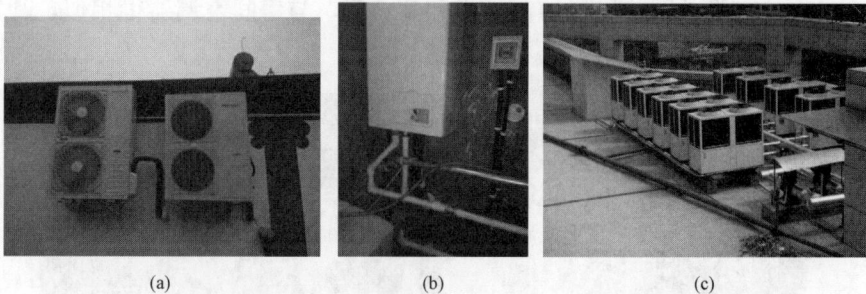

图 8.5 - 1　低环境温度空气源热泵的户用型和商用型现场
(a) 户用型室外机；(b) 户用型室内机；(c) 商用型室外机

8.5.2　低环境温度空气源热泵热风机

低环境温度空气源热泵热风机的室内端是空气，而上一节低环境温度空气源热泵热水机室内端是热水。根据《低环境温度空气源热泵热风机》（JB/T 13573—2018），热泵热风机的试验工况见表 8.5 - 4。

表 8.5 - 4　试验工况（摘自 JB/T 13573—2018）

工况条件	室内机组入口空气状态	室外机组入口空气状态	
	干球温度/℃	干球温度/℃	湿球温度/℃
名义制热	20	−12	−13.5
低温制热	20	−20	—

续表

工况条件	室内机组入口空气状态	室外机组入口空气状态	
	干球温度/℃	干球温度/℃	湿球温度/℃
最小运行制热	≥16	−25	—
除霜	20	2	1
制热均匀性与稳定性	—	−12	−13.5

通常热泵热风机的名义制热量不大于 14 000W，并可以在夏季转换为空调功能。室内机一般是落地式以保证较好的热舒适性。其冬季额定参数为：

1. 名义制热性能系数

按表 8.5-4 的规定进行试验，得出热风机的名义制热性能系数（$COP_{-12℃}$）。其值不应低于 2.20。

2. 低温制热性能系数

按表 8.5-4 的规定进行试验，得出热风机的低温制热性能系数（$COP_{-20℃}$）。其值不应低于 1.80。

3. 制热季节性能系数

按表 8.5-4 的规定进行试验和计算，得出热风机的制热季节性能系数（HSPF）。其计算值不应低于 2.80。可见热泵热风机与房间空调器的季节性能系数定义是一致的。

图 8.5-2 是空气源热泵热风机的窗外机和室内机，与房间空调器很相似，其室内机一般是落地式的。

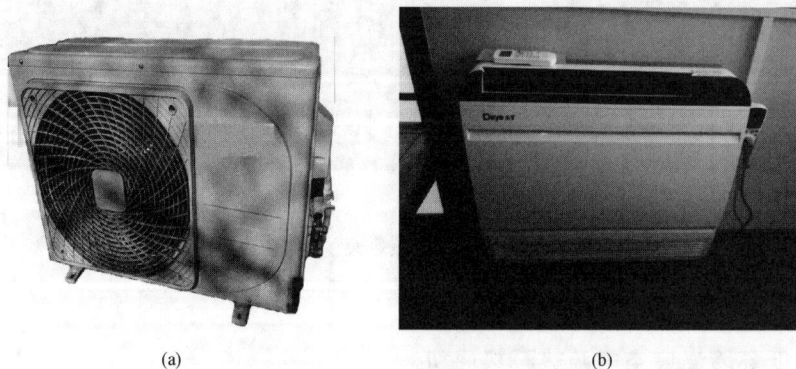

(a)
(b)

图 8.5-2 空气源热泵热风机的室内机
(a) 室外机；(b) 室内机

空气源热泵热风机的优点在于适合一房一机，也有一拖二或一拖三结构，便于行为节能。由于大多数用户不会全开，电网改造投入较小。另外夏天很容易转换为空调工况。

8.5.3 低环境温度空气源热泵的循环原理

在夏热冬冷地区，空调器的夏季工况和冬季工况，压缩机的压缩比相差不大，可选取普通压缩比的压缩机。但这种空调器不适合在寒冷地区使用。

在寒冷地区，冬季工况压缩机压缩比大于夏季工况，转子式和涡旋式须采用"喷气增焓"技术,螺杆压缩机可采用经济器模式。

对于环境温度更低的严寒地区,为了更好地提高 IPLV(H),户用机组可采用双级转子式压缩机,商用热水机组采用单级双级螺杆压缩机。在寒冷地区如京津冀一带,这种单机双级螺杆压缩机的性能也很好。

1. 准二级压缩循环的应用

在涡旋式压缩机和转子式压缩机内部合适位置开孔,将部分高压冷凝液一级节流后喷入压缩机,可达到近似双级压缩的效果,可在较大压缩比下提高制热量和性能系数,如图 8.5-3 所示。准二级压缩称为增强蒸气喷射,英文 Enhanced Vapor Injection(EVI),在一些产品样本中称为"喷气增焓",增焓只是商业名词,并没有学术道理。通常在寒冷地区和部分严寒地区采用这种技术。通常涡旋压缩机有两组压缩空间,转子式压缩机以双转子为多,所以在压缩机内部的喷气孔有两个。

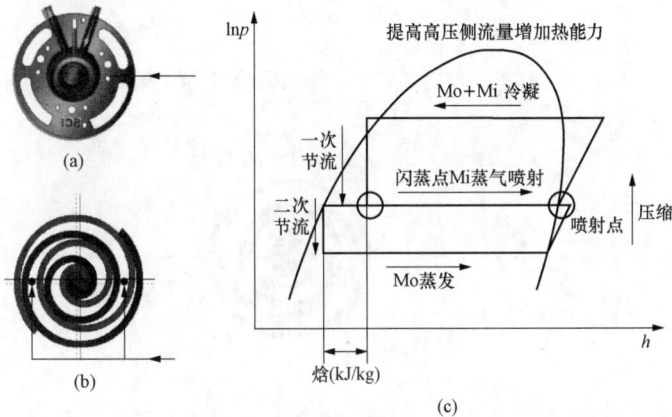

图 8.5-3 转子式压缩机和涡旋式压缩机蒸气喷射循环原理图
(a) 转子式;(b) 涡旋式;(c) 蒸气喷射循环原理图

图 8.5-4 和图 8.5-5 分别是有蒸气喷射的转子式压缩机和涡旋式压缩机的空气源热泵的结构图。由于转子式压缩机可以做成较小容量,前者通常是小容量(供热量 3~4kW)的热风机,后者通常是容量稍大(供热量 10~15kW)的热水机。通常可工作在 -15℃ 或 -20℃ 的低环境温度条件下。

2. 双级压缩在低环境温度空气源热泵的应用

(1) 双级转子式压缩机,可以在主轴上加工出两个或两个以上偏心转子,从而实现单(电)机双级压缩循环,在较低的环境温度下实现热泵供热,并提高循环的效率,图 8.5-6 (a) 为三转子双级压缩机,其中下面两个转子都是低压级,可以在较低的环境温度时(低于 -20)用两个转子,较高温度时用一个转子,另一个被卸载。右图是双级压缩空气源热泵。实验室的低温性能比准二级压缩更好。图 8.5-6(b)、(c)分别为三转子双级压缩空气源热泵的循环原理图和热泵机组在不同室外温度下的制热系数。

(2) 单机双级螺杆压缩机,与小型转子式压缩机类似,一个电机可以在主轴的两端,各驱动一对螺杆转子,实现双级压缩,如图 8.5-7 所示。

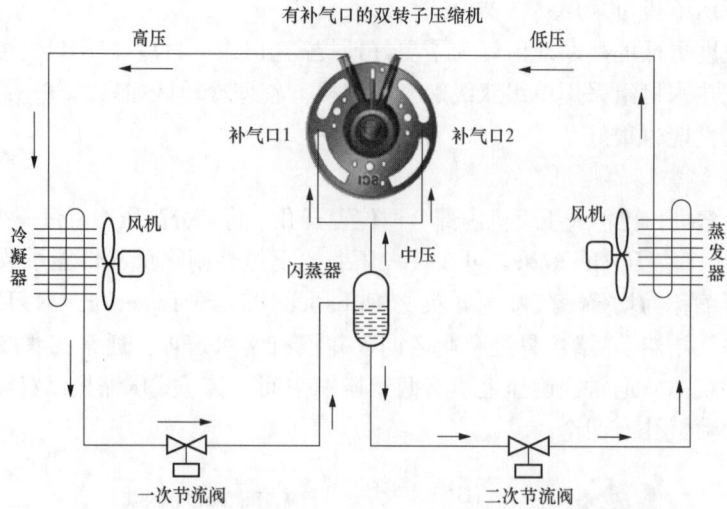

图 8.5-4　有蒸气喷射的转子式压缩机的空气源热泵的结构图

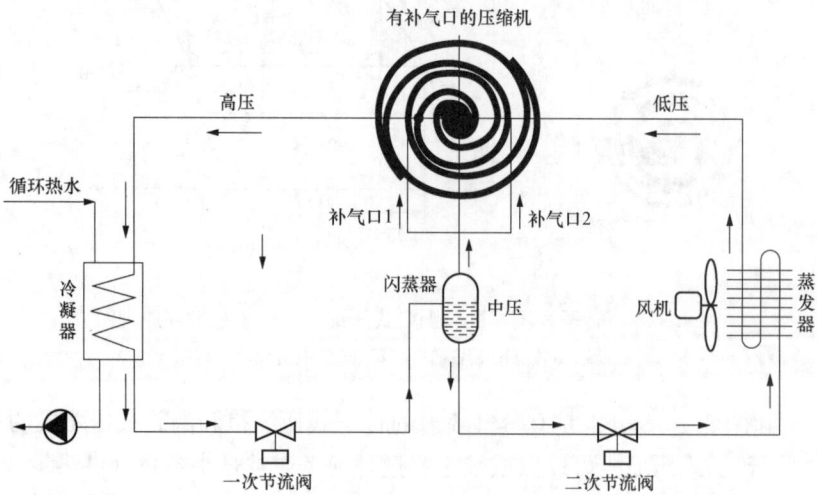

图 8.5-5　有蒸气喷射的涡旋式压缩机的空气源热泵的结构图

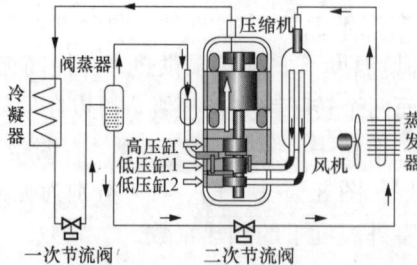
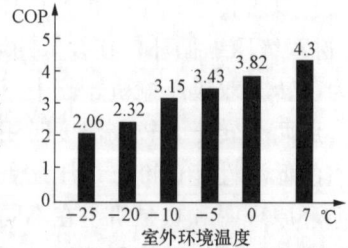

图 8.5-6　三转子双级压缩空气源热泵

（a）三转子双级全封闭压缩机；（b）三转子双级压缩空气源热泵原理图；（c）三转子双级压缩空气源热泵 COP

160

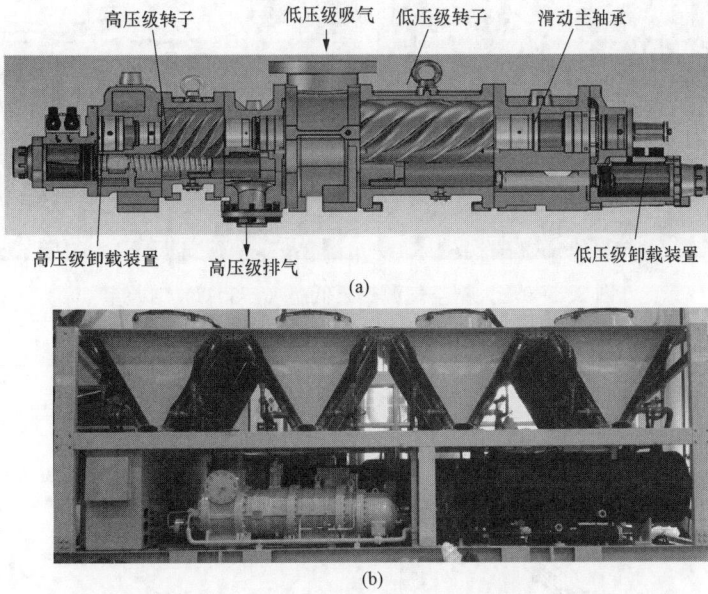

图 8.5-7 单机双级螺杆压缩机及空气源热泵

(a) 单机双螺杆压缩机结构图；(b) 由单机双级螺杆压缩机安装的空气源热泵

单机双级螺杆压缩机构成的低环境温度空气源热泵的原理图如图 8.5-8 所示，图 8.5-9 为该装置在－30℃低温焓差室的实验情况。一个实例的环境温度－19.98℃，进口水温 49.97℃，出口水温 56.17℃，输入功率 136kW，输出热量 286.96kW，COP＝2.11。

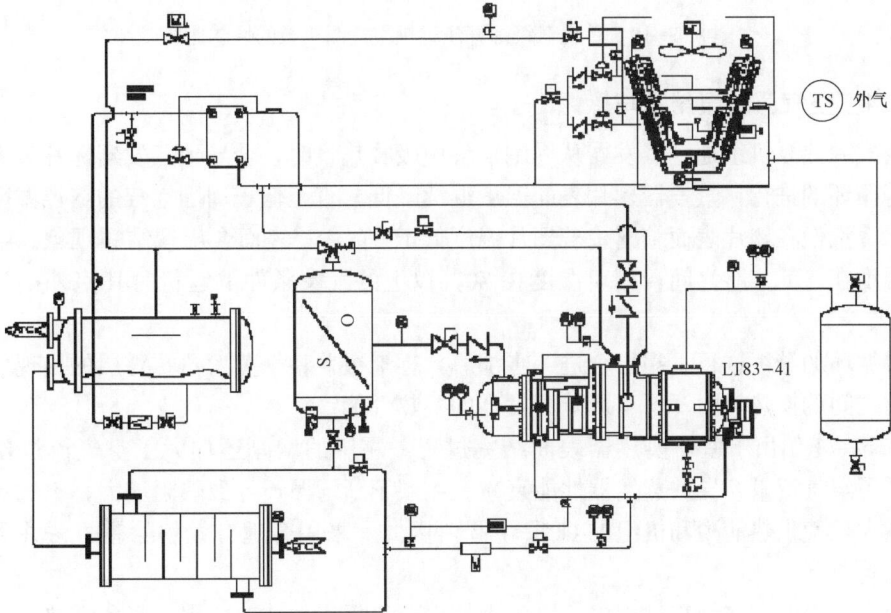

图 8.5-8 单机双级螺杆压缩机及空气源热泵原理图

该设备的供热量和制热 COP 随环境温度的变化曲线如图 8.5-10 所示。

图 8.5 - 9　大型空气源热泵低温（-30℃）焓差室

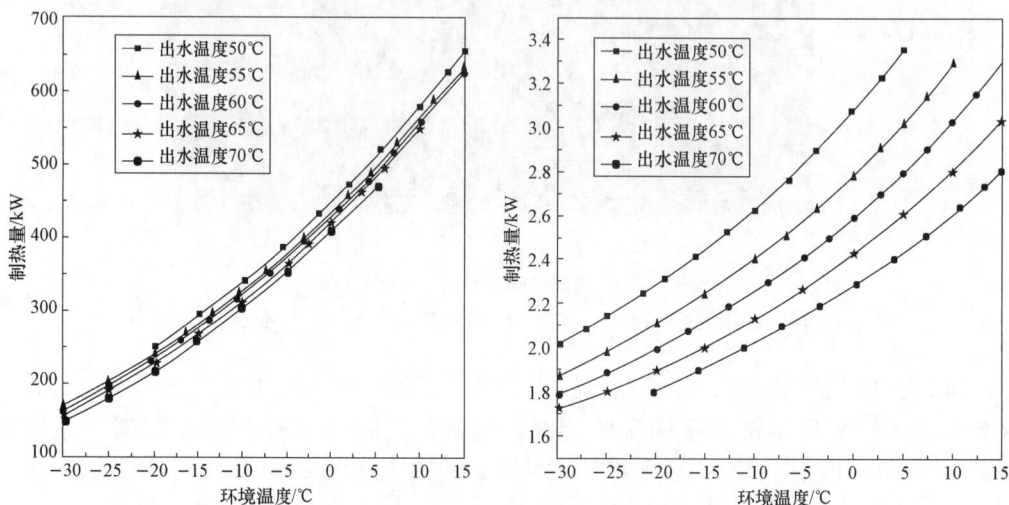

图 8.5 - 10　单机双级螺杆压缩机空气源热泵的性能曲线

8.5.4　空气源热泵结霜与除霜

当空气源热泵机组通过蒸发器从周围空气中吸收热量时，会导致蒸发器翅片表面温度降低。随着循环的进行，蒸发器翅片表面温度继续降低，直至低于周围空气的露点温度时，空气中的水蒸汽便在翅片表面结露，若翅片温度低于 0℃，其表面会出现结霜现象。空气源热泵室外温度在-5~5℃之间，相对湿度在 70% 以上的气象条件下运行时其室外换热器表面最易结霜。

随着循环的继续进行，霜层会进一步加厚，逐渐覆盖整个蒸发器。霜层的出现增大了空气和工质之间的换热热阻，严重影响蒸发器的换热性能。

图 8.5 - 11 给出了室外换热器表面结霜过程。霜层的增厚还加大了空气流过翅片的阻力，降低了空气流量，导致蒸发器性能衰减。霜层不断增厚，导致热阻增大，空气流动阻力也随之增大，使供热能力和机组的 COP 下降，因此，采用合理有效的除霜方法并及时除霜显得尤为重要。

理论分析表明，在结霜过程中，空气中的水蒸汽凝华成冰，放出了凝华潜热，当霜层较薄时，COP 应该是增加的；当发展到一个临界值界值，及时开始融霜。当融霜时用掉的热量，尽管温度品位高于当时凝华的温度，热量从能量守恒来说是等同的。关键是在最佳时机开始除霜，不要等到霜层过厚，这点对于空气—空气式（热风机）更为重要。

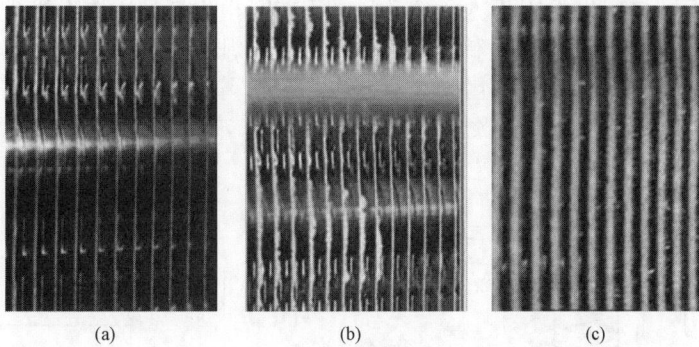

图 8.5 - 11　室外换热器表面结霜过程
(a) 无霜；(b) 结霜初期；(c) 除霜临界期

　　判断何时开始除霜（临界点）是比较容易的，通常用蒸发压力传感器就可以；或是再加一个蒸发温度传感器就更为保险。判断何时停止除霜比较困难。因为室外换热器除霜时是高压，并不反映换热管外的温度情况。室外换热器的每个位置除霜不均，四角和下部除霜不容易彻底，容易造成霜层的重复和积累。所以要等到翅片的表面温度高于 0℃若干度，冰水全部脱落，才是完成除霜的时刻。

　　对于容量较小的机组建议采用传统的除霜方法——采用四通阀换向，将室外换热器转换成冷凝器来进行除霜；在冷暖空调的回路中，压缩机、四通阀、节流装置、室内外热交换器由管线连接。在制热模式下，如果设定的除霜开始条件达到后，系统进入除霜状态，四通阀换向，使空调在制冷模式下运行，通过从压缩机排出的高温高压的制冷剂气体进入室外热交换器来除去室外热交换器上的霜，同时，室内外的风扇停止运转。等到霜层完全清除，停止除霜，开始正常的热泵循环。

　　空气—空气热泵（热风机）和空气—水热泵（热水机）四通阀除霜的原理是一样的，如图 8.5 - 12 和图 8.5 - 13 所示。当除霜工况时，通过四通阀换向，原来的室外蒸发器变为冷凝器，温度升高以便除霜。其中，空气—水热泵的热量来自水箱，当水箱设计足够大，水温下降 1～2℃，即可完成除霜的过程。

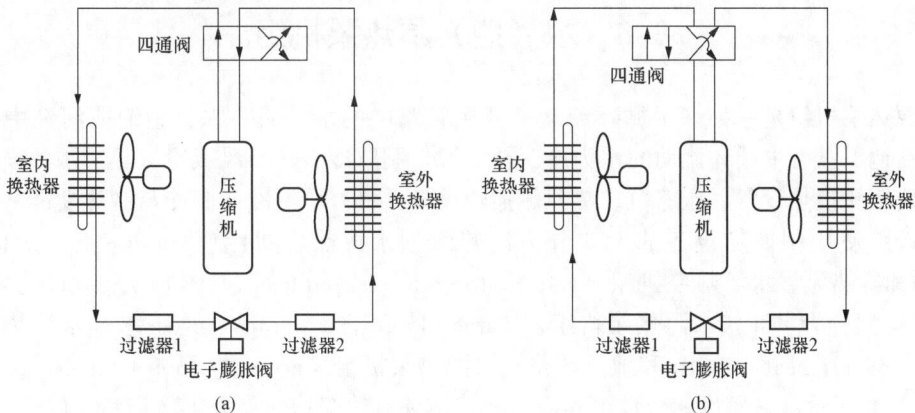

图 8.5 - 12　空气—空气热泵（热风机）四通阀除霜原理图
(a) 空气源热泵冬季工况；(b) 空气源热泵除霜工况

对于容量较大的机组可采用热气除霜。热气旁通除霜是指利用压缩机排气管和室外换热器与毛细管之间的旁通回路，将压缩机的高温排气直接引入室外换热器中，通过蒸气液化放出的大量热将换热器外侧的霜层融化的除霜方法。在除霜时，四通阀不需换向，室内外换热器风扇停止运行。其循环示意图如图 8.5 - 14 所示。

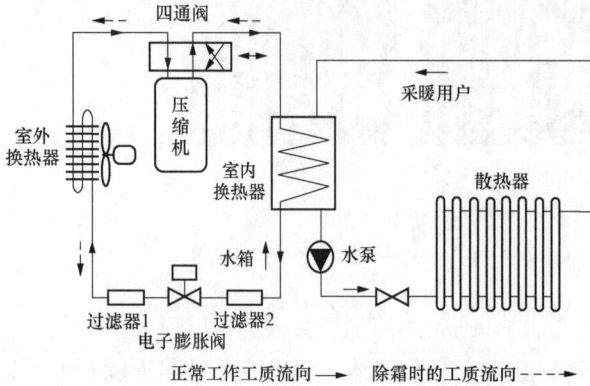

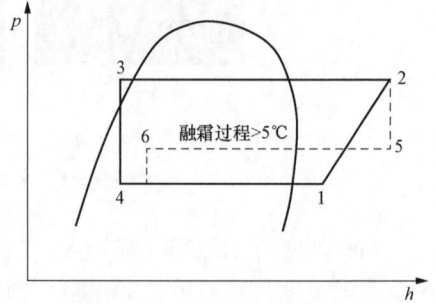

图 8.5 - 13　有水箱的空气源热泵（热水机）正常工作和除箱　　　图 8.5 - 14　热气旁通除霜状态图

无论采用什么除霜方式，对于空气—空气系统，因为系统的热容量小，很容易造成房间内温度下降。要充分利用压缩机的蓄热，也有在压缩机外壳处增加相变蓄热装置，用于除霜。对于空气—水系统，在除霜过程中，系统不需要从房间内取热，而是利用循环水箱的热容量。水箱的容量要保证在除霜运行时，其水温仅下降 1～2℃。

除霜的控制。什么时候化霜，化霜时间的长短，取决于霜层的厚度，也取决于环境温度、湿度等参数。因霜层变厚会影响室外换热器的工作温度、压力，也会影响空气的流动阻力、系统的产热量等，因此衍生出来不同的化霜控制原理和系统。由于室外换热器面积较大，各部位的表面温度、霜层厚度、空气流速多有不同，以蒸发压力或蒸发温度等参数为开始化霜的检测参数，应该比较准确。但化霜多长时间，才能使霜层基本消除，用一般的传感器是检测不出来的。除定时间长度化霜之外，在换热器最低点的翅片位置上安装温度传感器，检测化霜的时间，可能效果较好。

8.6　水（地）源热泵机组

水源热泵机组是一种采用循环流动于共用管路中的水、从井水、湖泊或河流中抽取的水，或在地下盘管中循环流动的水为冷（热）源，制取冷（热）风或冷（热）水的设备，包括一个使用侧换热设备、压缩机、热源侧换热设备，具有单制冷或制冷与制热功能。水源热泵机组按照使用侧换热设备的形式分为冷热水型水源热泵机组（water - to - water heat pump）和冷热风型水源热泵机组（water - to - air heat pump），如图 8.6 - 1 所示。按照冷（热）源类型分为水环式水源热泵机组（water - loop heat pump）、地下水式水源热泵机组（ground - water heat pump）和地下环路式水源热泵机组（ground - loop heat pump），后者如图 8.6 - 2 所示，它通过 8 个水路阀门切换，实现对建筑物的夏季供冷和冬季供暖。

水源热泵的"水"还包括盐水或类似功能的流体（如乙二醇水溶液），根据机组所使用的热源流体而定。

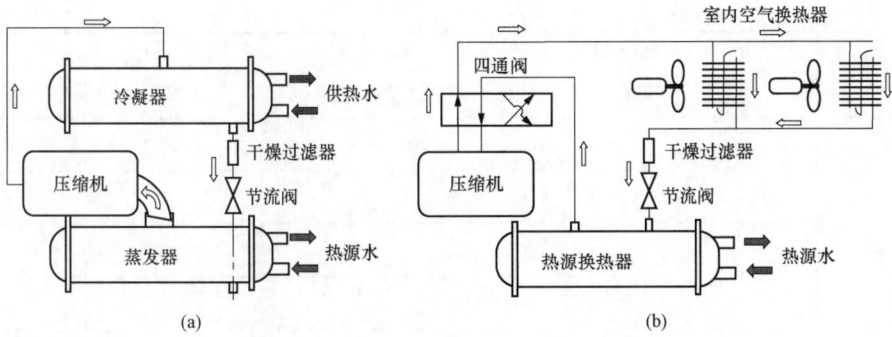

图 8.6-1　水—水型水源热泵和水—空气型水源热泵
（a）水—水型水源热泵；（b）水—空气型水源热泵

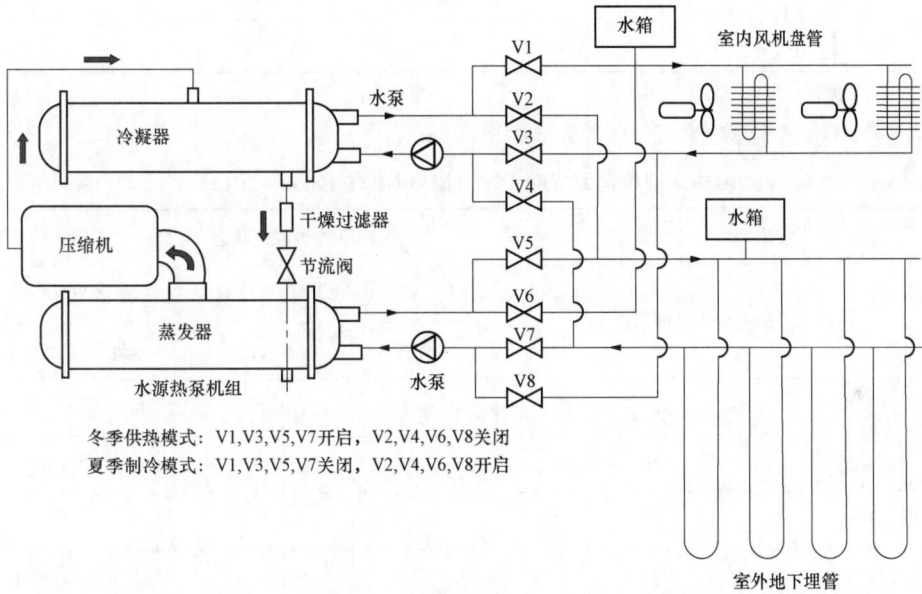

冬季供热模式：V1,V3,V5,V7开启，V2,V4,V6,V8关闭
夏季制冷模式：V1,V3,V5,V7关闭，V2,V4,V6,V8开启

图 8.6-2　地埋管土壤源热泵的工作原理

　　在水（地）源热泵机组中有机组性能系数和测试条件的要求（摘自 GB/T 19409—2013），见表 8.6-1～表 8.6-3。

表 8.6-1　　在水（地）源热泵机组中有机组性能系数（摘自 GB/T 19409—2013）

类型	额定制冷量 /kW	热泵新机组 综合性能系数 ACOP	单冷型机组 EER	单热型 COP
冷热风型	水环式	3.5	3.3	—
	地下水式	3.8	4.1	
	地埋管式	3.5	3.8	
	地表水式	3.5	3.8	

类型	额定制冷量 /kW		热泵新机组 综合性能系数 ACOP	单冷型机组 EER	单热型 COP
冷热水型	水环式	CC≤150	3.8	4.1	4.6
		CC>150	4.0	4.3	4.4
	地下水式	CC≤150	3.9	4.3	4.0
		CC>150	4.4	4.8	4.4
	地埋管式	CC≤150	3.8	4.1	4.2
		CC>150	4.0	4.3	4.4
	地表水式	CC≤150	3.8	4.1	4.2
		CC>150	4.0	4.3	4.4

注 1. "—"表示不考核。

2. 单热型机组以名义制热量 150kW 作为分档界限。

表 8.6-2　　　　　　　冷热风型机组的试验工况（摘自 GB/T 19409—2013）　　　　　　（℃）

试验条件		使用侧入口空气状态			热源侧状态			
		干球温度	湿球温度	环境干球温度	进水温度/单位制冷（热）量水流量			
					水环式	地下水式	地埋管式和地表水	
制冷运行	名义制冷	27	19	27	30/0.215	18/0.103	25/0.215	25/0.215
	最大运行	32	23	32	40/—a	25/—a	40/—a	40/—a
	最小运行	21	15	21	20/—a	10/—a	10/—a	10/—a
	凝露	27	24	27	20/—a	10/—a	10/—a	10/—a
	变工况运行	21~32	15~24	27	20~40/—a	10~25/—a	10~40/—a	10~40/—a
制热运行	名义制热	20	15	20	20/—a	15/—a	10a	10a
	最大运行	27	—	27	30/—a	25/—a	25/—a	25/—a
	最小运行	15	—	15	15/—a	10/—a	5/—a	5/—a
	变工况运行	15~27	—	27	15~30/—a	10~25/—a	5~25/—a	5~25/—a
风量		20	16	—	—	—	—	—

注 1. 机组在标称的静压下进行试验。

2. 单位制冷（热）量水流量单位为 m³/（h·kW），温度单位为℃。

3. 单冷型机组仅需进行制冷运行试验工况的测试，单热型机组仅需进行制热运行试验工况的测试。

a 采用名义制冷工况确定的单位制冷（热）量水流量。

表 8.6-3　　　　　　　冷热水型机组的试验工况（摘自 GB/T 19409—2013）　　　　　　　（℃）

试验条件			使用侧出水温度/单位制冷（热）量水流量	进水温度/单位制冷（热）量水流量			
				水环式	地下水式	地埋管式	地表水
制冷运行	名义制冷		7/0.172	30/0.215	18/0.103	25/0.215	25/0.215
	最大运行	容积式	15/—a	40/—a	25/—a	40/—a	40/—a
		离心式	15/—a	35/—a	25/—a	35/—a	35/—a
	最小运行	容积式	5/—a	20/—a	10/—a	10/—a	10/—a
		离心式	5/—a	20/—a	15/—a	15/—a	15/—a
	变工况运行	容积式	5～15/—a	20～40/—a	10～25—a	10～40/—a	10～40/—a
		离心式	5～15/—c	20～35/—c	15～25/—c	15～35/—c	15～35/—c
制热运行	名义制热b		40/—a	20/—a	15/—a	10/—a	10/—a
	最大运行	容积式	50/—a	30/—a	25/—a	25/—a	30/—a
		离心式	50/—a	30/—a	25/—a	25/—a	30/—a
	最小运行	容积式	40/—a	15/—a	10/—a	5/—a	5/—a
		离心式	40/—a	15/—a	15/—a	10/—a	10/—a
	变工况运行	容积式	40～50/—a	15～30/—a	10～25/—a	5～25/—a	5～30/—a
		离心式	40～50/—c	15～30/—c	15～25/—c	10～25/—c	10～30/—c

注　1. 单位制冷（热）量水流量单位为 m³/（h·kW），温度单位为℃。
　　2. 单冷型机组仅需进行制冷运行试验工况的测试，单热型机组仅需进行制热运行试验工况的测试。
a　采用名义制冷工况确定的单位制冷（热）量水流量。
b　单热型的单位制冷（热）量水流量按设计温差（15℃/8℃）确定。
c　离心式机组的变工况运行范围见附录 B。

水（地）源热泵机组的能效等级见表 8.6-4。

表 8.6-4　　　　　　水（地）源热泵机组的能效等级（摘自 GB 30721—2014）

类　型		名义制冷量 CC/kW	全年综合性能系数 ACOP/（W/W）		
			1 级	2 级	3 级
冷热风型	水环式	—	4.20	3.90	3.50
	地下水式	—	4.50	4.20	3.80
	地埋管式	—	4.20	3.90	3.50
	地表水式	—	4.20	3.90	3.50
冷热水型	水环式	CC≤150	5.00	4.60	3.80
		CC>150	5.40	5.00	4.00
	地下水式	CC≤150	5.30	4.90	3.90
		CC>150	5.90	5.50	4.40
	地埋管式	CC≤150	5.00	4.60	3.80
		CC>150	5.40	5.00	4.40
	地表水式	CC≤150	5.00	4.60	3.80
		CC>150	5.40	5.00	4.00

8.7 热泵热水机

热泵热水机是一种利用环境能源及热泵技术提供热水的设备，分为空气源和水源两大类。由于热泵的节能特性，这种装置的生产在我国迅速发展，特别是 CO_2 热泵热水机，不仅性能系数高，而且制冷剂对环境完全没有影响，并有可能冷热两用达到进一步节能，是今后大力发展的热泵技术，通常热泵热水机的外观如图 8.7-1 所示。

8.7.1 热泵热水机的分类

1. 按热水加热方式分类

一次加热式热水机；

循环加热式热水机。

2. 按热源方式分类

空气源式；

水源式。

3. 按使用气候环境分类

普通型，工作温度为 0~43℃；

低温型，工作温度为 -10~38℃。

8.7.2 热泵热水机的性能

热泵热水机一年四季都要工作，从热源角度分为空气源热水机和水源热水机两类，试验工况见表 8.7-1 和表 8.7-2。

图 8.7-1 空气源热泵热水机的水箱和室外机

表 8.7-1　　　空气源热泵热水机的试验工况（摘自 GB/T 21362—2008）　　　（℃）

项目			使用侧或热水侧		热源侧（空气侧）	
			初始水温度	终止水温度	干球温度	湿球温度
热泵	名义工况	普通型	15	55	20	15
		低温型	9		7	6
	最大负荷工况	普通型	29		43	26
		低温型			38	23
	融霜工况		9	55	2	1
	低温工况	普通型	9	55	7	6
		低温型		55	-7	-8
	变工况运行	普通型	—	9~55	0~43	—
		低温型			-10~38	

表 8.7-2　　　水源热泵热水机的试验条件（摘自 GB/T 21362—2008）　　　（℃）

试验条件		使用侧或热水侧		热源侧（水侧）
		初始水温度	终止水温度	进水温度/出水温度
制热运行	名义工况	15	55	15/—
	最大负荷工况	29		25/—
	最小负荷工况	9	55	10/—
	变工况运行	—	9~55	10~35/—

无论家用的还是商用的热泵热水机，其能效标准是一致的，见表 8.7 - 3。

表 8.7 - 3　　　　热泵热水机（器）能源效率等级指标（摘自 GB/T 29541—2013）

形式	制热量	加热方式		能效等级（W/W）				
				1	2	3	4	5
H<10kW	普通型	一次加热、循环加热式		4.60	4.40	4.10	3.90	3.70
		静态加热式		4.20	4.00	3.80	3.60	3.40
	低温型	一次加热、循环加热式		3.80	3.60	3.40	3.20	3.00
H≥10kW	普通型	一次加热		4.60	4.40	4.10	3.90	3.70
		循环加热	提供水泵	4.60	4.40	4.10	3.90	3.70
			不提供水泵	4.50	4.30	4.00	3.80	3.60
	低温型	一次加热		3.90	3.70	3.50	3.30	3.10
		循环加热	提供水泵	3.90	3.70	3.50	3.30	3.10
			不提供水泵	3.80	3.60	3.40	3.20	3.00

近年来，CO_2 热泵热水机得到重视。一方面 CO_2 是环保工质，另一方面跨临界热泵循环放热是个变温过程，可以把温度较低的自来水加热到较高温度，可达到 65℃ 甚至 90℃，而制热系数可能高于其他工质。图 8.7 - 2 是空气源跨临界 CO_2 热泵热水机的循环原理图和实物图，这种空气源 CO_2 热泵热水机主要用于生产生活热水，可代替热水锅炉。通过与供暖系统的配合，主要是尽可能降低循环水的回水温度，也可用于供暖系统。

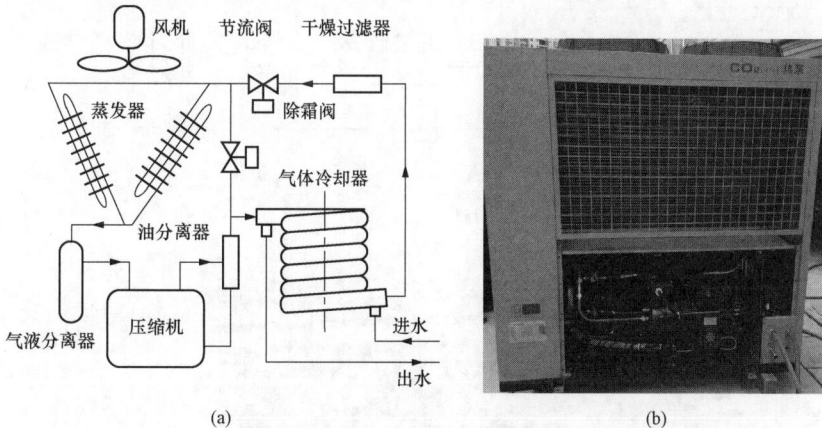

(a)　　　　　　　　　(b)

图 8.7 - 2　空气源跨临界 CO_2 热泵热水机的循环原理图和实物图
（a）循环原理图；（b）实物图

8.8　燃气机热泵

8.8.1　燃气热泵的应用背景

以上所介绍的蒸气压缩式热泵系统均是依靠电力驱动压缩机完成逆循环实现制热功能的，我们称其为电动热泵，本节介绍由天然气发动机直接驱动压缩机的燃气热泵技术。

目前在我国天然气资源约占能源总比例的 5%～6%，其中约一半来自国外进口。近年来为治理冬季燃煤污染，相当部分的天然气被燃气锅炉直接燃烧供热，属于高质能源的低效利用。

以天然气为能源的燃气机热泵系统为理想的解决方案之一，它是通过高效天然气发动机正循环驱动压缩机实现高效逆循环的能量系统，在一次能源利用率方面具有明显优势。在夏季，可用天然气满足电力峰值需求，减少电力调峰造成的能量损失；在冬季，可大大节约燃气消耗量和采暖运行费用，是高效环保型建筑冷热、生活热水三联供方案。从我国的能源结构和分布特点、气候和地理条件来看，很适合发展该项新技术，它对于改善能源结构、降低能源消耗、有效控制污染、扶持和带动国有相关机电行业的发展，保证经济的可持续性发展具有重要意义。

8.8.2 燃气机热泵的结构及工作原理

燃气机热泵在结构上可以分为四大部分：动力部分、热泵部分、余热回收部分和控制器部分。其中，动力部分为燃气发动机；热泵部分由压缩机、蒸发器、冷凝器和节流装置等组成。余热回收部分由缸套和排烟余热换热器等组成；控制器部分主要由各种传感器和控制器本体组成，传感器主要有温度、转速、压力传感器等，控制器本体主要包括硬件部分和软件部分，硬件部分可以是单片机、可编程控制器 PLC 等，而软件部分主要是机组的各种控制程序和保护程序等。某典型燃气机热泵系统构成如图 8.8-1 所示。

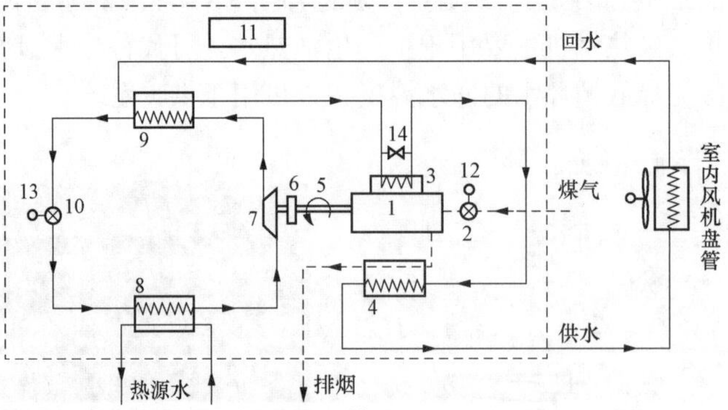

图 8.8-1 典型燃气机热泵系统构成

(a) 燃气机热泵原理图；(b) 燃气机热泵实物

1—燃气发动机；2—节气门；3—缸套换热器；4—排烟换热器；5—传动轴；6—离合器；7—压缩机；8—蒸发器；9—冷凝器；10—节流阀；11—控制器；12—节气门步进电机；13—步进电机；14—旁通阀

8.8.3 燃气热泵的一次能源利用率及分析

一次能源利用率（PER）是系统输出能量与一次能源耗量的比值。热泵系统的能量指标通常用性能系数 COP 和一次能源利用率 PER（Primary Energy Ratio）来衡量。COP 虽然表示了热泵的制热性能，但不能反映热泵原动机转化效率等因素，因而不能全面反映热泵系统的能源利用效率。所以我们常采用一次能源利用率 PER 的指标来比较不同设备的性能。一次能源利用率越高，系统节能性越好。燃气热泵能量关系如图 8.8-2 所示。

图 8.8-2　能流示意图

应用热力学第一定律，我们可以得到如图 8.8-2 所示系统的能量平衡方程式：

$$Q_b + Q_e = Q_c + Q_r + Q_w \qquad (8.8-1)$$

式中　Q_b——供给 GEHP 系统的燃料热量，kW；

Q_e——蒸发器从低温热源中吸收的热量，kW；

Q_c——冷凝器中传给待加热流体的热量，kW；

Q_r——从发动机水套换热器和排烟换热器回收的废热热量，kW；

Q_w——GEHP 系统的能量损失，包括各部分散热、未回收的发动机废热、发动机的不完全燃烧损失、排烟损失和传动损失等，kW。

各热流热量的计算公式如下：

（1）供给 GEHP 系统的燃料热量 Q_b。

$$Q_b = G_b H_b \qquad (8.8-2)$$

式中　G_b——供给 GEHP 系统的燃料流量，Nm^3/s；

H_b——燃气的低位发热量，kJ/Nm^3。

（2）蒸发器从低温热源中吸收的热量 Q_e。

$$Q_e = G_e c_{pe}(T_{ein} - T_{eout}) \qquad (8.8-3)$$

式中　G_e——低温热源流体流经蒸发器的流量，kg/s：

c_{pe}——低温热源流体的平均定压比热，kJ/（kg·℃）；

T_{ein}——低温热源流体进蒸发器的温度，℃；

T_{eout}——低温热源流体出蒸发器的温度，℃。

（3）冷凝器中传给待加热流体的热量 Q_c。

$$Q_c = G_c c_{pc}(T_{cout} - T_{cin}) \qquad (8.8-4)$$

式中　G_c——待加热流体流经冷凝器的流量，kg/s；

c_{pe}——待加热流体的平均定压比热，kJ/（kg·℃）；

T_{cin}——待加热流体进冷凝器的温度，℃；

T_{cout}——待加热流体出冷凝器的温度，℃。

（4）发动机水套换热器回收的废热热量 Q_{rc}。

$$Q_{rc} = G_{rc} c_{prc}(T_{mout} - T_{min}) \qquad (8.8-5)$$

式中　G_{rc}——流过发动机水套换热器的待加热流体流量，与 G_c 相等，kg/s；

c_{prc}——流过发动机水套换热器的待加热流体的平均定压比热，kJ/（kg·℃）；

T_{mout}——发动机水套换热器流体的出口温度,℃;

T_{min}——发动机水套换热器流体的入口温度,℃。

（5）发动机排烟换热器回收的废热热量 Q_{rf}。

$$Q_{\text{rf}} = G_{\text{rf}} c_{\text{prf}} (T_{\text{fout}} - T_{\text{fin}}) \tag{8.8-6}$$

式中　G_{rf}——流过发动机排烟换热器的待加热流体流量,与 G_c 相等,kg/s:

　　c_{prf}——流过发动机排烟换热器的待加热流体的平均定压比热,kJ/（kg·℃）;

　　T_{fout}——发动机排烟换热器流体的出口温度,℃;

　　T_{fin}——发动机排烟换热器流体的入口温度,℃。

（6）GEHP 系统的能量损失 Q_{w}。

$$Q_{\text{w}} = Q_{\text{f}} - Q_{\text{r}} - W_1 = Q_{\text{b}} - Q_{\text{r}} - N/\eta_{\text{en-hp}} \tag{8.8-7}$$

式中　W_1——发动机的输出功,kW;

　　N——热泵系统压缩机的输入功,kW;

　　$\eta_{\text{en-hP}}$——发动机与热泵系统间的传动效率,%。

（7）燃气机热泵的一次能源利用率 PER_{GEHP}。

$$\text{PER}_{\text{GEHP}} = Q_{\text{c}} + Q_{\text{r}}/Q_{\text{b}} \tag{8.8-8}$$

引入燃气机废热回收率 α 的概念。α 被定义为所回收的燃气机废热量与燃气机总废热量之比。按照此定义：

$$Q_{\text{r}} = Q_{\text{rc}} + Q_{\text{rf}} = \alpha(1 - \eta_{\text{g}}) Q_{\text{b}} \tag{8.8-9}$$

所以 PER_{GEHP} 又可以写为:

$$\text{PER}_{\text{GEHP}} = \eta_{\text{g}} \eta_{\text{en-hp}} \text{COP} + \alpha(1 - \eta_{\text{g}}) \tag{8.8-10}$$

燃气热泵的一次能源利用率受到燃气发动机效率、传动效率、废热回收率和热泵 COP 的影响,提高 η_{g}、$\eta_{\text{en-hp}}$、COP、α 将有效提高燃气热泵的一次能源利用率。

燃气机热泵同其他常用的制冷/供暖设备相比主要具有以下特点。

1. 能量利用率高

燃气机热泵是一种高效节能的供热空调装置,能够高效利用天然气这一高质清洁能源。燃气机热泵是基于蒸气压缩循环,它用高效率的燃气发动机代替了普通热泵中的电动机,发动机将燃料燃烧释放的能量直接转换成了压缩机所需要的机械功,避免了电力生产及输送过程中能量的层层转换以及在电动机的能量损失。同时,由于能够有效地回收利用发动机气缸套冷却水、润滑油以及排烟的废热,因此在一次能源利用率方面具有明显优势。较高的一次能源利用率使得燃气机热泵的运行费用较其他采暖空调方式更低,按我国当前的能源价格计算,燃气机热泵全年单位建筑面积的运行费用只有电动热泵的 $75\% \sim 85\%$（不考虑分时电价,如果考虑分时电价,燃气机热泵的优势无疑将更加明显）,直燃机的 $60\% \sim 70\%$。虽然燃气机热泵的初投资较其他方式而言稍大,但其总费用（包括初投资及运行费用）仍然低于除燃煤锅炉外的其他所有供热空调形式。

2. 减轻环境污染

随着人们的环境保护意识正在不断增强,人们普遍认识到经济的高速增长不应以牺牲环境为代价,经济与环境应该协调发展。天然气是一种清洁低碳燃料,几乎不含硫、粉尘和其他有害物质,在燃烧过程中不产生灰渣,燃烧后的排放物较少,能够减少温室气体及大气污染物的排放总量。天然气燃烧后基本不产生 SO_x,同时 NO_x 和 CO_2 的排放量与煤和石油相比也较低。燃气机热泵以天然气为能源，因此，推广使用燃气机热泵有利于保护大气环境。

3. 有利于电力与燃气负荷的峰谷平衡

电力空调的集中使用造成了夏季电力高峰和冬季电力低谷，电力负荷的季节性峰谷差较大，发电设备的年利用小时数下降，供电成本不断增加；与此相反，天然气负荷却存在冬季高峰，夏季低谷的特性，季节性差异也非常明显。而"照付不议"的天然气供销政策使得满足这种峰谷差明显的燃气负荷的成本不断加大。电力和燃气负荷存在很强的互补性，用一定比例的燃气空调取代电力空调，不仅增加了夏季的燃气负荷，填平了夏季燃气负荷低谷，而且相应减少了一部分空调的电力需求，降低了电力高峰，电力和燃气的峰谷差均降低，实现削电力之"峰"来填燃气之"谷"，解决了电力和燃气负荷的季节性不平衡问题。

4. 一机多用，节省设备与机房初投资

由于我国大部分地区冬季需要采暖，夏季需要空调。燃气机热泵通过阀门切换，能够方便地实现冬季供热和夏季制冷，一机两用，避免了像常规方式一样单独设置采暖和空调两种设备，减少了设备投资和机房面积。另外还可以根据需要同时供应生活热水、开水或蒸气，同时需要空调和热水的用户（如宾馆、医院等），可以不必安装锅炉或者减小锅炉的装机容量，降低初投资。

5. 容量调节容易，变负荷性能好

建筑物负荷总是随着外界条件的变化而不断变化，一年中绝大部分时间处于部分负荷下。因此，采暖空调系统需要根据建筑负荷的变化来调节供热量或制冷量，以达到供需平衡。常规热泵机组采用的是定速启停调节，因此存在着效率低等问题。采用变频压缩机的热泵机组能够实现变速连续调节，但是由于采用变频器后投资增加较多，而且控制较为复杂。而燃气机热泵是通过调节发动机的转速来调节压缩机的转速的。通过调速器可以很容易地调节发动机的转速，调节范围宽，因此，燃气机热泵可以方便地实现压缩机的变速连续调节，比常规热泵机组具有更好的部分负荷性能和舒适性。

6. 供热量大，供热温度高

由于回收了发动机的余热，使燃气机热泵制热运行时的供热量增加。在供热量相同的情况下，燃气机热泵所需的一次能源约为电动热泵的 82%；在冷凝温度相同的情况下，回收的高温余热可以进一步加热从冷凝器出来的热水，进一步提高温度，使得燃气机热泵的供热温度比电动热泵更高。当以空气作为热源时，燃气机热泵的运行性能（如 COP、供热量等）对外界气温变化的敏感度将远远低于电动热泵，而且燃气机热泵的平衡点温度将更低，如图 8.8-3 所示。其中，线 A 为燃气机热泵供热量随气温的变化，线 B 为电动热泵供热量随气温的变化，线 C 为建筑物热负荷随气温的变化。可以看出，线 A 随气温的变化较线 B 更为平缓。而且线 A 与线 C 的交点对应的温度 t_1（即燃气机热泵的平衡点温度）较线 B 与线 C 交点对应的温度 t_2（即电动热泵的平衡

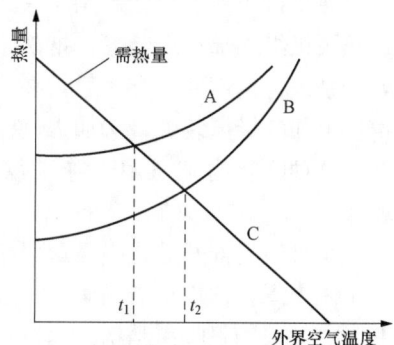

图 8.8-3 热泵供热量同建筑需热量与外界空气温度的关系

点温度）更低，即 $t_1 < t_2$。

7. 除霜容易

对空气源热泵来说，当蒸发器表面温度在0℃附近时，空气中的水分会在蒸发器表面凝结成霜，从而在空气与换热器之间形成霜层热阻，并使空气的流通截面变小，增加流动阻力，使得热泵的性能系数及制热能力大大降低，若霜层长期积累有可能使空气通道完全堵塞，热泵无法正常工作。目前，电动热泵机组的除霜有多种方式，如电热除霜、热气除霜以及逆向除霜。所谓逆向除霜，即通过四通换向阀改变制冷剂的流向，使室外蒸发器短期内转变为冷凝器，室内冷凝器短期内转变成蒸发器，从房间吸收热量来融霜，此时室内新转换成的蒸发器会在除霜期间向室内"吹冷风"，影响舒适性。燃气机热泵可利用发动机的高温余热除霜，因而可以免除制冷剂逆向流动融霜，提高了机组供热质量和运行可靠性，降低融霜损失，提高供热季节性能系数，并且机组能够在更低的环境温度下运行，空气源燃气机热泵在环境温度−35℃时仍可使用，适合于我国绝大部分地区，扩大了热泵机组的应用范围。

由以上分析可以看出，燃气机热泵同其他制冷/供暖设备相比优势是比较明显的，但是它的应用取得较大的发展却是最近几年的事，其中一个重要原因是因为近期燃气机技术的发展保证了燃气机的运行周期更长。现在燃气机的运行寿命可达20 000～60 000h，以普通用户为例，每年平均运转约2000～4000h，燃气机热泵的服务寿命可达10～20年。

综上所述，燃气机热泵是一种既经济节能，又满足环保要求的新型绿色供热空调装置，推广使用燃气机热泵对保护环境和合理利用能源具有重要意义。

为解决发动机的噪声，有如下几种方式。

燃气机热泵机组全封闭式隔声消声装置：将热泵机组封闭在轻钢结构制成的隔声装置内，以轻钢作为隔声装置的支撑骨架，成品隔声板材或金属复合隔声板材做围护结构，内表面敷设多孔或纤维状吸声材料，四周设置通风消声窗及隔声门，顶部设置排风消声装置。排风消声装置安装在隔声装置的支撑骨架上，热泵不承重。

燃气机热泵机组半封闭式隔声消声装置：这种装置类似于上述在热泵机组的四周加建一个隔声间，围护结构采用轻质的隔声结构，四周设置通风消声窗及隔声门。不同之处在于有些装置在顶部开敞，在热泵机组的上部出风口加装消声器，消声器与机组脱开，自成单元，便于检修。这种措施的降噪量虽然不如上者，但由于气流组织较合理，通风散热和换气效果好，对热泵机组热工性能影响不大。

热泵机组局部消声装置：把热泵机组进风和排风部位隔离成两个相对封闭的进、排风空间，分别进行消声处理。一般为在出风口处加装阻性或抗性或阻抗复合式消声器，有的还在消声器上加装导风装置，来加强气流的流通；而在进风口处则加装进风消声维修通道或消声百叶。这种降噪措施适用于施工场地比较狭促，但又必须满足热泵机组正常维修要求的工程。

热泵机组局部开敞式隔声罩：把热泵机组和热泵机组的进风排风口作为一体来考虑，搭建一个隔声罩，体积小于隔声间。围护结构采用轻质隔声吸声结构，一侧进风口和出风口完全开敞，并采用强吸声结构。内壁面四周与机组之间留有可供人通行的检修通道。

8.8.4 燃气热泵的测试条件

燃气热泵的试验工况与任何空气—空气式空调热泵基本一致，见表8.8-1。

表 8.8-1 燃气热泵试验工况（摘自 GB/T 22069—2008）

试验条件		室内侧入口空气状态		室外侧入口空气状态	
		干球温度/℃	湿球温度/℃	干球温度/℃	湿球温度/℃
制冷试验	名义制冷	27	19	35	—
	最大运行	32	23	43	
	低温制冷	21	15	21	
	室内机凝露及凝结水排除	27	24	27	
制热试验	名义制冷	20	15	7	6
	低温制冷			2	1
	超低温制冷			−8.5	−9.5
	最大运行	27	—	24	18
	自动融霜	20	15（最高）以下	2	1

8.9 热泵除湿机和干燥机

8.9.1 热泵除湿机

除湿机又称为抽湿机、干燥机、除湿器，一般可分为民用除湿机和工业除湿机两大类，属于空调热泵中的一个部分。通常，常规除湿机由压缩机、热交换器、风扇、盛水器、机壳及控制器组成。

热泵除湿机工作原理是：由风扇将潮湿空气抽入机内，先通过蒸发器，此时空气中的水分冷凝成水滴，处理过后的干燥空气再进入冷凝器进行升温，然后排出机外，如此循环使室内湿度保持在适宜的相对湿度。

热泵除湿机的外观和原理图如图 8.9-1 和图 8.9-2 所示。

(a)　　　　　　　　(b)

图 8.9-1 各种除湿机或干燥机的外观

（a）家用除湿型；（b）工业干燥型

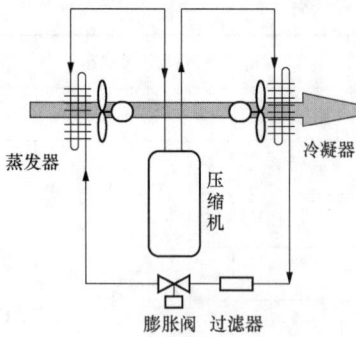

图 8.9-2　热泵除湿机和干燥机的
原理图

除湿机的能源效率用热源系数（Energy Factor，EF）来表示，为名义工况下除湿量（kg/h）与输入功率（kW）的比值，即

$$EF = \frac{C}{W} = \frac{除湿量}{除湿机输入总功率} \quad (8.9-1)$$

式中　EF——除湿机的热源系数，kg/kWh；

　　　　C——名义工况下的除湿量，kg/h；

　　　　W——名义工况下的输入功率，kW。

热泵除湿干燥系统的 EF 值一般为 2～4kg/kWh。

8.9.2　热泵干燥系统

热泵干燥系统，包括热泵除湿机和干燥房，干燥房可能是一个封闭保温良好的库房，库房内根据干燥物料形状特点用货架或堆放，较细小的物料用传送带单层或多层运动，如粮食谷物类干燥还可能类似化工用的逆流式干燥塔，含水物料从上往下落，热风从下往上吹。

我国是产粮大国，粮食产量世界第一。传统除了自然晾晒之外，遇到阴雨天气，多是用燃煤或燃油烘干机，烘干品质差。稻谷收割时经常阴雨天，用热泵干燥可彻底解决谷物霉变问题。热泵干燥粮食还兼除尘清洗。

热泵烘干机组也适用于工业产品如木材、纸品、污泥、矿石、皮革、茶叶、烤烟、肉制品、海产品、药品、中药材等，农产品除粮食外，还有蔬菜脱水、食用菌（如蘑菇、木耳）、果蔬、种子、干果等。海产品如鱼虾、鲜蚝、扇贝等都可用热泵烘干。

1. 热泵烘干系统的工作原理

图 8.9-3 给出在工业污泥脱水干燥使用热泵干燥系统的原理。蒸发器负责除湿，冷凝器负责加热，室外冷凝器负责排出多余热量。

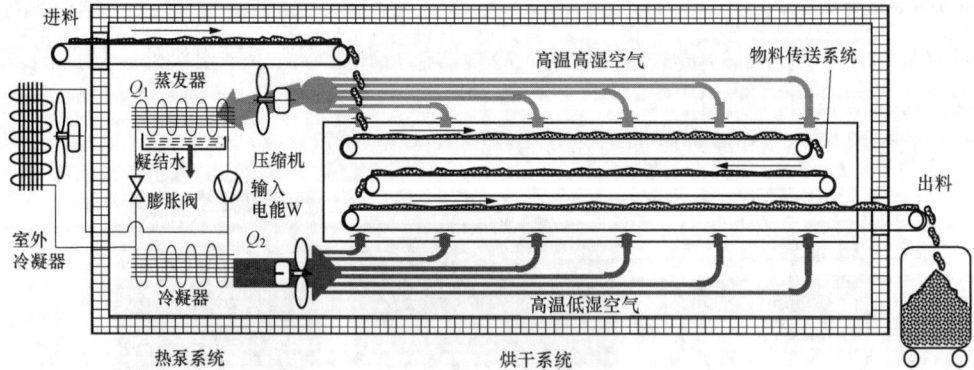

图 8.9-3　污泥的热泵干燥系统

2. 热泵干燥系统应用

热泵干燥系统从结构上更相似于装配式冷库，但目的不是降温，而是升温和除湿。图 8.9-4 和图 8.9-5 都是热泵干燥系统的应用。由于需求的拉动，热泵干燥系统在今后会得到广泛应用。

任何物料都有一个合适的热风温度、湿度、风速等要求，热泵干燥系统设计的冷凝温度选取受物料干燥热风温度的影响，蒸发温度受回风露点温度影响。在满足这些条件下，冷凝温度尽量低，蒸发温度尽量高，才有较高的 EF 值。虽然目前大多用常规的 R134a、R410A 为工质，相信未来用 CO_2 跨临界循环实现热泵干燥的前景会更好。因为气体冷却器可以给出较高的热风温度。

图 8.9-4　热泵干燥系统
(a) 热泵干燥机及干燥室；(b) 热泵型谷物干燥机

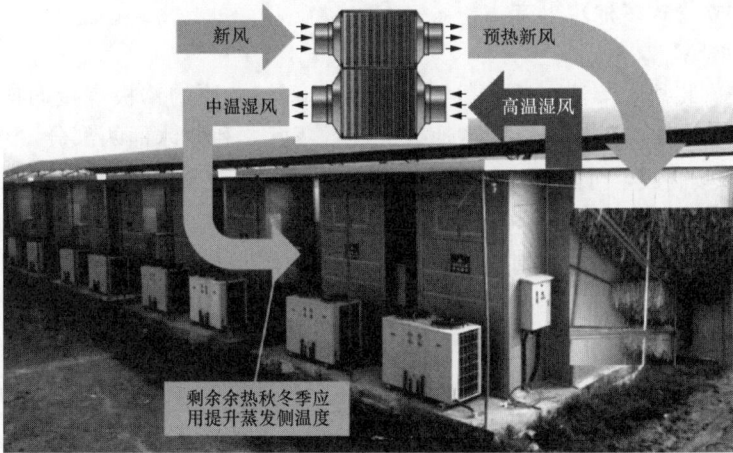

图 8.9-5　烟叶热泵干燥系统

8.10　大型盐水制冰机组

人们过去利用贮存自然冰达到制冷的目的。后来发明了制冷机械，很长时间也是为了制冰，至今还有"冷吨"作为制冷单位。一冷吨所表示的冷量在各国并不一致，1 美国冷吨＝3024kcal/h＝3.517kW。

大型盐水制冷机组是以氨或氟代烃类物质为制冷剂，以盐水间接冷却形式制取非食用块状冰，日产量不小于 10t 的制冰机组。

8.10.1　大型盐水制冰机组结构

盐水制冰设备主要包括制冷机组、制冰池、冰桶及冰桶架、融冰池、倒冰架、注水器、吊车等。具体结构原理图如图 8.10-1 所示。

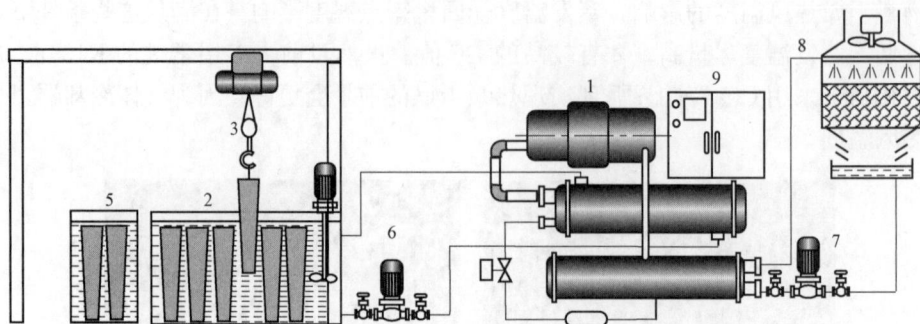

图 8.10-1　大型盐水制冰机组的原理

1—制冷机组；2—制冰池及冰桶；3—吊车；4—搅拌器；5—融冰池；6—盐水泵；

7—冷却水泵；8—冷却塔；9—控制柜

1. 制冷机组

按制冰产量选用制冷机组，可能是氨系统，也可能是氟利昂系统。制冷机组的蒸发器在制冰过程中有集中布置（安装在主机的壳管式）和分散布置（安装在制冰池中，有螺旋管式、V 型管式、立管式多种）等方式。

2. 制冰池和冰桶

制冰池用于盛装盐水溶液、冰桶等，一般由 6～8mm 厚的钢板焊接而成。如果蒸发器安装在制冰池，池中焊有隔板，将制冰池分成放置蒸发器和制冰桶两部分。冰桶多用 1.5～2.0mm 厚镀锌钢板制成，可采用焊接形式，也可采用铆钉连接形式。

3. 吊车

吊车及安装在制冰池上的钢制轨道架和框架，用于升降冰桶和融冰。

4. 搅拌器

盐水搅拌器有立式和卧式两类。蒸发器盐水池中盐水的流速不小于 0.7m/s，制冰盐水池中盐水的流速为 0.5m/s。搅拌器应布置在与融冰池相对应的一端，以免吊起的冰桶滴落盐水腐蚀电动机。

5. 融冰池

融冰池是为了加快冰块脱模，用钢板焊成或用混凝土制成的长方形水池，尺寸应比冰桶架大一些。通常在池中设摇摆架，池上设有进水和排水管道，以便补充高温水及排除低温水。

根据盐水溶液的性能，氯化钠盐水的相对密度在 1.15～1.18，氯化钙盐水的相对密度在 1.20～1.24，适合制冰。在使用过程中，应定期检查盐水的浓度和 pH 值。

制冰池和制冰桶如图 8.10-2 和图 8.10-3 所示。

8.10.2　大型盐水制冰机组的性能参数

盐水制冰机组的试验工况见表 8.10-1。

图 8.10-2　盐水制冰机的盐水池和制冰桶

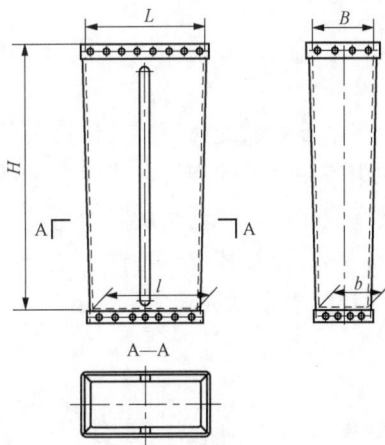

图 8.10-3　制冰桶的外形图

表 8.10-1　　　　名义工况及试验工况（摘自 GB/T 29029—2012）

试验条件		名义工况/℃	高温运行工况/℃	低温运行工况/℃	变工况/℃	凝露工况/℃
环境空气状态	干球温度	32	43	5	5~43	32
	湿球温度[a]	24	—	—	—	27
制冰进水温度		20	30	5	5~30	16
冷凝器进水温度[b]		30	36	20	20~36	—
冷凝器出水温度[c]		35	—			
制冰进水压力（表压）/kPa		150~500				
出冰温度/℃		≤-3				

[a]　只针对蒸发冷冷凝型机组。

[b]　只针对水冷冷凝机组和蒸发冷冷凝机组。

[c]　只针对水冷冷凝机组。

制冰机组的主要指标如下。

1. 名义制冰能力

名义制冰能力按式（8.10-1）计算：

$$G = \frac{G_1 + G_2 + G_3}{C_1 + C_2 + C_3} \times 24 \tag{8.10-1}$$

式中　　　　G——名义制冰能力，t/h；

G_1、G_2、G_3——第 1、2、3 个循环的制冰量，t；

C_1、C_2、C_3——第 1、2、3 个循环的时间，h。

2. 制冰耗电量

制冰耗电量按式（8.10-2）计算：

$$E = \frac{E_1 + E_2 + E_3}{G_1 + G_2 + G_3} \tag{8.10-2}$$

式中　　　　E——每制取 1t 冰机组的耗电量，kW·h/t；

E_1、E_2、E_3——第 1、2、3 个循环的耗电量，kW·h。

8.11 汽车空调

汽车是重要的交通工具，包括乘用车和商用车。

乘用车在其设计和技术特性上主要用于载运乘客及其随身行李和（或）临时物品，包括驾驶员座位在内，乘用车最多不超过 9 个座位，其中生产数量最多的是 5 人轿车。

商用车在设计和技术特性上用于运送 9 人以上人员和货物，主要有：客车（中巴、大巴）、半挂牵引车、货车。

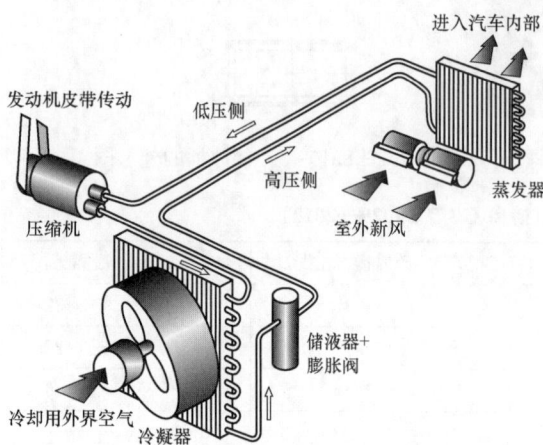

图 8.11-1　汽车空调系统结构

汽车的特点是空间小，乘员多，需要新风量大，工作环境比房间恶劣。因为没有空间安装较大面积的换热器，在夏天需要较低的蒸发温度和较高的冷凝温度维持制冷，通常 EER 不高。压缩机由发动机直接带动，消耗较大功率。传统汽车在冬天是用发动机余热供暖，压缩机不运行。典型的汽车空调结构如图 8.11-1 所示。

在《汽车空调器》（GB/T 21361—2017）中规定，其重要的性能指标有制冷量，能效比即制冷系数 EER，以及综合能效比 REER。这些数据可以在焓差室中进行测量。

$$REER = 10\% \times EER^① + 50\% \times EER^② + 40\% \times EER^③ \tag{8.11-1}$$

式中　$EER^①$——发动机低转速下空调制冷量与压缩机驱动功率之比；

$EER^②$——发动机名义制冷转速下空调制冷量与压缩机驱动功率之比；

$EER^③$——发动机高转速下空调制冷量与压缩机驱动功率之比。

汽车空调系统的试验工况见表 8.11-1，压缩机的转速见表 8.11-2。

表 8.11-1　　　　　　试验工况（摘自 GB/T 21361—2017）　　　　　　（℃）

试验条件		蒸发器侧入口空气状态		冷凝器侧入口空气状态	
		干球温度	湿球温度	干球温度	湿球温度
制冷运行	名义制冷	27	19.5	35	—
	最大负荷	32.5	26	50	
	低温	21	15.5	21	
	凝露	28	24	27	

表 8.11-2　　　　　　压缩机转速（摘自 GB/T 21361—2017）　　　　　　（r/min）

型式		压缩机转速		
		低转速	名义冷量转速	高转速
非独立式	曲柄连杆活塞式	1000	1800	2500
	斜盘活塞式	1100	1800	4500
	旋转式	1200	1800	6000
	涡旋式	1500	3000	7000

注　1. 主机驱动式的制冷量，原则是指压缩机转速为名义制冷量转速时的制冷量，当常用车速为 40km/h 时，压缩机转速与名义制冷量转速差异显著时，则常用车速下的压缩机转速表示制冷量，但应注明压缩机的转速。

　　2. 进行试验时，压缩机的转速变动量应小于或等于±2%。

汽车空调用制冷压缩机包括开启式、半封闭和全封闭 3 种形式，以开启式为多。压缩机类型上有曲柄连杆活塞式、斜盘活塞式、涡旋式和旋转式。开启式压缩机和半封闭式压缩机外观分别如图 8.11-2 和图 8.11-3 所示。汽车能源来自燃油驱动的发动机。如果用电源驱动制冷与空调设备，理论上可行，但对燃油系统来说，增加了能源转换过程。因此对于内燃机驱动的汽车而言，压缩机大多采用开式活塞压缩机或开式涡旋压缩机，由发动机皮带传动。

图 8.11-2　开启式汽车空调压缩机

图 8.11-3　半封闭式汽车空调压缩机

斜盘式压缩机内部结构如图 8.11-4 和图 8.11-5 所示。

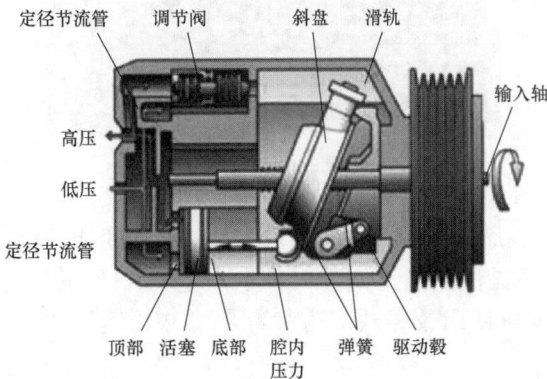

图 8.11-4　斜盘式活塞压缩机

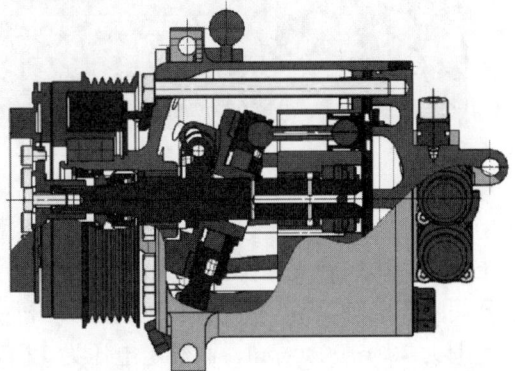

图 8.11-5　斜盘式 CO_2 压缩机

在《汽车空调用制冷压缩机》(GB/T 21360—2008)中规定制冷系数(COP 值),见表 8.11-3。

表 8.11-3 　　　　　　　　　制冷系数 COP 值(摘自 GB/T 21360—2008)

压缩机型式		压缩机排量/(mL/r)			
		≤160	≤320	≤550	>550
开启式	曲柄连杆活塞式	1.70	1.70	1.80	1.85
	斜盘活塞式	1.65		1.70	
	涡旋式	1.85	1.85	1.80	
	旋转式	1.70	1.70		
半(全)封闭		1.60			

压缩机的试验工况见表 8.11-4。

表 8.11-4 　　　　　　　压缩机名义试验工况(摘自 GB/T 21360—2008)

压缩机型式		压缩机转速/(r/min)	吸气压力对应的饱和温度/℃	排气压力对应的饱和温度/℃	吸气温度/℃	制冷剂过冷温度/℃	压缩机环境温度/℃
开启式	曲柄连杆活塞式	1800	−1.0[a]	63.0	9.0	63.0	≥65
	斜盘活塞式						
	旋转式						
	涡旋式						
半(全)封闭		额定电压					

[a] 对于变排量压缩机,压缩机控制阀的设定压力。

考虑便于散热,汽车空调的冷凝器一般安装在汽车的前部,便于利用前进时的风速。其换热器结构多采用铝纤焊平行流式,如图 8.11-6 所示。而蒸发器多是铝管运算式换热器,如图 8.11-7 所示。

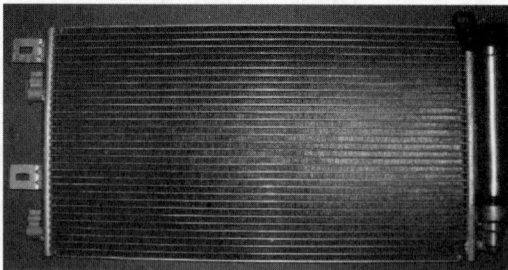

图 8.11-6　轿车空调冷凝器

图 8.11-7　轿车空调蒸发器

由于汽车正在进行电动化,今后汽车空调的发展方向是采用电动机驱动的全封闭式变频压缩机,不仅在夏天降温,在冬天通过热泵循环提供热量。例如,日本三电(SANDEN)公司生产电动汽车用空调压缩机。压缩机中的电机使用钕磁铁,功率为 8.2kW,运行转数范围为 700~9000rpm,而额定电压为 120V。

对于电动汽车空调来说,箱体保温、提高压缩机效率、热能管理和采用零 ODP 和低

GWP 的制冷剂是今后努力的方向。

8.12 制冷与热泵系统的机房设计

机房指安装制冷与热泵主机、水系统或空气处理机组的房间，中小型制冷与热泵系统可以不用机房。

8.12.1 基本参数的确定

(1) 空调机房：总制冷量，冷冻水供水、回水温度，冷水机组，冷却水系统，冷冻水系统。

(2) 供暖热泵站：供热量，热源（水、空气）、热泵机组、供热方式（水、空气）。

(3) 冷库或冷冻站制冷系统：冷藏量，冻结能力，制冷系统。

制冷与热泵系统热源和负载的分类情况见表 8.12 - 1，较大型机房多用水源或冷却塔，没有合适水源可考虑地下埋管系统，也可考虑空气源。

表 8.12 - 1 制冷与热泵系统热源和负载

类型	空气—空气式	水—空气式
简图		
热源/负载	空气源/风系统	水源或冷却塔/风系统
类型	水—水式	空气—水式
简图		
热源/负载	水源或冷却塔/水系统	空气源/水系统

8.12.2 收集设计原始资料

(1) 冷热负荷资料：来源随制冷与热泵工艺的不同而异，如空调用冷冻站，其冷负荷由空调计算提供。同时要了解用户要求的供冷供热方式（直接、间接）。

(2) 水质资料：冷却水水源的水质资料，包括浑浊度、含杂质量、pH 值、水温、供水情况等。

（3）气象资料：室外设计温度，最高、最低温度，大气压力、大气相对湿度等。

（4）地质资料：通常由土建专业提供。

（5）设备资料：各种设备的主要性能、技术规格、技术参数、设备外形图、安装图、出厂价格等。

（6）主要材料资料：保温材料、各种管材的技术性能、规格、价格等。

（7）未来发展规划资料。

8.12.3　确定系统总制冷量 $Q_{0总}$ 或制热量 $Q_{k总}$

根据用户冷热负荷的基本计算，考虑：用户实际需要的制冷量或制热量，制冷与热泵系统本身和供冷和供热系统的损失量。总制冷量：

$$Q_{0总} = (1+A)Q_0 \qquad (8.12-1)$$

总制热量：

$$Q_{k总} = (1+A)Q_k \qquad (8.12-2)$$

A 为冷（热）损失附加系数：　　直接供冷（热）$A=5\%\sim7\%$

　　　　　　　　　　　　　　间接供冷（热）$A=7\%\sim15\%$

制冷与热泵系统，热源端处无论空气源、水源，用户端或大或小，都不宜把系统做得很大。原因：系统越大，热源端或用户端的水系统或风系统就越大。水系统的损失越大，水泵耗能越多，系统的 COP 就越低。对于冷冻水系统，泵功率通过较长的管路摩阻最终变成热量，抵消了冷量，所以过大的集中供冷系统不可取。热泵供暖也不应把热泵当作锅炉，提高出水温度以解决一些老旧建筑的临时改造。热泵提高出水温度，会造成 COP 下降。热泵适合低温供暖，45℃甚至 40℃为宜。多台安装的空气源热泵不宜做得很集中，形成"冷岛"现象，造成中间的机组效率降低。系统越是分散效率可能越高。地下埋管的地源热泵，也有一个合适的埋管间距，过大过小对于恢复地下土壤温度都不利。

8.12.4　确定制冷剂种类和系统形式

制冷剂种类和系统形式一般根据系统总制冷（热）量、冷冻水量、供热水量、水温及使用条件确定。

1. 制冷剂的确定

我国正处于制冷剂替代的转型时期。原则上新产品和新设计，不采用 R22 等 HCFC 类工质。大型工业制冷或大型冷库，间接供冷或对卫生、安全无特殊要求时，宜用氨；大中型冷库，超市直接供冷并对卫生、安全有要求时，宜用氨（或 R134a）与 CO_2 复叠系统；商用及民用系统，对卫生安全有要求或直接供冷，宜用 R134a、R410A 等 HFC 类制冷剂或 CO_2，随着落实《蒙特利尔议定书基加利修正案》，将来可能逐步应用氨、碳氢化合物、CO_2、R32 等。

2. 系统形式的确定

通常压缩比系统，指普通空调、水源热泵、−20℃以上冷库或−10℃以上环境温度的空气源热泵采用单级压缩。

较高压缩比系统，对于库温−20℃以下的冷库或环境温度−10℃以下的空气源热泵采用带经济器的准二级压缩，温度再低，对于库温−30℃和−50℃以下的冷库可分别采用双级压缩或复叠式系统。

3. 供冷（热）方式：根据工程的实际需要来确定

直接供冷供热：冷藏库和热泵干燥多采用直接蒸发式供冷或供热。

间接供冷供热：大中型空调、热泵供暖用水作为循环介质，工业制冷盐水、乙二醇作为载冷剂的供冷系统。

8.12.5　确定系统设计工况

（1）冷凝温度：对外界散热用的风冷冷凝器，冷凝温度由环境空气的温度及传热温差确定，冷凝温度应比环境温度高 10℃ 以上。冷却塔或水冷的冷凝温度一般比水的平均温度高 3～5℃。供暖或供热为目的的冷凝器，冷凝温度由目标温度及传热温差确定，传热温差与上述相同。

（2）蒸发温度：从外界吸热用的风冷蒸发器，蒸发温度由环境空气的温度及传热温差确定，蒸发温度应比环境温度低 10℃ 以上。空调或冷库为目的的蒸发器，蒸发器的传热温差也类似。以水或盐水为载冷剂的蒸发器，蒸发温度比水的平均温度低 3～5℃。

（3）过冷温度：比冷凝温度低 3～5℃。

（4）吸气温度：过热度 5～8℃。

（5）工况确定后，即可绘制压焓图，用计算软件进行循环热力计算，为选择设备提供原始数据。

8.12.6　选择主机

除非特殊应用和非标设计，当前各种型号的主机，包括冷库用、空调用、热泵用或空调热泵两用的主机，适合各种容量和制冷或供热温度，原则上不用再从压缩机、换热器等部件组合开始设计，而是直接先用各种成套主机。

如果有必要从部件设计主机开始，关键是选好压缩机，通常按如下原则进行选择。

1. 压缩机型式、台数、压缩级数的选择

大中型冷冻站或热泵站：离心式或螺杆式。

中小型冷冻站或热泵站：螺杆式、活塞式、涡旋式、转子式。

2. 压缩机制冷量计算——选配压缩机（3 种方法）

（1）由理论输气量计算。

（2）由冷量换算公式计算。

（3）由压缩机特性曲线确定。

几种压缩机的单机功率如图 8.12-1 所示。

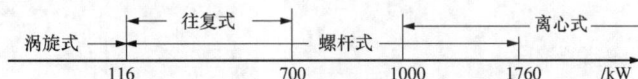

图 8.12-1　单机功率

注意以上是指单个压缩机的功率，通常主机是由多台（至少两台）压缩机组成，尽量选取相同型号的压缩机。

3. 压缩机轴功率的计算

压缩机轴功率的计算，对开式压缩机得出电机功率后选配电机。

8.12.7　制冷与热泵系统机房的布置

（1）制冷或热泵机房位置尽可能靠近冷热负荷中心，力求缩短输送管道；氨制冷机房应考虑到氨制冷剂的易燃易爆特性。

（2）大中型机房内主机宜与辅助设备及水泵分区布置，可单设泵房。

（3）主机一般情况下不少于两台，布置成对称或有规律的形式。压缩机的所有压力表、温度计等仪表，均应设置在操作时便于观察的地方，通常使其面向主要操作通道；压缩机的型号尽量一致。

（4）立式冷凝器均装在室外，距外墙一般不宜超过5m；卧式冷凝器一般装在室内；冷却塔或蒸发式冷凝器一般布置在制冷站屋顶上。

（5）蒸发器位置应尽可能靠近压缩机，以缩短吸气管的长度，减少压力降。

（6）设备间的净间距要求可参考有关规范。

图8.12-2为某热泵站机房，有6台大型热泵式离心机组，单台制冷量3200kW。外部热源有地下埋管。

图8.12-2　热泵机房布局
（a）热泵主机；（b）循环水泵

图8.12-3为某氨冷库机房的布局。

图8.12-3　氨冷库机房布局
（a）主机；（b）贮氨罐

8.12.8 制冷与热泵的水系统

1. 制冷系统的冷冻水系统

冷冻水来自蒸发器，按布局分为开式系统和闭式系统，如图 8.12-4 所示。

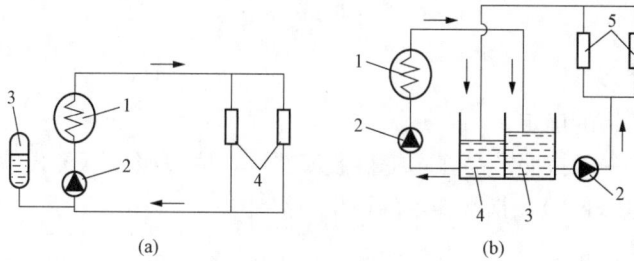

图 8.12-4 冷冻水系统

(a) 闭式冷冻水系统；

1—蒸发器；2—水泵；3—膨胀水箱；4—用户

(b) 开式冷冻水系统

1—蒸发器；2—水泵；3—冷水箱；4—回水箱；5—用户

2. 制冷与热泵的冷却水或供热水系统

冷却水来自冷凝器，冷却水的循环方式上有直流式、混合式和机械循环式，如图 8.12-5 所示。

3. 制冷与热泵的冷却水或供热水系统水泵的选择

(1) 水泵的主要形式有卧式离心泵和立式离心泵两种，如图 8.12-6 所示。

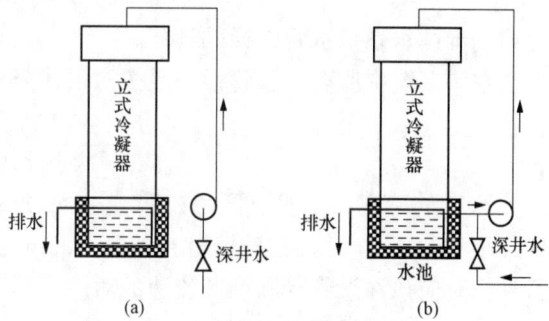

图 8.12-5 冷却水系统

(a) 直流式冷水系统；(b) 混合式冷却水系统

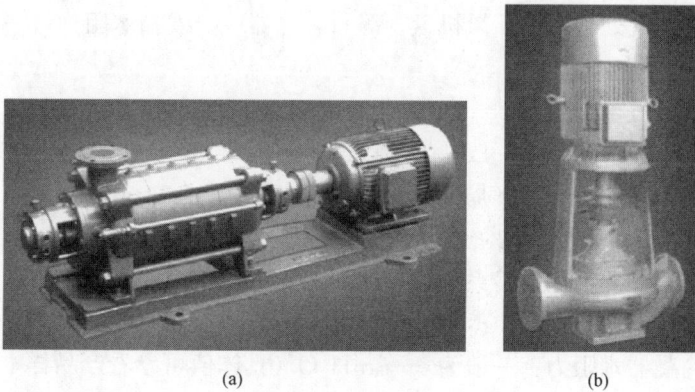

图 8.12-6 两种水泵

(a) 卧式离心泵；(b) 立式离心泵

(2) 水泵型号含义如图 8.12-7 所示。

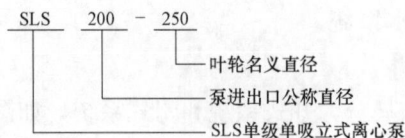

图 8.12-7 水泵型号含义

（3）水泵选择的步骤：

第一步：水泵流量的确定。

①冷却水流量：一般按照产品样本提供数值选取，或按照如下公式进行计算，公式中的 Q_0 为制冷主机制冷量（kW），指冷却水的进出口温差。

$$L = \frac{Q_0}{(4.5 \sim 5) \times 1.163} \times (1.15 \sim 1.2) \quad (\mathrm{m}^3/\mathrm{h}) \tag{8.12-3}$$

②冷冻水流量：在没有考虑同时使用率的情况下选定的机组，可根据产品样本提供的数值选用或根据如下公式进行计算。如果考虑了同时使用率，建议用如下公式进行计算。公式中的 Q_0 为建筑没有考虑同时使用率情况下的总冷负荷。

$$L = \frac{Q_0}{(4.5 \sim 5) \times 1.163} \quad (\mathrm{m}^3/\mathrm{h}) \tag{8.12-4}$$

第二步：水系统水管管径的计算。

在空调系统中所有水管管径一般按照下述公式进行计算：

$$D = \sqrt{\frac{L}{0.785 \times 3600 \times V}} \quad (\mathrm{m}) \tag{8.12-5}$$

流速 V 的确定：一般当管径在 DN100 到 DN250 之间时，流速推荐值为 1.5m/s 左右，当管径小于 DN100 时，推荐流速应小于 1.0m/s，当管径大于 DN250 时，流速可再加大。进行计算时应该注意管径和推荐流速的对应。

第三步：水泵扬程的确定。

冷冻水泵扬程的组成以水冷螺杆机组为例：

①制冷机组蒸发器水阻力：一般为 $5 \sim 7\mathrm{mH_2O}$（具体值可参看产品样本）；

②末端设备（空气处理机组、风机盘管等）表冷器或蒸发器水阻力：一般为 $5 \sim 7\mathrm{mH_2O}$（具体值可参看产品样本）；

③回水过滤器阻力，一般为 $3 \sim 5\mathrm{mH_2O}$；

④分水器、集水器水阻力：一般一个为 $3\mathrm{mH_2O}$；

⑤制冷系统水管路沿程阻力和局部阻力损失：一般为 $7 \sim 10\mathrm{mH_2O}$；

综上所述，冷冻水泵扬程为 $26 \sim 35\mathrm{mH_2O}$，一般为 $32 \sim 36\mathrm{mH_2O}$。

注意：扬程的计算要根据制冷系统的具体情况而定，不可照搬经验值。

冷却水泵扬程的组成：

①制冷机组冷凝器水阻力：一般为 $5 \sim 7\mathrm{mH_2O}$（具体值可参看产品样本）；

②冷却塔喷头喷水压力：一般为 $2 \sim 3\mathrm{mH_2O}$；

③冷却塔（开式冷却塔）接水盘到喷嘴的高差：一般为 $2 \sim 3\mathrm{mH_2O}$；

④回水过滤器阻力，一般为 $3 \sim 5\mathrm{mH_2O}$；

⑤制冷系统水管路沿程阻力和局部阻力损失：一般为 $5 \sim 8\mathrm{mH_2O}$；

综上所述，冷冻水泵扬程为 $17\sim26mH_2O$，一般为 $21\sim25mH_2O$。

补水水泵扬程的计算：

补水水泵扬程为系统最高点距补水泵接管处的垂直距离和补水管路的沿程阻力损失及局部阻力损失。

4. 冷却塔和热源塔

（1）开式冷却塔，如图 8.12 - 8（a）所示。冷凝器的冷却水通过水泵并喷淋，再通过冷却塔内的填料，并与风机输送的空气进行直接热交换，带走部分蒸发的水分，将冷却水降温后循环利用。开式冷却塔的循环水因接触室外风沙，以及不断蒸发补水浓缩，水质变差，需要定期排污更新循环水。也需要定期清洗冷凝器水管路，定期清洗冷却塔的填料。

（2）闭式冷却塔，冷凝器的循环水在换热管道内部流动，换热管道外部有翅片与风机空气和喷淋水首先换热，冷却水可以保持清洁。闭式冷却塔如图 8.12 - 8（b）所示。

（3）热源塔，在我国长江至黄河之间地区，冬天需要供暖但环境温度低于 0℃，可以将冷却塔改造为热源塔，循环水为防冻液，为热泵的蒸发器提供热量。

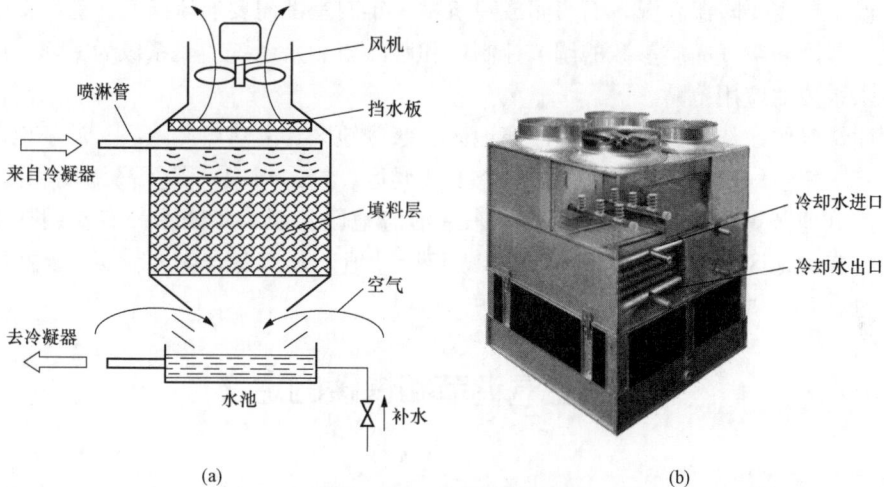

图 8.12 - 8　两种冷却塔
（a）开式冷却塔；（b）闭式冷却塔

本 章 小 结

随着我国国民经济的快速发展，中国已经是制冷空调工业的制造大国和使用大国，无论从设备装机容量，还是制造或使用的品种，中国已经位居世界前列。制冷空调技术提高了人们的生活质量，制冷技术对食品保鲜、夏季空调作用巨大。而各种热泵装置，通过消耗少量的高质能量，将地热、空气（太阳能）、地下水、生活污水、工业余热等可再生能源开采利用，用于供热和冬季采暖，减少了化石能源的消耗。在工业、商业、民用等范围的制冷空调与热泵装置的应用越来越多，制造的水平也越来越高。我国制定了制冷空调与热泵装置的产品标准和能效标准，对于提高制冷空调与热泵装置的能效水平，节约能源和减少环境污染起到重要作用。

虽然本章列举了 11 类制冷与热泵装置，比起在实际中应用的各种制冷与热泵装置，仍然不能以一概全。但从原理上可以互相类比，举一反三，达到融会贯通的目的。

第9章 制冷与热泵的围护结构

在建筑工程范畴的围护结构是指建筑物及房间各面的围护物，分为透明和不透明两种类型；不透明围护结构有墙、屋面、地板、顶棚等；透明围护结构有窗户、天窗、阳台门、玻璃隔断等。广义的制冷与热泵产生的冷量和热量，必然要有围护结构进行保存。围护结构还可以延伸到冰箱的壳体，热泵热水机的水箱、交通车辆的车厢、冷库的库体和热泵干燥机的干燥室（箱）等。冷库或热泵干燥室的墙体和库门都与建筑的围护结构原理相同，能够有效地抵御不利环境的影响。

由于自然界春夏秋冬季节变换，以及昼夜交替的环境温度有所不同，人们需要对居住和工作的房间和建筑物等室内环境的空气参数进行调节，比如我国很多地区冬季需要采暖，夏季高温高湿季节需要降温除湿，而房间或建筑物一年四季都需要通风换气。这些对于居住环境的温度、湿度和空气品质参数的调节控制，和制冷与热泵系统的关系极为密切，属于制冷与热泵技术重要的应用范畴。

中国建筑气候区从北到南依次为严寒地区、寒冷地区、夏热冬冷地区、温和地区和夏热冬暖地区等7个主气候区，并细分为20个子气候区。总的来说，除了高纬度和高寒地区，中国绝大部分地区夏季都需要空调降温，东南沿海地区甚至一年四季都有空调降温除湿需求；而北方广大地区大约有206亿 m^2（2016年统计值）建筑冬季需要供暖，长江以南夏热冬冷地区也有冬季供暖需求，只是时间较短。

9.1 空气调节和供暖的定义

1. 空气调节（或空调）

空气调节是通过制冷、加热、除湿、加湿和过滤、净化等设备，使被调节空间的空气保持规定的温度、湿度、流动速度以及洁净度、新鲜度。空调的参数包括空气的温度、压力、湿度、风速、氧气含量、噪声、洁净度等。在习惯上人们把夏季房间的降温和除湿过程称为空调，实际上房间的升温增湿也是空调过程。

气象学定义连续5天日平均气温在22℃以上，即为进入夏天。很多北方地区的夏天虽然有些热，但不潮湿，只要开窗通风或开风扇就很舒适。而南方地区秋冬季时气温不高，但很潮湿，也需要开空调以除湿。所以我国由于各地的气候不同，空调季节没有统一的规定。

2. 供暖和采暖

气象学上规定，连续5天日平均气温低于10℃，就算进入冬天，第1天即为入冬之日。例如，某地11月1日到11月5日这5天平均气温都在10℃以下，11月1日起就是入冬了。

供暖：用人工方法通过消耗一定能源向室内供给热量，使室内保持生活或工作所需的适宜温度的技术、装备、服务的总称。供暖系统由热媒制备（热源）、热媒输送和热媒利用（散热设备或称末端设备）3个主要部分组成，通常的热媒是水或空气。

在冬天供热也是严格意义的空气调节，但也可能是仅做温度上的调节，对湿度和风速等参数不做要求。

集中供暖：热源和散热设备分别设置，用热媒管道相连接，由热源向多个热用户供给热量的供暖系统，又称为集中供暖系统。目前集中供热的主力是大型锅炉房或发电厂热电联产余热的供热系统，一个电厂可能供应几十万户的热量。用热泵站的集中供暖已经开始走上应用。

根据住房和城乡建设部、国家质量监督检验检疫总局联合发布的《住宅设计规范》（GB 50096—2011）规定，严寒和寒冷地区的住宅应设置采暖设施。通常供暖、采暖和供热经常混合使用，含义基本相同，在有关标准中只用供暖一词。

3. 空调与供暖的分散与集中

采用小型设备进行一家一户的空调或采暖，可称为分散式；采用较大的空调或采暖装置，对多用户甚至区域性空调或采暖，称为集中式。对空调来说，称为中央空调，对供暖来说，称为集中供暖。当前集中供暖时间往往是政府统一规定。

9.2 空气调节的分类

常用的空调系统，按其空气处理设备设置情况不同，有不同的分类方式。

9.2.1 按照空调服务对象或用途不同分类

（1）舒适性空调：以满足人对特定空间内空气环境的舒适性要求为主要目的。

（2）工艺性空调：指以满足设备工艺要求为主，室内人员舒适感为辅的具有较高水平的温度、湿度、洁净度等级要求的空调系统。例如，纺织车间、电子芯片车间、冷冻食品的生产车间等。

9.2.2 按空气处理设备的集中程度分类

（1）集中式空调系统，特点是所有的空气处理设备，包括风机、水泵等都集中在一个空调机房内，处理后的空气经风道输送到各空调房间。集中式空调系统按其处理空气的来源，有直流式和混合式两种系统。

①直流式集中空调系统，又称为全新风式集中空调系统，它所处理的空气全部来自室外，室外空气经处理后送入室内，使用后全部排出到室外。其处理空气的耗能量大。这种空调系统应用于室内空气不宜循环的建筑物中，如放射性及散发大量有害物的实验室和车间，或传染病医院等。

②混合式集中空调系统，既使用一部分室内再循环空气，又使用一部分室外新鲜空气。这种系统循环空气需要过滤和净化，定期更换滤网和净化装置。

（2）半集中式空调系统，这种系统除设有集中空调机房外还在空调机房间内设有二次空气处理设备。半集中式空调系统最常用的类型是风机盘管机组，由多排称作盘管的翅片管热交换器和风机组成的。与集中式空调系统不同，它采用就地处理回风的方式，由风机驱动室内空气流过盘管进行冷却除湿或加热，再送回室内。其新风需要单独处理。

（3）分散式空调系统，又称为局部空调。局部空调机组又称为空调器。它是把空气处理设备、冷热源（制冷机组和电加热）等整体地组合在一个箱体里，其特点是结构紧凑、体积小、安装简便、节省大量风道、使用灵活。结构上分为整体式与分体式两种。

9.2.3 按负担室内热湿负荷的所用介质不同分类

（1）全空气系统。

（2）全水系统。

（3）空气—水系统。

（4）制冷剂系统。

在空调系统中离不开制冷设备，针对不同的分类方式的终端载冷（热）剂，可大体分为风系统、水系统和氟系统。

9.3　房间或建筑物的空气调节

9.3.1　重要的参数

室外空气计算参数是指 GB 50736—2012《民用建筑供暖通风与空气调节设计规范》（以下简称《规范》）中所规定的用于供暖通风与空调设计计算的室外气象参数。

室外空气计算参数编号来自《规范》。

（1）主要城市的室外空气计算参数应按本规范附录 A 采用。对于附录 A 未列入的城市，应按本节的规定进行计算确定，若基本观测数据不满足本节要求，其冬夏两季室外计算温度，也可按本规范附录 B 所列的简化方法确定。

（2）供暖室外计算温度应采用历年平均不保证 5d 的日平均温度。

（3）冬季通风室外计算温度，应采用累年最冷月平均温度。

（4）冬季空调室外计算温度，应采用历年平均不保证 1d 的日平均温度。

（5）冬季空调室外计算相对湿度，应采用累年最冷月平均相对湿度。

（6）夏季空调室外计算干球温度，应采用历年平均不保证 50h 的干球温度。

（7）夏季空调室外计算湿球温度，应采用历年平均不保证 50h 的湿球温度。

（8）夏季通风室外计算温度，应采用历年最热月 14 时的月平均温度的平均值。

（9）夏季通风室外计算相对湿度，应采用历年最热月 14 时的月平均相对湿度的平均值。

（10）夏季空调室外计算日平均温度，应采用历年平均不保证 5d 的日平均温度。

由于室外气候无论夏季还是冬季都有着短暂的恶劣天气，而建筑物也有一定的热惯性，通过围护结构热惰性原理分析得出：在采用 21/2 砖实心墙情况下，即使昼夜间室外温度波幅为 ±18℃，外墙内表面的温度波幅也不会超过 ±1℃，对人的舒适感没有影响。夏季的不保证 50h 和冬季的不保证 5d，使得空调或采暖的装置的容量经济合理，系统运行工况的变化范围也比较容易控制。

具体可查阅《规范》的附录 A 室外空气计算参数。表 9.3-1 是一组范例。

表 9.3-1　　室外空气计算参数（摘自 GB 50736—2012）

省/直辖市/自治区 设计用室外气象参数	山东	北京	北京	上海	天津
	济南	北京	密云	上海	天津
海拔/m	170.3	31.3	71.8	5.5	2.5
常年大气压/Pa	100813	101169	100847	101618	101677
采暖室外计算温度/℃	−5.2	−7.5	−8.9	1.2	−7.0
冬季通风室外计算温度/℃	−3.6	−7.6	−8.7	3.5	−6.5
夏季通风室外计算温度/℃	30.9	29.9	29.9	30.8	29.9

省/直辖市/自治区 设计用室外气象参数	山东 济南	北京 北京	北京 密云	上海 上海	天津 天津
夏季通风室外计算相对湿度（%）	56	58	59	69	62
冬季空气调节室外计算温度/℃	−7.7	−9.8	−11.7	−1.2	−9.4
冬季空气调节室外计算相对湿度（%）	45	37	56	74	73
夏季空气调节室外计算干球温度/℃	34.8	33.6	33.7	34.6	33.9
夏季空气调节室外计算湿球温度/℃	27.0	26.3	26.4	28.2	26.9
夏季空气调节室外计算日平均温度/℃	31.2	29.1	28.8	31.3	29.3
冬季室外平均风速/（m/s）	2.7	2.7	2.6	3.3	2.1
冬季室外最多风向的平均风速/（m/s）	3.5	4.5	3.2	3.0	5.6
夏季室外平均风速/（m/s）	2.8	2.2	2.2	3.4	1.7
冬季最多风向	ENE	NNW	NE	N	NNW
冬季最多风向的频率（%）	18	14	21	13	15
夏季最多风向	SSW	SE	SSW	S	S
夏季最多风向的频率（%）	19	12	12	14	11
年最多风向	SSW	SSW	ENE	ESE	SSW
年最多风向的频率（%）	15	10	16	9	9
冬季室外大气压力/Pa	101853	102573	102083	102647	102960
夏季室外大气压力/Pa	99727	99987	99523	100573	100287
冬季日照百分率（%）	53	57	53	38	48
设计计算用采暖期日数/d	100	122	131	40	121
设计计算用采暖期初日	11 月 26 日	11 月 14 日	11 月 8 日	12 月 31 日	11 月 15 日
设计计算用采暖期终日	3 月 5 日	3 月 15 日	3 月 18 日	2 月 8 日	3 月 15 日
极端最低温度/℃	−14.9	−18.3	−23.3	−7.7	−17.8
极端最高温度/℃	42.0	41.9	40.7	39.6	40.5

9.3.2 室内空气计算参数

设计供暖时，民用建筑冬季室内计算温度应按下列规定采用。

（1）寒冷地区和严寒地区主要房间应采用 18～24℃。

（2）夏热冬冷地区主要房间应采用 16～22℃。

（3）辅助建筑物及辅助用室不应低于下列数值：

浴室 25℃，更衣室 25℃，办公室、休息室 18℃，食堂 18℃，盥洗室、厕所 12℃。

供暖的一般规定：累年日平均温度低于或等于 5℃ 的日数大于或等于 90 天的地区，宜设置集中供暖。

人员长期逗留区域空调室内设计参数见表 9.3-2。

表 9.3-2 人员长期逗留区域空调室内设计参数

类别	热舒适度等级	温度/℃	相对湿度（%）	风速/（m/s）
供热工况	Ⅰ级	22~24	≥30	≤0.2
	Ⅱ级	18~22	—	≤0.2
供冷工况	Ⅰ级	24~26	40~60	≤0.25
	Ⅱ级	26~28	≤70	≤0.3

9.3.3 新风和新风系统

凡有人员生活或工作的有空调和供热的建筑物，人的呼吸放出 CO_2，房间有生产释放气体或涂料、人造板等挥发物等导致空气的新鲜度和洁净度降低，必须要有新风的补充。

（1）新风是指建筑物外的空气，或在进入建筑物前未被空调通风系统循环过的空气。空调机组和新风机组的新风口直接与建筑物外部空间相连引入新风。除非特殊要求，在民用、商用建筑新风通常占循环风量的 10%。新风的风口应设在室外较洁净的地点，应尽量放在排风口的上风侧，宜设在建筑物的背阴处，也宜设在北墙上。

（2）新风系统是由送风系统和排风系统组成的一套独立空气处理系统，它分为管道式新风系统和无管道式新风系统两种。管道式新风系统由新风机和管道配件组成，通过新风机净化室外空气导入室内，通过管道将室内空气排出；无管道式新风系统由新风机组成，同样由新风机净化室外空气导入室内。相对来说，管道式新风系统由于工程量大更适合工业或者大面积办公区使用，而无管道式新风系统因为安装方便，更适合家庭使用（表 9.3-3）。

表 9.3-3 公共建筑主要房间每人所需最小新风量 [m³/（h·人）]

建筑房间类型	新风量
办公室	30
客房	30
大堂、四季厅	10

9.3.4 舒适度

舒适度又称为热舒适性，包括广义的健康舒适性，是人类在长期进化过程中建立起来的与环境协调发展的结果。其最佳值是人类长期生存的自然环境的平均值基础上建立的一个舒适性范围。因此南方人北方人、平原人高山人、沿海人大陆人的舒适感是不一样的。舒适度主要是通过大量人员的实验得出的，体现在表 9.3-2 列出的空调室内设计参数。

9.4 围护结构冷暖负荷计算

对于建筑物冬季的采暖负荷，可参考有《民用建筑供暖通风与空气调节设计规范》GB 50736—2012、《工业建筑供暖通风与空气调节设计规范》（GB 50019—2015）、《严寒和寒冷地区居住建筑节能设计标准》（JGJ 26—2010）、《夏热冬冷地区居住建筑节能设计标准》（JGJ 134—2010）等。这些标准或规范中对于夏季空调系统制定得比较完善，对于冬季采用热泵供暖，包括水源热泵和空气源热泵仅做了简单的规定。由于热泵技术的进步，对环境空气质量要求不断提高，许多关于热泵供暖的规定在逐步完善之中。

9.4.1 空调负荷计算

建筑物的空调系统计算，有很多专业书籍介绍，本节计算公式提供设计思路，摘自《民用建筑供暖通风与空气调节设计规范》（GB 50736—2012），仅供参考。

（1）除在方案设计或初步设计阶段可使用热、冷负荷指标进行必要的估算外，施工图设计阶段应对空调区的冬季热负荷和夏季逐时冷负荷进行计算。

（2）空调区的夏季计算得热量，应根据下列各项确定：

1）通过围护结构传入的热量；

2）通过透明围护结构进入的太阳辐射热量；

3）人体散热量；

4）照明散热量；

5）设备、器具、管道及其他内部热源的散热量；

6）食品或物料的散热量；

7）渗透空气带入的热量；

8）伴随各种散湿过程产生的潜热量。

（3）空调区的夏季冷负荷，应根据各项得热量的种类、性质以及空调区的蓄热特性，分别进行计算。

（4）空调区的下列各项得热量，应按非稳态方法计算其形成的夏季冷负荷，不应将其逐时值直接作为各对应时刻的逐时冷负荷值：

1）通过围护结构传入的非稳态传热量；

2）通过透明围护结构进入的太阳辐射热量；

3）人体散热量；

4）非全天使用的设备、照明灯具散热量等。

（5）空调区的下列各项得热量，可按稳态方法计算其形成的夏季冷负荷：

1）室温允许波动范围大于或等于±1℃的空调区，通过非轻型外墙传入的热量；

2）空调区与邻室的夏季温差大于3℃时，通过隔墙、楼板等内围护结构传入的传热量；

3）人员密集空调区的人体散热量；

4）全天使用的设备、照明灯具散热量等。

（6）空调区的夏季冷负荷计算，应符合下列规定：

1）舒适性空调可不计算地面传热形成的冷负荷；工艺性空调有外墙时，宜计算距外墙2m范围内的地面传热形成的冷负荷；

2）计算人体、照明和设备等散热形成的冷负荷时，应考虑人员群集系数、同时使用系数、设备功率系数和通风保温系数等；

3）屋顶处于空调区之外时，只计算屋顶进入空调区的辐射部分形成的冷负荷；高大空间采用分层空调时，空调区的逐时冷负荷可按全室性空调计算的逐时冷负荷乘以小于1的系数确定。

（7）空调区的夏季冷负荷宜采用计算软件进行计算；采用简化计算方法时，按非稳态方法计算的各项逐时冷负荷，宜按下列方法计算。

1）通过围护结构传入的非稳态传热形成的逐时冷负荷，按式（9.4-1）～式（9.4-3）计算：

$$CL_{Wq} = KF(t_{wlq} - t_n)$$ （9.4-1）

$$CL_{Wm} = KF(t_{wlm} - t_n)$$ （9.4-2）

$$CL_{Wc} = KF(t_{wlc} - t_n)$$ （9.4-3）

式中　CL_{Wq}——外墙传热形成的逐时冷负荷，W；

　　　CL_{Wm}——屋面传热形成的逐时冷负荷，W；

　　　CL_{Wc}——外窗传热形成的逐时冷负荷，W；

　　　K——外墙、屋面或外窗传热系数，W/（m²·K）；

　　　F——外墙、屋面或外窗传热面积，m²；

　　　t_{wlq}——外墙逐时冷负荷计算温度，℃；

　　　t_{wlm}——屋面逐时冷负荷计算温度，℃；

　　　t_{wlc}——外窗逐时冷负荷计算温度，℃；

　　　t_n——夏季空调区设计温度，℃。

2）透过玻璃窗进入的太阳辐射得热形成的逐时冷负荷，按式（9.4-4）～式（9.4-5）计算：

$$CL_C = C_{clC} C_z D_{Jmax} F_C$$ （9.4-4）

$$C_z = C_w C_n C_s$$ （9.4-5）

式中　CL_C——透过玻璃进入阳台太阳辐射得热形成的逐时冷负荷，W；

　　　C_{clC}——透过无遮阳标准太阳辐射冷负荷系数；

　　　C_z——外窗综合遮挡系数；

　　　C_w——外遮阳修正系数；

　　　C_n——内遮阳修正系数；

　　　C_s——玻璃修正系数；

　　　D_{Jmax}——夏季日射得热因数最大值；

　　　F_C——窗玻璃净面积，m²。

3）人体、照明和设备等散热形成的逐时冷负荷，分别按式（9.4-6）～式（9.4-8）计算：

$$CL_{rt} = C_{cl_{rt}} \phi Q_{zm}$$ （9.4-6）

$$CL_{zm} = C_{cl_{zm}} C_{zm} Q_{zm}$$ （9.4-7）

$$CL_{sb} = C_{cl_{sb}} C_{sb} Q_{sb}$$ （9.4-8）

式中　CL_{rt}——人体散热形成的逐时冷负荷，W；

　　　$C_{cl_{rt}}$——人体冷负荷系数；

　　　Φ——群集系数；

　　　Q_{rt}——人体散热量，W；

　　　CL_{zm}——照明散热形成的逐时冷负荷，W；

　　　$C_{cl_{zm}}$——照明冷负荷系数；

　　　C_{zm}——照明修正系数；

　　　Q_{zm}——照明散热量，W；

CL_{sb}——设备散热形成的逐时冷负荷，W；

$C_{cl_{sb}}$——设备冷负荷系数；

C_{sb}——设备修正系数；

Q_{sb}——设备散热量，W。

(8) 按稳态方法计算的空调区夏季冷负荷，宜按下列方法计算。

1) 室温允许波动范围大于或等于±1.0℃的空调区，其非轻型外墙传热形成的冷负荷，可近似按式（9.4-9）、式（9.4-10）计算：

$$CL_{W_q} = KF(t_{zp} - t_n) \tag{9.4-9}$$

$$t_{zp} = t_{wp} + \frac{\rho J_p}{\alpha_w} \tag{9.4-10}$$

式中　t_{zp}——夏季空调室外计算日平均综合温度，℃；

t_{wp}——夏季空调室外计算日平均温度，℃；

J_p——围护结构所在朝向太阳总辐射照度的日平均值，W/m²；

ρ——围护结构外表面对于太阳辐射得吸收系数；

α_w——围护结构外边开换热系数，W/（m²·K）。

2) 空调区与邻室的夏季温差大于3℃时，其通过隔墙、楼板等内围护结构传热形成的冷负荷可按式（9.4-11）计算：

$$CL_{W_n} = KF(t_{wp} + \Delta t_{ls} - t_n) \tag{9.4-11}$$

式中　CL_{W_n}——内围护结构传热形成的冷负荷，W；

Δt_{ls}——邻室计算平均温度与夏季空调室外计算日平均温度的差值，℃。

(9) 空调区的夏季计算散湿量，应考虑散湿源的种类、人员群集系数、同时使用系数以及通风系数等，并根据下列各项确定：

1) 人体散湿量；

2) 渗透空气带入的湿量；

3) 化学反应过程的散湿量；

4) 非围护结构各种潮湿表面、液面或液流的散湿量；

5) 食品或气体物料的散湿量；

6) 设备散湿量；

7) 围护结构散湿量。

(10) 空调区的夏季冷负荷，应按空调区各项逐时冷负荷的综合最大值确定。

(11) 空调系统的夏季冷负荷，应按下列规定确定：

1) 末端设备设有温度自动控制装置时，空调系统的夏季冷负荷按所服务各空调区逐时冷负荷的综合最大值确定；

2) 末端设备无温度自动控制装置时，空调系统的夏季冷负荷按所服务各空调区冷负荷的累计值确定；

3) 应计入新风冷负荷、再热负荷以及各项有关的附加冷负荷；

4) 应考虑所服务各空调区的同时使用系数。

(12) 空调系统的夏季附加冷负荷，宜按下列各项确定：

1) 空气通过风机、风管温升引起的附加冷负荷；

2）冷水通过水泵、管道、水箱温升引起的附加冷负荷。

（13）空调区的冬季热负荷，计算时，室外计算温度应采用冬季空调室外计算温度，并扣除室内设备等形成的稳定散热量。

（14）空调系统的冬季热负荷，应按所服务各空调区热负荷的累计值确定，除空调风管局部布置在室外环境的情况外，可不计入各项附加热负荷。

9.4.2 冬季供暖负荷计算

当考虑好热源和终端供热方式后，热泵的供暖负荷应该按照建筑物所在地区的室外计算温度与室内计算温度计算。

围护结构的基本耗热量应按下式计算［《民用建筑供暖通风与空气调节设计规范》（GB 50736—2012），以下简称《规范》］：

$$Q = \alpha F K (t_n - t_{nw}) \tag{9.4-12}$$

式中　Q——围护结构的基本耗热量，W；

　　α——围护结构温差修正系数；

　　F——围护结构的面积，m^2；

　　K——围护结构的传热系数，$W/(m^2 \cdot K)$；

　　t_n——供暖室内设计温度，℃；

　　t_{wn}——供暖室外计算温度，℃。

围护结构的传热系数应按下式计算：

$$K = \cfrac{1}{\cfrac{1}{\alpha_n} + \sum \cfrac{\delta}{\alpha_\lambda \lambda} + R_k + \cfrac{1}{\alpha_w}} \tag{9.4-13}$$

式中　K——围护结构的传热系数，$W/(m^2 \cdot K)$；

　　α_n——围护结构内表面换热系数，$W/(m^2 \cdot K)$；

　　α_w——围护结构外表面换热系数，$W/(m^2 \cdot K)$；

　　δ——围护结构各层材料厚度，m；

　　λ——围护结构各层材料导热系数，$W/(m \cdot K)$；

　　α_λ——材料导热系数修正系数；

　　R_k——封闭空气间层的热阻，$m^2 \cdot K/W$。

对较普通的建筑，结构已确定，可按以往经验值选取，如通常的经验数据是：冬季 $50W/m^2$，夏季 $100W/m^2$。注意随着建筑节能技术的进步，这个指标在减少。可按建筑物总面积计算总热负荷，并增加10%的余量。

需要注意热泵供暖的特点，如空气源热泵的制热系数 COP 随环境温度的变化而变化，而温度较低的天数占比不多，在寒冷地区空气源热泵的采暖季节的综合性能系数 IPLV（H）通常都大于2.5，大多数在3左右，具有明显的节能和环保的效果。

热泵供暖的热水温度不宜过高，最好45℃以下，这样热泵的 COP 尽可能高。热泵供暖的供回水温差不宜过大，一般5～8℃。热泵的供暖面积不宜过大，宜采用分散式或小集中式（通常在 $1000～5000m^2$ 左右）布局。

9.5 中央空调和热泵供热终端系统简介

人们通常说的中央空调系统是对建筑物（维护结构）进行集中处理空气和分配冷（热）量的空调系统，从冷（热）源分类有空气源和水源两大类，采用冷却塔或热源的塔的中央空调，本质上还是空气源。主机方面有制冷机和锅炉交替使用的配置，也有一机两用的热泵主机。其供应用户的终端，通常有以下 3 种方式对室内空气进行降温和升温处理。

（1）水管路送至各个房间的末端（风机盘管）。

（2）风管道送至各个房间的风口。

（3）制冷剂直接进入每个房间的末端（如多联式空调机组）。

9.5.1 风机盘管系统

图 9.5-1 为风机管盘，水作为载冷（热）剂在盘管中流动，通过风机用空气将冷（热）量送到房间内。通常夏季供回水温度是 7℃/12℃，冬季的供回水温度是 45℃/40℃。当前风机盘管已经成为一种标准配置，既有不同的容量，也有明装、暗装、挂壁、吊顶、落地等不同形式。为适合高温制冷（水温达十几摄氏度）的干盘管，也有低温供暖供回水温度是 40℃/35℃的小温差风机盘管。

图 9.5-1 典型风机盘管的外观

(a) 暗装式；(b) 吊顶式；(c) 落地式

图 9.5-2 为风机盘管中央空调系统，有 3 种基本供回水方式。风机盘管系统一般需要有机房，有循环水处理系统和防冻的保护，而且需要有控制系统改变水量、风量和开停。

两管制：按建筑物空调区域的负荷特性将空调水路分为冷水和冷热水合用的两种两管制系统。优点：两管制系统简单，施工方便；缺点：不能用于同时需要供冷和供热的场所。

三管制：分别设置供冷管路、供热管路、换热设备管路 3 根水管；其冷水与热水的回水管共用。优点：三管制系统能够同时满足供冷和供热的要求，管路系统较四管制简单；缺点：比两管制复杂，投资也比较高，且存在冷、热回水的混合损失。

四管制：冷水和热水的系统完全单独设置供水管和回水管，可以满足高质量空调环境的要求。优点：四管制系统能够同时满足供冷和供热的要求，并且配合末端设备能够实现室内温度和湿度精确控制的要求；缺点：初始投资高，增加水泵和阀门等，管路布置复杂。

耗电输冷（热）比：设计工况下，空调冷热水系统循环水泵总功耗（kW）与设计冷（热）负荷（kW）的比值。

风机盘管的独立新风系统，如图 9.5-3 所示。

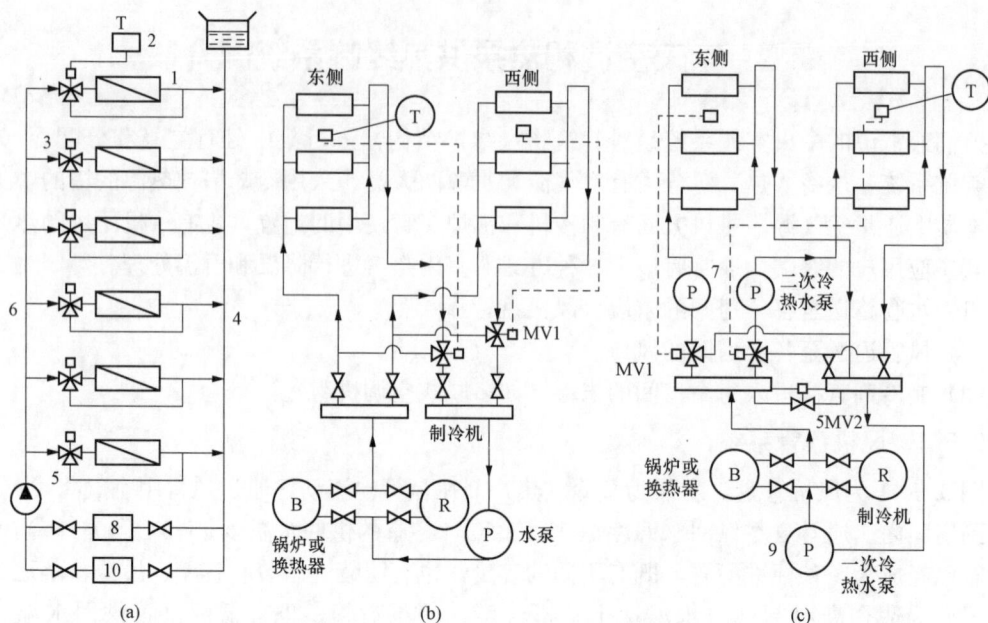

图 9.5 - 2 风机盘管中央空调系统

（a）基本供水系统；（b）水量调节；（c）水温调节

1—风机盘管；2—温度控制器；3—回水三通阀；4—回水总管；5—旁通阀；6—供水总管；

7—二次冷热水泵；8—水冷却器；9—一次冷热水泵；10—水加热器

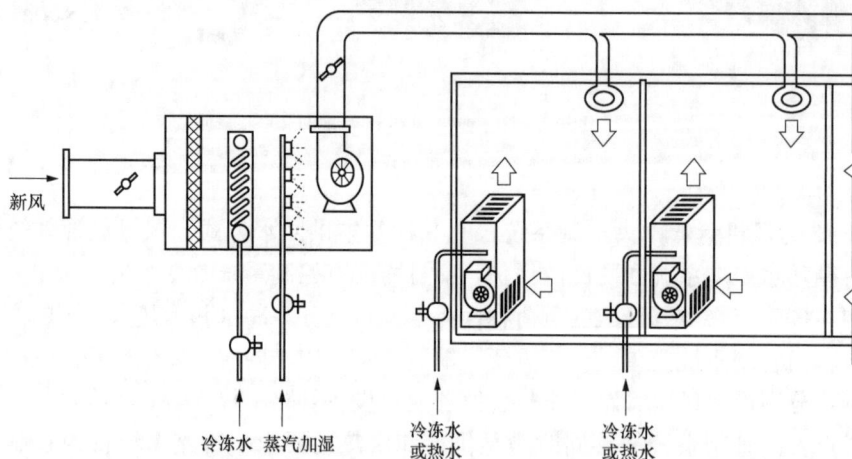

图 9.5 - 3 风机盘管＋独立新风系统

　　空调区较多，建筑层高较低且各区温度要求独立控制时，宜采用风机盘管加新风空调系统；空调区的空气质量、温湿度波动范围要求严格或空气中含有较多油烟时，不宜采用风机盘管加新风空调系统。

9.5.2 风管送风系统

　　室内回风和室外新风混合后经过处理再通过送风管道送到每个空调房间是一种常见的方式。回风和新风在送入每个房间之前必须通过集中的空气处理装置（组合式空调箱）进行降温/升温、加湿/去湿处理，再通过主风道和各个支管风道送入每个空调房间，以保证房间所要求的温度和湿度要求。

如果较大型的建筑的空调是送风系统，因空调房间送风参数的要求，在空调系统中必须有相应的热质处理设备，以便对空气进行各种热质处理，使之达到所要求的送风状态，在行业中称为"组合式空调机组"［《组合式空调机组》（GB/T 14269—2008）］，如图 9.5 - 4 (a)、(b) 所示。组合式空调机组是一个两端接在送风管道的密闭箱体，内部有风机、过滤网、表冷器（通冷水或制冷剂）、加热器（通热水或制冷剂）、加湿器等，对循环空气的品质进行处理。

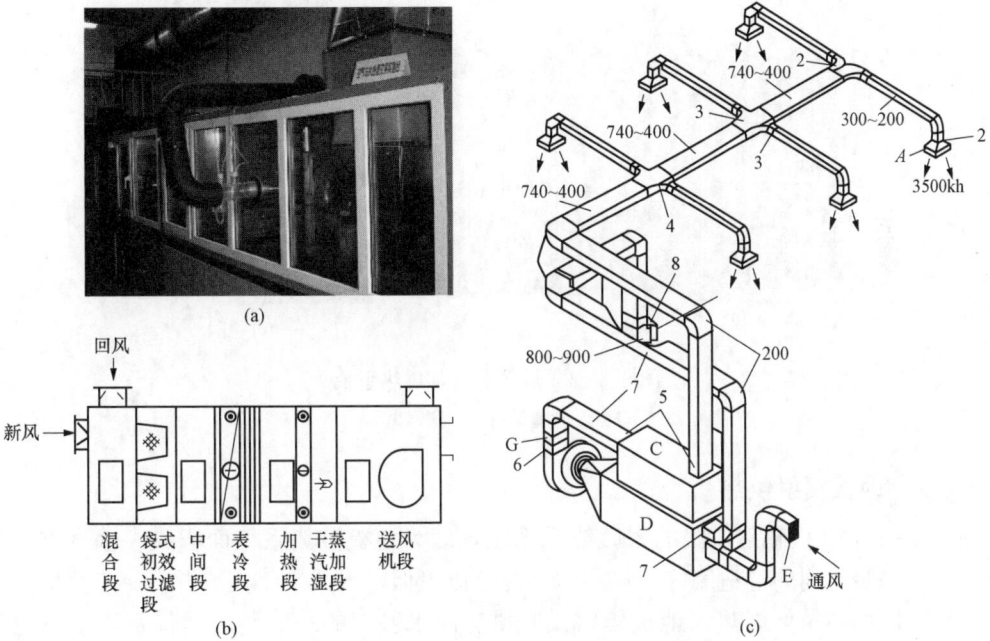

图 9.5 - 4　组合式空调机组和风管送风系统

(a) 演示外观；(b) 组合式空调机组原理图；(c) 风管送风系统

图 9.5 - 4 (c) 为风管送风系统示意图。根据冷量需求大小，送风系统的风管有不同尺寸要求，有主风道、支路风道和送风口，而且需要有回风口将室内用过的空气送回组合式空调机组，并配有新风机组。

通常的风管是矩形截面的金属管道或带保温的非金属管道，对于小型系统也有铝制圆形管道。

9.6　供暖系统终端分类

供暖系统由对建筑物进行冬季采暖的热源、分配管路和供暖终端所组成。

通常夏季空调用的终端，风机盘管、送风口或多联机的室内机，都是按照夏季工况和空调舒适度设计，送风的位置比较高。到冬季工况时，如果还是从高处送出热风并以较高的风速吹向下方，舒适度不好。因此需要有单独用于供暖工况的终端。

9.6.1　散热器

散热器是应用最广泛的散热装置，俗称暖气片，它通常只靠自然对流的辐射向房间供热。传统的散热器是用于锅炉采暖的终端，供回水温度较高，如95℃/70℃、75℃/50℃等。如果用于热泵供暖，供水温度越高，系统的COP越低，不利于节能。对于各种热泵的供热系统，无论水源热泵还是空气源热泵，常规供回水温度为45℃/40℃，用于低环境温度空气源热泵，供回水温度为41℃/36℃。由于供回水温度较低，通常热泵采暖的散热器面积要大些。图9.6-1为散热器外观。

散热器系统可根据供回水温度和房间计算温度计算所需要的面积（片数），对于较大建筑面积，其水力计算即水泵流量、扬程等有专用程序。

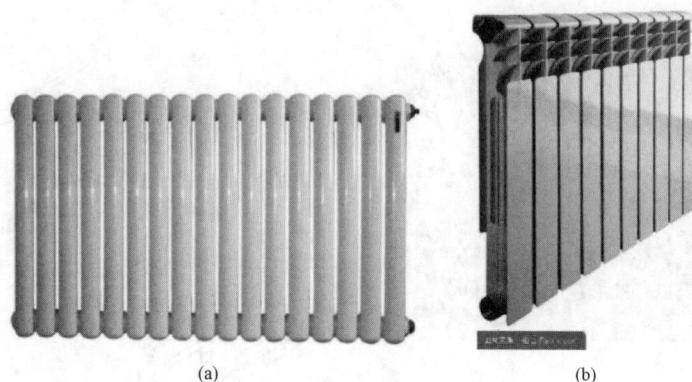

图9.6-1　散热器及其供热系统
(a) 普通型；(b) 增强型

9.6.2　地板辐射供热

图9.6-2为地板辐射供暖的采暖终端系统，因为地板散热系统面积大，垂直方向温度分布合理，采暖空间的舒适度好，供回水温度可以更低，近几十年发展并得到广泛应用。规范中规定，民用建筑低温热水地板辐射供暖供、回水温度的一般要求是供水温度不应超过60℃，供、回水温差宜小于10℃。当用热泵提供热水时，供回水温度可以选取40℃/35℃或35℃/30℃，可得到较高的COP，充分体现节约一次能源。

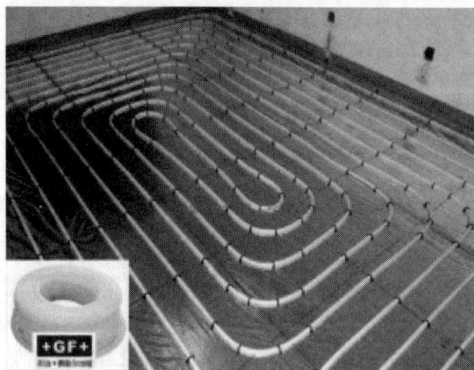

图9.6-2　辐射地板采暖

9.6.3　落地式风机盘管

在各类空调或采暖终端装置中，只有风机盘管适合冬夏两用，但在改变供水温度时要适当改变风速。通常的风机盘管是按夏季降温设计的，其从上往下的风速较大，在夏季比较舒适；但到冬季吹热风时，风速小了吹不下来，风速大了就有很强的吹风感，甚至感觉冷。现在用落地式风机盘管，尽量往低处用较低速度吹热风，热空气通过自然对流上升，可以改善热舒适度。

已经出现的小温差风机盘管的设计供回水温度为40℃/35℃，适合用空气源热泵供暖。为了提高房间的舒适度，采用落地式结构，如图9.6-3所示。到夏季供冷时通过上吹风也可得到较好的空调舒适度。

图 9.6-3 落地式风机盘管

9.7 冷 库

冷库是在低温条件下保藏货物的建筑（群），包括库房、压缩机房、配电室、监控室等。冷库主要用作对食品、乳制品、肉类、水产、化工、医药、育苗、科学试验等的恒温贮藏。一般冷库包括制冷机组，通过冷风机或排墙管吸收贮藏库内的热量，并将热量用冷却塔或立式壳管式水冷冷凝器排放。从而达到冷却降温的目的。冷库的热量也可以综合利用。

我国冷库容量也从 2008 年的 850 万 t 保有量，增长到 2017 年的 3609.6 万 t。

9.7.1 冷库的分类

冷库按建设方式分类，有土建式冷库和装配式冷库，以及介于两者之间的钢结构冷库。

土建式冷库如图 9.7-1 所示，一般是钢筋水泥建筑，夹层墙保温结构是聚氨酯喷涂发泡或聚苯乙烯泡沫板装配的形式。土建式冷库与通常建筑物有所不同，除在建筑材料如水泥施工上有严格要求，还要做好基础和墙体防冻、防结露和防冷桥等，除进出货物的大门和必要时开通的通风口，没有窗子。而大门也要做好保温措施。具体可参考《冷库设计规范》（GB 50072—2010）。

(a)　　　　　　　　　　　　　　(b)

图 9.7-1 大型土建式冷库
(a) 大型土建式冷库外观；(b) 土建式冷库的库房

装配式冷库主要由隔热壁板（墙体）、顶板（天井板）、底板、门、支撑板及底座组成，它们是通过特殊结构的子母钩拼装、固定，以保证冷库良好的隔热、气密性。装配式冷库一般容量较小，也适合作为库中库。

图 9.7-2 装配式冷库

（a）聚氨酯保温库板；（b）装配式冷库的结构

图 9.7-3 为钢结构冷库。钢结构冷库为钢结构骨架，并铺设以成品保温库板制作的墙体、顶盖和底架，使其达到隔热、防潮及低温等性能要求。它可以认为是钢结构的基建式结构，加上成品装配保温板，可以做成任何容量。

图 9.7-3 钢结构冷库

（a）建设中的钢结构冷库的钢结构；（b）建设完的钢结构冷库

9.7.2 按冷库隔间分类

1. 冷间

冷间是冷库中采用人工制冷降温房间的统称，包括冷却间、冻结间、冷藏间、冰库、低温穿堂。

2. 冷却间

冷却间是对产品进行冷却加工的房间。

3. 冻结间

冻结间是对产品进行冻结加工的房间。

4. 冷藏间

冷藏间是用于贮存冷加工产品的冷间，其中用于贮存冷却加工产品的冷间称为冷却物冷藏间；用于贮存冻结加工产品的冷间称为冻结物冷藏间。

5. 冰库

冰库是用于贮存冰的房间。

6. 制冷机房

制冷机房是制冷机器间和设备间的总称。

9.7.3 按用途分类

（1）保鲜库主要用于储藏果蔬、蛋类、药材、保鲜干燥等，温度一般在 2～5℃；

（2）气调保鲜库应用气调贮藏，简称 CA 贮藏（controlled atmosphere storage），是一种先进的水果蔬菜保鲜贮藏新方法。气调贮藏实质上是在保鲜基础上增加气体成分调节，通过对贮藏环境中温度、湿度、二氧化碳、氧浓度和乙烯浓度等条件的控制，抑制果蔬呼吸作用，延缓新陈代谢过程，较之普通冷藏能更好地保持果蔬的鲜度和商品性，延长贮藏期和销售货架期。

（3）冷藏库主要用于储藏肉类、水产品及适合该温度范围的产品，温度一般为 -15～$-18℃$。

（4）低温库主要用于储藏雪糕、冰激凌、低温食品及医疗用品等，库温一般为 -22～$-25℃$。

（5）速冻库主要用于速冻食品及工业等特殊用途，是指食品迅速通过其最大冰晶生成区，当平均温度达到 $-18℃$ 时而迅速冻结的方法。

9.7.4 冷库设计

1. 冷库的公称容积

冷库的设计规模以冷藏间或冰库的公称容积为计算标准。公称容积大于 20000m³ 为大型冷库；20000～5000m³ 为中型冷库；小于 5000m³ 为小型冷库。

公称容积应按冷藏间或冰库的室内面积（不扣除柱、门斗和制冷设备所占的面积）乘以房间净高确定。

冷库的计算吨位可按下式计算：

$$G = \frac{\sum V_1 \rho_S \eta}{1000} \tag{9.7-1}$$

式中　G——冷库或冰库的计算吨位，t；

V_1——冷藏间或冰库的公称容积，m³；

η——冷藏间或冰库的容积利用系数；

ρ_S——食品的计算密度，kg/m³。

冷藏间容积利用系数不应小于表 9.7-1 中的规定值。

表 9.7-1　　　　　　冷藏间容积利用系数（摘自 GB 50072—2010）

公称容积/m³	容积利用系数 η	公称容积/m³	容积利用系数 η
500～1000	0.40	10 001～15 000	0.60
1001～2000	0.50	>15 000	0.62
2001～10 000	0.55		

注　1. 对于仅储存冻结加工食品或冷却加工食品的冷库，表内公称容积应为全部冷藏间公称容积之和；对于同时储存冻结加工食品和冷却加工食品的冷库，表内公称容积应分别为冻结物冷藏间或冷却物冷藏间各自的公称容积之和。

2. 蔬菜冷库的容积利用系数应按表 9.7-1 中的数值乘以 0.8 的修正系数。

食品计算密度应按下面表格的规定采用。

表 9.7-2　　　　　　　　食品计算密度（摘自 GB 50072—2010）

序号	食品类别	密度/（kg/m³）	序号	食品类别	密度/（kg/m³）
1	冻肉	400	6	篓装、箱装鲜水果	350
2	冻分割肉	650	7	冰蛋	700
3	冻鱼	470	8	机制冰	750
4	篓装、箱装鲜蛋	260	9	其他	按实际密度采用
5	鲜蔬菜	230			

注　同一冷库如同时存放猪、牛、羊肉（包括禽兔）时，密度可按 400kg/m³ 确定；当只存冻羊肉时，密度应按 250kg/m³ 确定；只存冻牛、羊肉时，密度应按 330kg/m³ 确定。

冷库设计的室外气象参数，除应符合现行国家标准《采暖通风与空气调节设计规范》规定之外，还应符合下列规定。

（1）计算冷间围护结构热流量时，室外计算温度应采用夏季空气调节室外计算日平均温度。

（2）计算冷间围护结构最小总热阻时，室外计算相对湿度应采用最热月的平均相对湿度。

（3）计算开门热流量和冷间通风换气流量时，室外计算温度应采用夏季通风室外计算温度，室外相对湿度应采用夏季通风室外计算相对湿度。

冷间的设计温度和相对湿度应根据各类食品的冷藏工艺要求确定，也可按表 9.7-3 的规定选用。

表 9.7-3　　　　　　　　冷间的设计温度（摘自 GB 50072—2010）

序号	冷间名称	室温/℃	适用食品范围
1	冷却间	0～4	肉、蛋等
2	冻结间	−18～−23	肉、禽、兔、冰蛋、蔬菜等
		−23～−30	鱼、虾等
3	冷却物冷藏间	0	冷却后的肉、禽
		−2～0	鲜蛋
		−1～+1	冰鲜鱼
		0～+2	苹果、鸭梨等
		−1～+1	大白菜、蒜薹、葱头、菠菜、香菜、胡萝卜、甘蓝、芹菜、莴苣等
		+2～+4	土豆、橘子、荔枝等
		+7～+13	柿子椒、菜豆、黄瓜、番茄、菠萝、柑橘等
		+11～+16	香蕉等
4	冻结物冷藏间	−15～−20	冻肉、禽、副产品、冰蛋、冻蔬菜、冰棒等
		−18～−25	冻鱼、虾、冷冻饮品等
5	冰库	−4～−6	盐水制冰的冰块

注　冷却物冷藏间设计温度宜取 0℃，储藏过程中应按照食品的产地、品种、成熟度和降温时间等调节其温度与相对湿度。

2. 制冷负荷计算

(1) 冷间冷却设备负荷应按下式计算：

$$Q_S = Q_1 + pQ_2 + Q_3 + Q_4 + Q_5 \qquad (9.7\text{-}2)$$

式中　Q_S——冷间冷却设备负荷，W；

　　　Q_1——冷间围护结构热流量，W；

　　　Q_2——冷间内货物热流量，W；

　　　Q_3——冷间通风换气热流量，W；

　　　Q_4——冷间内电动机运转热流量，W；

　　　Q_5——冷间操作热流量，W，但对冷却间及冻结间则不计算该热流量；

　　　p——冷间内货物冷加工负荷系数。冷却间、冻结间和货物不经冷却而直接进入冷却物冷藏间的货物冷加工负荷系数 p 应取 1.3，其他冷间 p 取 1。

(2) 冷间机械负荷应分别根据不同蒸发温度按下式计算：

$$Q_j = (n_1\sum Q_1 + n_2\sum Q_2 + n_3\sum Q_3 + n_4\sum Q_4 + n_5\sum Q_5)R \qquad (9.7\text{-}3)$$

式中　Q_j——某蒸发温度的机械负荷，W；

　　　n_1——冷间围护结构热流量的季节修正系数，当冷库全年生产无明显淡旺季区别时应取 1；

　　　n_2——冷间货物热流量折减系数；

　　　n_3——同期换气系数，宜取 0.5～1.0（"同时最大换气量与全库每日总换气量的比数"大时取大值）；

　　　n_4——冷间内电动机同期运转系数；

　　　n_5——冷间同期操作系数；

　　　R——制冷装置和管道等冷耗补偿系数，一般直接冷却系统宜取 0.17，间接冷却系统宜取 1.12。

(3) 强制性条文。冷库的分割加工间、包装间、产品整理加工间，是操作工人密集的生产车间，包装间、分割间、产品整理间等人员较多生产场所的空调系统严禁采用氨直接蒸发制冷系统。

(4) 由于氨气的容重比空气轻，将氨制冷系统、安全泄压总管的出口置于比周围建筑物高的位置，有利于氨气的向上扩散，减轻对库区周围环境的污染。

9.7.5　冷库的主要设备

1. 容积式压缩冷凝机组

容积式压缩冷凝机组是由一台或多台电动机驱动的容积式制冷压缩机、冷凝器及必要的辅助设备（不含蒸发器和节流装置）所组成的装置。这一类装置是为了用于各种冷冻冷藏设备，首先是各种容量和温度的冷库所需要的。图 9.7-4 为容积式压缩冷凝机组。

容积式压缩冷凝机组是多品种、多工作温度的装置，其所用的压缩机包括所有的容积式压缩机，采用的工质品种也是最多的。适用于以 R717、R22、R32、R134a、R404A、R407C、R407E、R410A、R744 为制冷剂的容积式制冷压缩冷凝机组。采用其他制冷剂的容积式制冷压缩冷凝机组可参照执行。《容积式压缩冷凝机组》（GB/T 21363—2018）和《容积式 CO_2 制冷压缩机（组）》（GB/T 29030—2012）的相关规定见表 9.7-4～表 9.7-7。

图 9.7-4　容积式压缩冷凝机组

(a) 活塞式；(b) 螺杆式

表 9.7-4　　　　容积式压缩冷凝机组设计和使用条件（摘自 GB/T 21363—2018）　　　　（℃）

型式	吸气露点温度（相应的蒸发温度）	冷凝器放热侧		
		风冷式	水冷式	蒸发冷却时
		干球温度	进水温度	湿球温度
高温型	−5~12			
中温型	−23~0	−7~43	7~33	≤27
低温型	−46~−13			

表 9.7-5　　　　　　　　　　试验工况（摘自 GB/T 21363—2018）　　　　　　　　　　（℃）

试验条件		蒸发温度[a]	吸气温度		冷凝器进、出口温度			蒸发冷却式
			R22，R134a，R404A，R407C，R407E，R410A，R32	R717	风冷式	水冷式		
					空气进入干球温度	进水温度	出水温度	空气湿球温度
名义工况	高温	7	18	12	32	30	35	24
	中温	−7	18	−2				
	低温	−23	5	−15				
最大负荷运行	高温	制造厂推荐的最高温度	—	—	43	33	—[b]	27
	中温							
	低温							

水冷式制冷量＞1200kW 和风冷式或蒸发冷却式制冷量＞360kW 的机组的现场试验，若试验中机组吸气温度不能满足表中要求，则按过热度5℃进行试验

a　对非共沸制冷剂为吸气露点温度。

b　冷却水的流量依据名义工况流量。

表 9.7-6 **CO₂ 压缩机（组）名义工况（摘自 GB/T 29030—2012）**

压缩循环		低温测		高温侧—亚临界		高温侧—跨临界	
应用 （蒸发温度类型）	循环类型	吸气温度	蒸发温度	冷凝温度	冷凝器出口 过冷度[a]	排气压力	膨胀前温度
		℃	℃	℃	℃	MPa	℃
高蒸发温度	跨临界	20	10	—	—	10	20
中蒸发温度	亚临界 1	5	−5	15	0	—	—
	亚临界 2	0	−10			—	—
中蒸发温度	跨临界 1	5	−5	—		9	35[b]
	跨临界 2	0	−10			9	
	跨临界 3[c]	9	−1			10	
低蒸发温度	亚临界 1	5	−35	−5/5	0	—	
	亚临界 2	−25				—	
	亚临界 3	10	−50			—	
	亚临界 4			−20		—	
	跨临界 1	5	−35	—		9	35[b]
	跨临界 2	−25				9	
	跨临界 3[d]	32	−25				

a 该数据用于计算压缩机（组）的名义制冷量，实际试验时，为确保试验的准确性，该参数的数据可以选取 3~5℃；

b 该数据用于计算压缩机（组）的名义制冷量，实际试验时，为确保试验的准确性，该参数的数据可以远离 CO_2 制冷剂的临界点，如可以选取 20℃；

c 该工况为汽车空调压缩机运行名义工况，转速 1800r/min；

d 该工况为电冰箱用全封闭型电动机 - 压缩机运行名义工况。

表 9.7-7 **容积式压缩冷凝机组性能系数限定值（摘自 GB/T 21363—2018）**

机组输入功率/kW		风冷式/（W/W）	水冷式/（W/W）
高温型	≤12	2.80	4.20
	>12~32	2.90	4.40
	>32	3.00	4.60
中温型	≤3	1.80	—
	>3~12	2.20	2.80
	>12~32	2.20	2.90
	>32	2.20	3.00
低温型	≤12	1.40	1.70
	>12~32	1.50	1.80
	>32	1.60	1.90

注 不包含采用制冷剂 R744 的机组。

2. 空气冷却器（冷风机）

制冷用空气冷却器（冷风机）是专门用于产生低温冷风的换热器，低温制冷剂在翅片管内沸腾，侧面有风机将冷风吹出，大多用于冷库、速冻机等冷冻设备。目前有 3 类：第一类是氨制冷系统用，翅片管为钢管（或不锈钢管）外套铝翅片，如图 9.7-5 所示。第二类是氟利昂制冷剂冷风机，翅片管多为铜管外套铝翅片，如图 9.7-6 所示。第三类是 CO_2 制冷剂冷风机，多是不锈钢管外套铝翅片，用于 CO_2 复叠制冷设备或 CO_2 载冷剂制冷设备，如图 9.7-7 所示。

现代化冷库是一个完整复杂的制冷系统，基本原理仍然是压缩机、冷凝器、膨胀阀和蒸发器四大件的组合，但需要较多的辅助机构（参考图 6.2-1）。要注意系统中有氨循环泵，因为冷库管道较长，用泵使循环工质的流量加大保证各处

图 9.7-5 氨冷库用冷风机

的蒸发温度相等。氨冷库的制冷系统原理图如图 9.7-8 所示。

图 9.7-6 氟冷风机的盘管结构

图 9.7-7 CO_2 冷风机端面结构

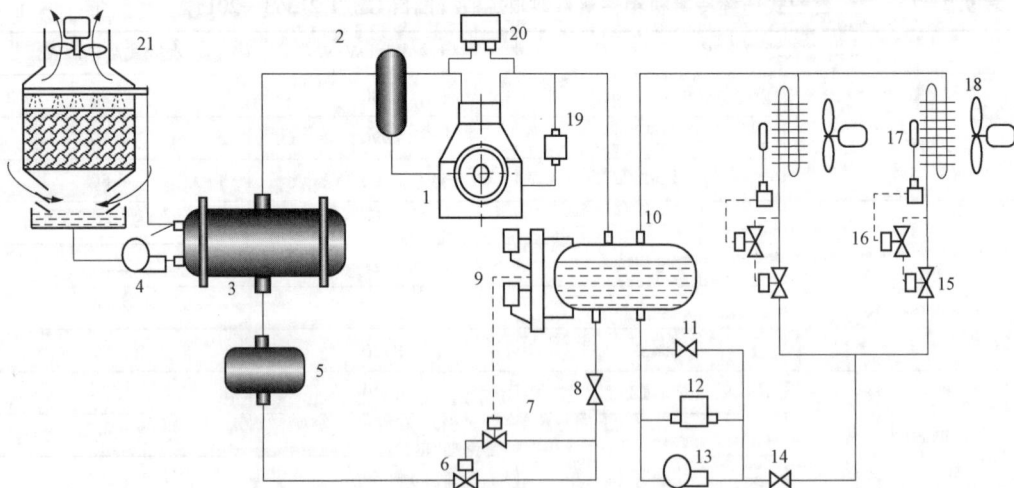

图 9.7-8 冷库氨制冷装置的系统原理图

1—压缩机；2—油分离器；3—冷凝器；4—冷却水泵；5—高压贮液器；6，15—主阀；7，16—电磁导阀；8—手动调节阀；9—遥控液位计；10—低压贮液器；11—旁通阀；12—压差控制器；13—氨泵；14—止回阀；17—温度控制器；18—冷风机（蒸发器）；19—油压差控制器；20—高低压控制器；21—冷却塔

最新型的冷库机房如图 9.7-9 所示，即氨/CO_2 复叠制冷冷库，原理图参见本书第 2 章图 2.5-4NH_3/CO_2 复叠制冷原理图及压焓图，其氨系统的氨充灌量仅为氨双级制冷系统的 10%～15%，提高了冷库系统安全性，并且用能效率有所提高。

图 9.7-9　现代化氨/CO_2 复叠制冷冷库机房

本 章 小 结

制冷与热泵系统离不开围护结构的配合。无论建筑物空调系统、热泵供暖系统、冷库系统，在不同外界热源条件下，在不同的气候条件下，进行制冷或热泵机组的选型、冷热量计算以及机房的配置有很大相似性，再根据围护结构的不同，是否需要新风系统等，有各自的特殊要求。其中，提高围护结构的热工性能即墙体、屋顶和门窗的保温特性也非常重要。

由于建筑物或冷库的冷热供应多有个性化要求，随着计算机数据采集和自动控制系统的完善，制冷与热泵系统的功能在不断扩大，尤其热泵将逐步取代传统的供热和采暖系统。制冷和供热系统将从相对集中，用大型水网分配热量或冷量，发展到相对分散，用电网＋热泵小网分配热量和冷量，大大缩短热网或冷网的长度，可按需供热和供冷，并尽量冷热联供，达到最好的节能效果。

附　　录

附录A　制冷与热泵的标准和法规

　　我国已经是制冷与热泵产品的制造和应用大国。我国幅员辽阔、人口众多，气候条件是世界上分区最多的国家，也是节能减排压力最大的国家。随着我国经济的迅猛发展和人民生活水平的不断提高，制冷热泵相关产品得到了广泛应用，其产量和社会保有量日益增加。电冰箱、空调器和单元式空调机产量和销售量名列世界前茅，冷水机组和水源热泵机组的产量和销售量也在不断上升。随着应用范围的不断扩大以及设计理念的日益更新，制冷热泵产品也呈现出多样化。目前，我国制冷空调市场上的主流产品包括家用电冰箱、商用冷藏陈列柜、房间空调器、单元式空调机、多联机、冷水机组、水源热泵、热泵热水机、水—溴化锂机组等十几大类。

　　另外，由于国际上进出口贸易和学术交流，以及和制冷与热泵有关的国际条约也影响着我国制冷与热泵产业，应引起足够重视。

A.1　主要制冷与热泵产品标准的标号

《制冷系统及热泵　安全与环境要求》（GB/T 9237—2017）

《家用电冰箱耗电量限定值及能效等级》（GB 12021.2—2015）

《房间空气调节器》（GB/T 7725—2004）

《房间空气调节器能效限定值能效等级》（GB 12021.3—2010）

《转速可控型房间空气调节器能效限定值能效等级》（GB 21455—2013）

《单元式空气调节机》（GB/T 17758—2010）

《单元式空气调节机能效限定值及能源效率等级》（GB 19576—2019）

《蒸气压缩循环冷水（热泵）机组》（GB/T 18430.1.2—2008）

《冷水机组能效限定值及能源效率等级》（GB 19577—2015）

《水（地）源热泵机组》（GB/T 19409—2013），2003年版《水源热泵机组》

《水（地）源热泵机组能效限定值及能源效率等级》（GB 30721—2014）

《蒸气压缩循环水源高温热泵机组》（GB/T 25861—2010）

《商业或工业用或类似用途的热泵热水机》（GB/T 21362—2008）

《热泵热水机（器）能效限定值及能源效率等级》（GB 29541—2013）

《多联式空调（热泵）机组》（GB/T 18837—2015）

《多联式空调（热泵）机组能效限定值及能源效率等级》（GB 21454—2008）

《低环境温度空气源热泵（冷水）机组》（GB/T 25127.1.2—2010）

《低环境温度空气源多联式热泵（空调）机组》（GB/T 25857—2010）

《低环境温度空气源热泵热风机》（JB/T 13573—2018）

《户用及类似用途的吸收式冷（热）水机》（GB/T 20107—2006）

《直燃型溴化锂吸收式冷（温）水机组》（GB/T 18362—2008）

《第一类溴化锂吸收式热泵机组》（GB/T 34620—2017）

《溴化锂吸收式冷水机组能效限定值及能效等级》（GB 29540—2013）

《民用建筑供暖通风与空气调节设计规范》（GB 50736—2012）

《夏热冬冷地区居住建筑节能设计标准》（JGJ 134—2010）

《严寒和寒冷地区居住建筑节能设计标准》（JGJ 26—2010）

《组合式空调机组》（GB/T 14296—2008）

《容积式制冷压缩冷凝机组》（GB/T 21363—2018）

《冷库》（GB 50072—2010）

A.2　制冷与热泵重要零部件标准的标号

压缩机类：

《家用和类似用途热泵热水器用全封闭型电动机—压缩机》（GB/T 29780—2013）

《家用和类似用途 CO_2 制冷剂热泵热水器用全封闭型电动机—压缩机》（GB/T 26181—2010）

《容积式 CO_2 制冷压缩机（组）》（GB/T 29030—2012）

换热器类：

《房间空调器用热交换器》（GB/T 23130—2008）

GBT《制冷用空气冷却器》

《CO_2 制冷系统用换热器》（JB/T 12326—2015）

A.3　制冷剂重要标准的标号

《制冷剂编号方法和安全性分类》（GB/T 7778—2017），其对于制冷剂安全等级分类的规定等效于 ANSI/ASHRAE - 34—1997 标准。

《制冷系统及热泵　安全与环境要求》（GB/T 9237—2017），其对于制冷剂安全与环境要求的规定等效于 ISO 549—2014 标准。

从标准层面来看，欧美及日本都已允许低可燃或可燃性物质在某些场合下用作制冷剂。ISO 817—2014、ISO 5149—2014、ASHRAE - 34—2014 和 AHRI 700—2015 等标准的颁布实施推动了可燃制冷剂的应用与推广。在 GB/T 7778—2017 中，参照 ANSI/ASHRAE 34—2014，基于毒性和可燃性，将制冷剂分为 A1、B1、A2L、B2L、A2、B2、A3 和 B3 共 8 类，制冷剂编号方法和安全分类标准和国际上主要标准统一。

A.4　制冷与热泵重要法规

中华人民共和国国务院：《废弃电器电子产品回收处理管理条例》，2008 年 8 月 20 日颁布，2011 年 1 月 1 日起施行。

欧盟：《关于限制在电子电器设备中使用某些有害成分的指令》，RoHS 是由欧盟立法制定的一项强制性标准，它的全称是《关于限制在电子电器设备中使用某些有害成分的指令》（Restriction of Hazardous Substances）。该标准已于 2006 年 7 月 1 日开始正式实施，主要用于规范电子电气产品的材料及工艺标准，使之更加有利于人体健康及环境保护。该标准的目的在于消除电器电子产品中的铅、汞、镉、六价铬、多溴联苯和多溴二苯醚共 6 项物质，并重点规定了铅的含量不能超过 0.1%。

A.5 制冷与热泵有关的重要国际条约

蒙特利尔议定书全名为"蒙特利尔破坏臭氧层物质管制议定书（Montreal Protocol on Substances that Deplete the Ozone Layer)"，是联合国承续 1985 年保护臭氧层维也纳公约的原则，于 1987 年 9 月 16 日邀请所属 26 个会员国在加拿大蒙特利尔所签署的环境保护公约。该公约自 1989 年 1 月 1 日起生效。蒙特利尔公约中首先对 CFC-11、CFC-12、CFC-113、CFC-114、CFC-115 等 5 项氟氯碳化物及三项哈龙的生产做了严格的管制规定，并规定各国有共同努力保护臭氧层的义务。目前 CFCs 和哈龙类产品已经淘汰完成。

《蒙特利尔议定书》缔约方第 19 次会议第 XIX6 号决定签署，将 HCFC 的淘汰时间提前 10 年。HCFC 主要是 R22、R142b、R124 和 R123 等。中国在 2013 年将 HCFC 的消费和生产水平冻结，2015 年削减 10%，2020 年削减 35%，2025 年削减 67.5%，2030 年完全淘汰但保留 2.5% 的维修量。

2016 年 10 月在卢旺达首都基加利举办《蒙特利尔议定书》缔约方第 28 次会议，197 个缔约方通过《关于消耗臭氧层物质的蒙特利尔议定书基加利修正》，将 HFCs（R134a、R407C、R404A、R410A 等）列入限控清单，规定发达国家从 2019 年、发展中国家（中国）从 2024 年开始消减，分别在 2036 年和 2045 年双冻结年减少 80%～85% 的 HFCs。中国 2024 年冻结，2029 年消减 10%，2035 年消减 30%，2040 年消减 50%，2045 年消减 80%。

《巴黎协定》是 2015 年 12 月 12 日在巴黎气候变化大会上通过、2016 年 4 月 22 日在纽约签署的气候变化协定。该协定为 2020 年后全球应对气候变化行动作出安排。2018 年 12 月 15 日，联合国气候变化卡托维兹大会完成了《巴黎协定》实施细则谈判。《巴黎协定》是继 1992 年《联合国气候变化框架公约》、1997 年《京都议定书》之后，人类历史上应对气候变化的第三个里程碑式的国际法律文本，建立从 2023 年开始每 5 年对各国行动的效果进行定期评估的约束机制。

《巴黎协定》主要目标是将 21 世纪全球平均气温上升幅度控制在 2℃ 以内，并将全球气温上升控制在前工业化时期水平之上 1.5℃ 以内。

2017 年 6 月 1 日，美国总统唐纳德·特朗普在华盛顿宣布，退出《巴黎协定》。

附录 B　制冷剂图

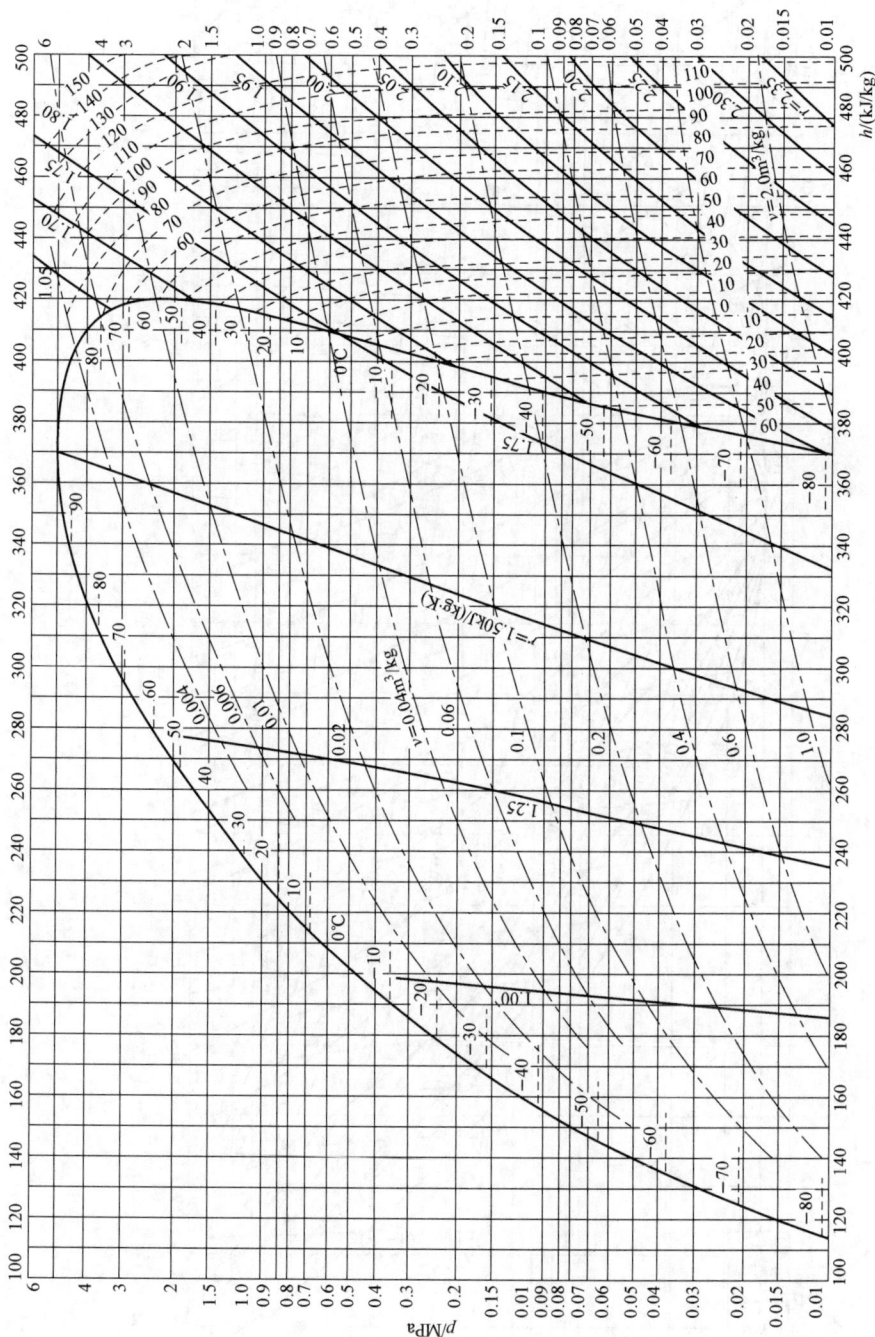

图 B-1　R22 的压焓图

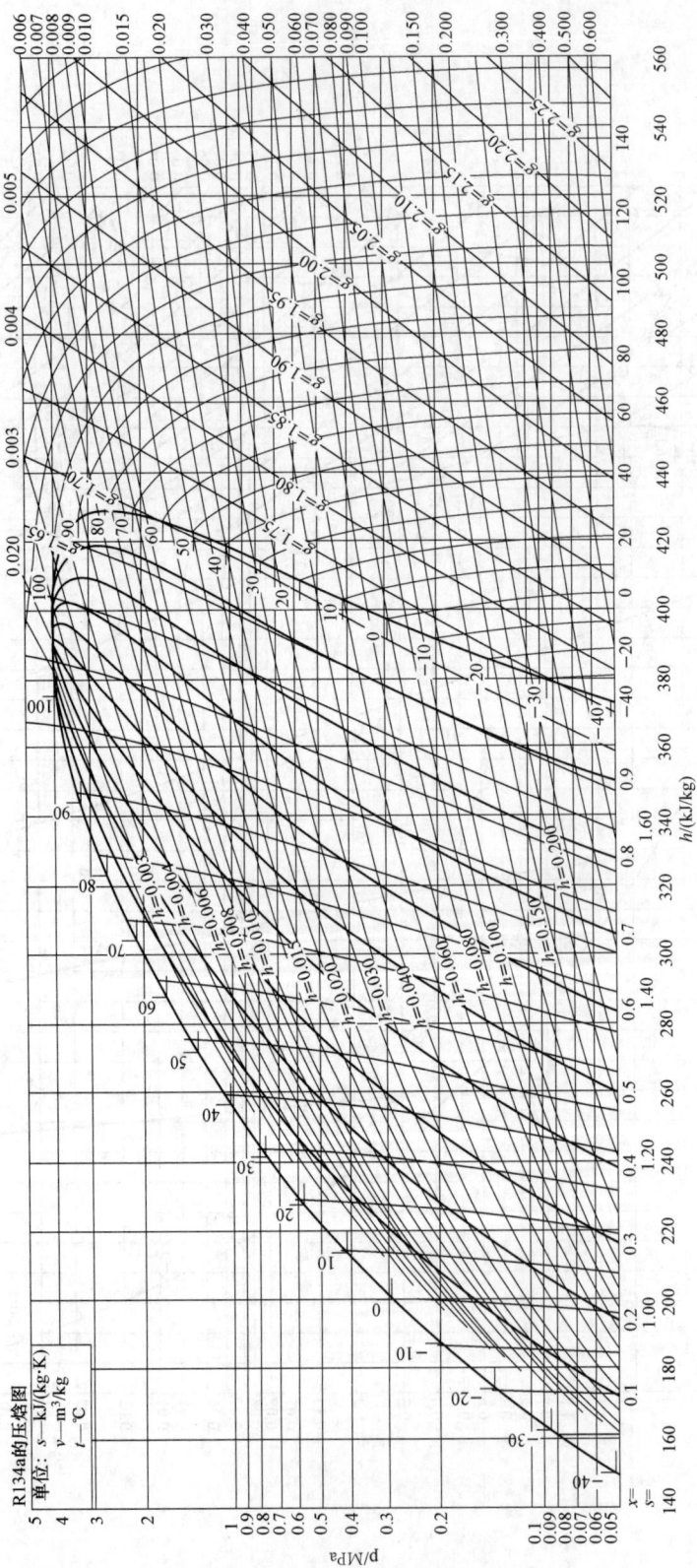

图 B-2　R134a 的压焓图

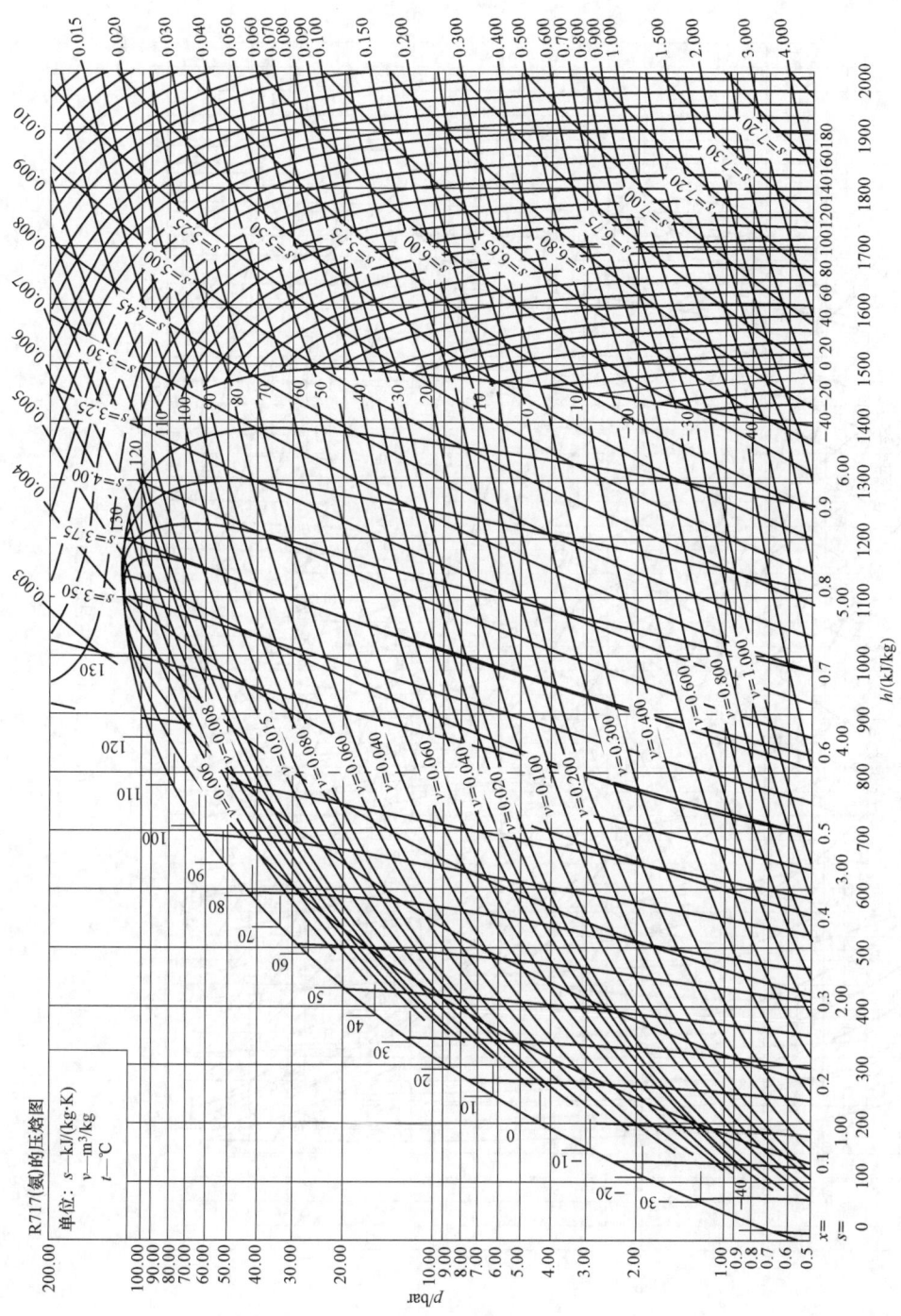

图 B - 3　R717 的压焓图

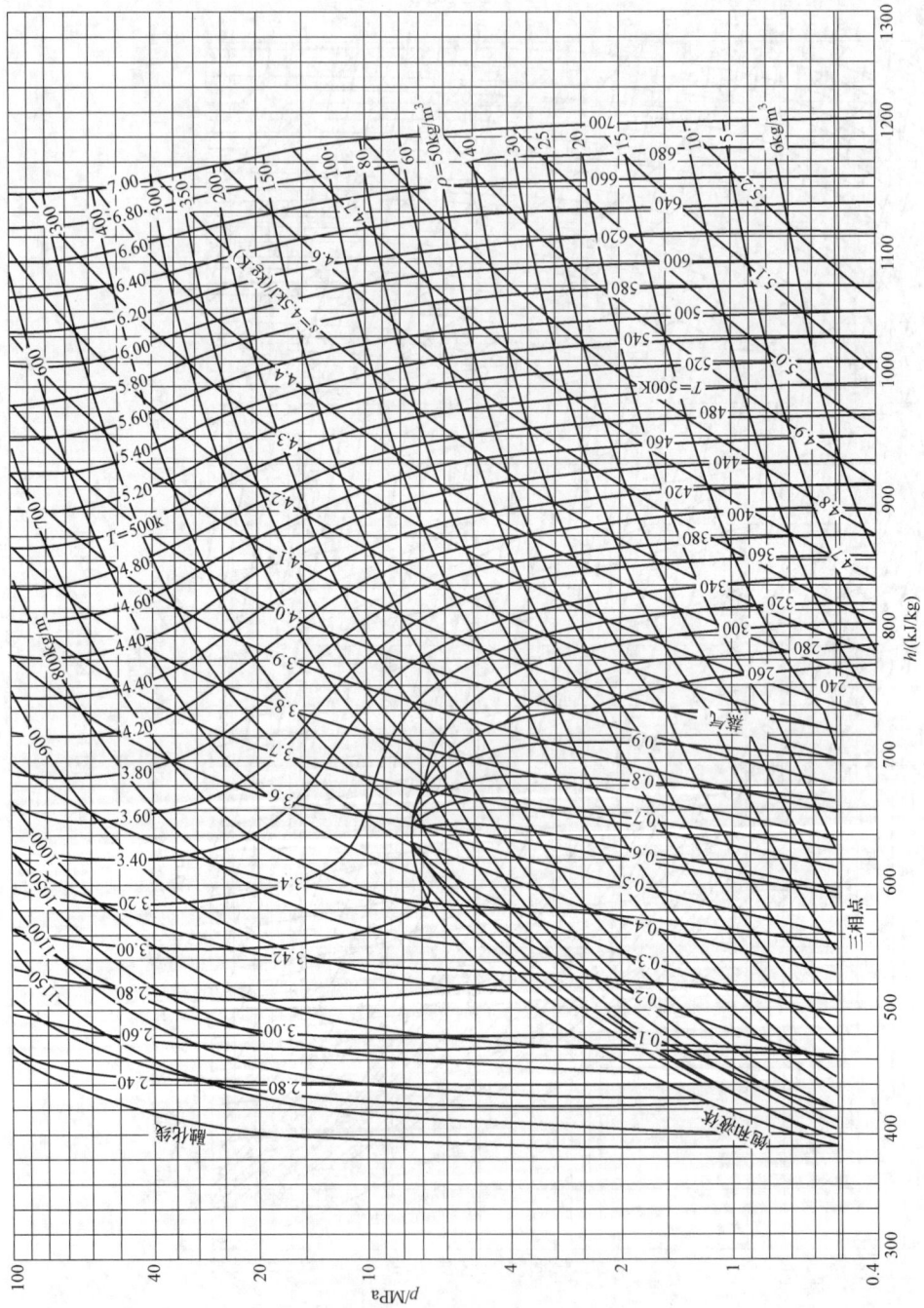

图 B-4 R744 的压焓图

附录 C　湿空气的焓湿图

C.1　湿空气的基本状态参数

1. 干球温度和湿球温度

干球温度是从暴露于空气中而又不受太阳直接照射的干球温度表上所读取的数值。它是温度计在普通空气中所测出的温度，即我们一般天气预报里常说的气温。干球温度计温度通常被视作所测量空气的实际温度，它是真实的热力学温度。

湿球温度就是当前环境仅通过蒸发水分所能达到的最低温度。是指在绝热条件下，大量的水与有限的湿空气接触，当系统中空气达饱和状态且系统达到热平衡时系统的温度。热力学湿球温度也称绝热饱和温度。

2. 压力

由于空气和水蒸汽所组成的湿空气也应遵循理想气体的变化规律，所以适用以下公式：$pv=RT$ 或 $pV=mRT$，由道尔顿定律分压定律，有

$$p = \sum_{i=1}^{n} p_i$$

其中湿空气的总压力为 p

$$p = p_g + p_q \text{ 或 } B = p_g + p_q$$

从气体分子运动论的观点来看，水蒸汽分压力大小直接反映了水蒸汽含量的多少。

3. 密度

$$\text{湿空气的密度} = \text{干空气密度} + \text{水蒸汽密度}$$

$$\rho = \rho_g + \rho_q = \frac{p_g}{R_g T} + \frac{p_q}{R_q T} = 0.003\,48\,\frac{B}{T} - 0.001\,32\,\frac{p_q}{T}$$

4. 含湿量

在湿空气中与 1kg 干空气同时并存的水蒸汽量称为含湿量。

$$d = \frac{m_q}{m_g}$$

由 $V_g = V_q = V$，$T_g = T_q = T$，以及 $R_g = 287 J/(kg \cdot K)$，$R_q = 461 J/(kg \cdot K)$，

$$d = \frac{R_g p_q}{R_q p_g} = \frac{287 p_q}{461 p_g} = 0.622\,\frac{p_q}{p_g}$$

这就是说，当大气压力 B 一定时，水汽分压力只取决于含湿量 d。

相对湿度：

相对湿度的定义：湿空气的水蒸汽压力与同温度下饱和湿空气的水蒸汽压力之比。

$$\varphi = \frac{p_q}{p_{q-b}} \times 100\%$$

湿空气的相对湿度与含湿量之间的关系可导出

$$d = 0.622\,\frac{p_q}{B - p_q} = 0.622\,\frac{\varphi p_{q-b}}{B - \varphi p_{q-b}}$$

$$d_b = 0.622\,\frac{p_{q-b}}{B - p_{q-b}}$$

$$\varphi = \frac{d}{d_b} \times \frac{(B-p_q)}{(B-p_{q-b})} \times 100\%$$

5. 焓

由以下两部分组成：

干空气的焓：$i_g = C_{p-g}t$

水蒸汽的焓：$i_q = C_{p-g}t = 2500 + C_{p-g}t$

$(1+d)$ 千克湿空气的焓为

$$i = C_{p-g}t + (2500 + C_{p-g}t)d = 1.0t + d(2500 + 1.84t)$$

或
$$i = (1.01 + 1.84d)t + 2500d$$

6. 露点温度

露点温度就是当湿空气下降到一定温度，有凝结水出现时的温度。

$t_表 < t_l$ 出现结露现象，$t_表 \geq t_l$ 无结露现象。

C.2 湿空气的焓湿图

图 C-1 为湿空气的焓湿图，其横坐标是湿空气的含湿量值，纵坐标是温度，并包括水蒸汽的相对湿度、水蒸汽分压等参数。如果大气压力有明显变化，还要区别在不同的大气压力 B 下有不同的湿空气的焓湿图。

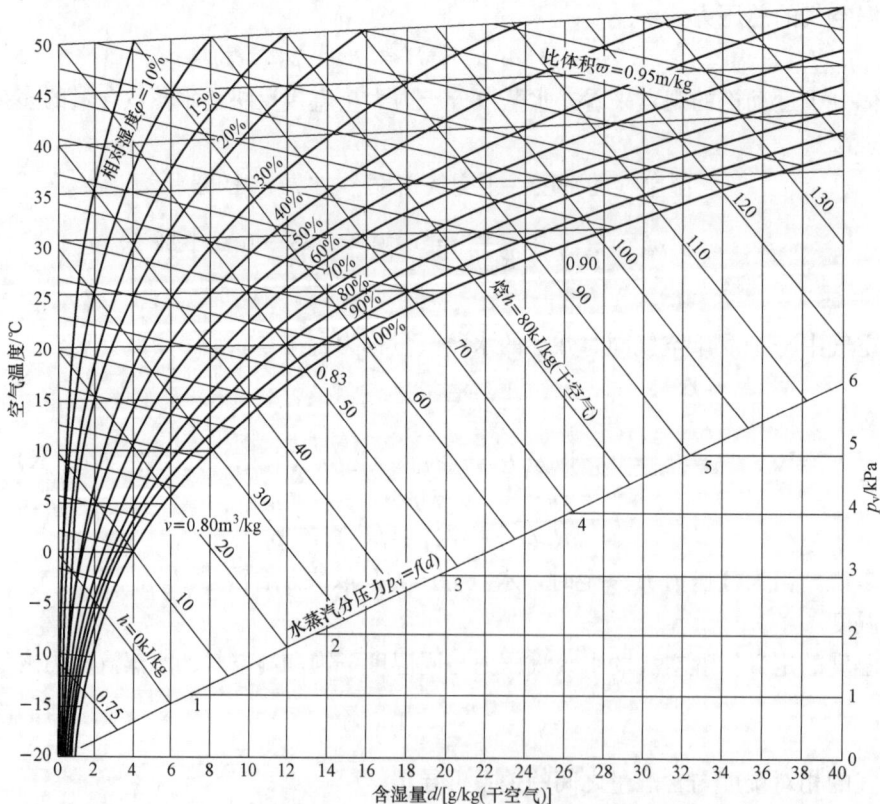

图 C-1 湿空气的焓湿图

C.3　湿空气焓湿图的应用

图 C-2（a）为焓湿图等参数线的组成，图 C-2（b）为湿空气变化过程的示意图。

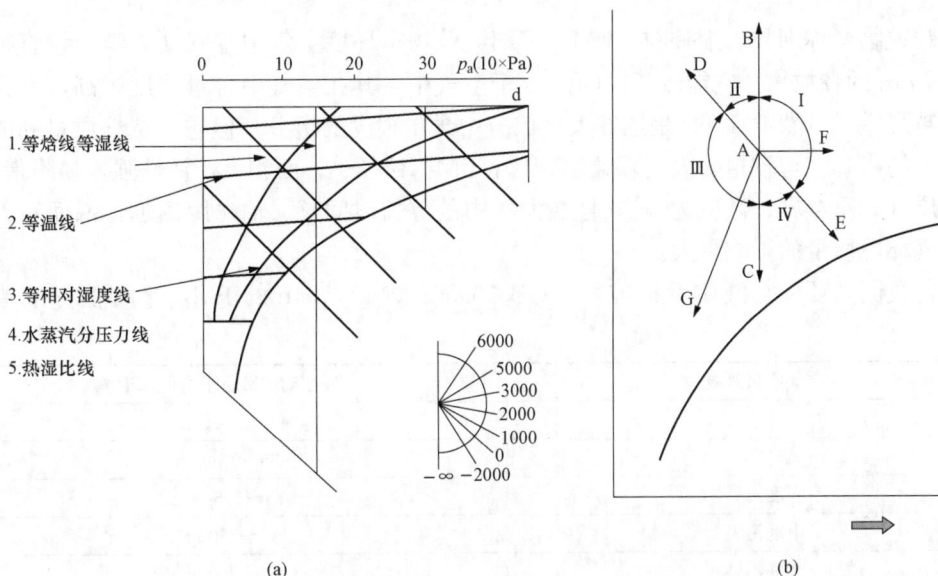

图 C-2　湿空气焓湿图的应用

(a) 焓湿图等参数线；(b) 湿空气变化过程的示意图

　　湿空气的焓湿图不仅能表示其状态和各状态参数，同时还能表示湿空气状态的变化过程，并能方便地求得两种或多种湿空气的混合状态。

　　对应图 C-2（b）湿空气状态变化过程：

　　A→B 湿空气的加热过程；

　　A→C 湿空气的冷却过程；

　　A→E 等焓加湿过程；

　　A→D 等焓减湿过程。

表 C-1　　　　　　　图 C-2（b）图中不同象限内湿空气状态变化过程的特征

象限	热湿比	状态参数变化趋势			过程特征
		i	d	t	
Ⅰ	$\varepsilon>0$	+	+	±	增焓增湿，喷蒸气可近似实现等湿过程
Ⅱ	$\varepsilon<0$	+	−	+	增焓，减湿，升温
Ⅲ	$\varepsilon>0$	−	−	±	减焓，减湿
Ⅳ	$\varepsilon<0$	−	+	−	减焓，增湿，降温

附录 D   细颗粒物 PM$_{2.5}$

细颗粒物又称细粒、细颗粒、PM$_{2.5}$。细颗粒物指环境空气中空气动力学当量直径小于等于 $2.5\mu m$ 的颗粒物。它能较长时间悬浮于空气中，其在空气中含量浓度越高，就代表空气污染越严重。虽然 PM$_{2.5}$ 只是地球大气成分中含量很少的组分，但它对空气质量和能见度等有重要的影响。与较粗的大气颗粒物相比，PM$_{2.5}$ 粒径小，面积大，活性强，易附带有毒、有害物质（如重金属、微生物等），且在大气中的停留时间长、输送距离远，因而对人体健康和大气环境质量的影响更大。

现行我国《环境空气质量标准》（GB 3095—2012），24h 的 PM$_{2.5}$ 平均值标准值分布如下：

空气质量等级	24 小时 PM$_{2.5}$平均值标准值
优	$0\sim35\mu g/m^3$
良	$35\sim75\mu g/m^3$
轻度污染	$75\sim115\mu g/m^3$
中度污染	$115\sim150\mu g/m^3$
重度污染	$150\sim250\mu g/m^3$
严重污染	大于$250\mu g/m^3$及以上

世界卫生组织（WHO）认为，PM$_{2.5}$ 标准值为小于 $10\mu g/m^3$。年均浓度达到 $35\mu g/m^3$ 时，人患病并致死的概率将大大增加。而以世卫组织数据为准的话，PM$_{2.5}$ 国际标准分别为准则值，24h 小于 $25\mu g$；过渡期目标 1，24h 小于 $75\mu g$；过度目标 2，24h 小于 $50\mu g$；过度其目标 3，24h 小于 $37.5\mu g$。

2011 年 12 月 30 日环境保护部常务会议审议并原则通过《环境空气质量标准》。新修订的标准调整了污染物项目及限值，增设了 PM$_{2.5}$ 平均浓度限值和臭氧 8h 平均浓度限值，收紧了 PM$_{10}$、二氧化氮等污染物的浓度限值。该标准采用的是世卫组织第一期过渡数值。虽然也属于 PM$_{2.5}$ 国际标准，但与发达国家相比，这一标准存在明显宽松。在亚洲，日本的 PM$_{2.5}$ 标准值最为严厉，要求每天不超过 $35\mu g$，全年平均不超过 $15\mu g$。

附录 E　主要符号表及缩写

英文字母	含义及单位
A	面积（m^2）
C	浓度（kg/m^3）
c	比热 [$kJ/(kg \cdot K)$]
D,d	直径（m），d 也表示空气的含湿量（g/kg）
f	摩擦阻力系数
h	比焓（kJ/kg），对流换热系数 [$W/(m^2 \cdot K)$]
i	比焓（kJ/kg）
K	传热系数 [$W/(m^2 \cdot K)$]
M,m	质量流量（kg/s），m 也表示多变指数
Nu	努谢尔特数
P	功率（kW）
p	压力（Pa）
Pr	普朗特数
Q	制冷量，制热量（kW）
q	单位质量制冷量，单位质量制热量（kJ/kg）
R	通用气体常数 8.31kJ/（mol·K）
r	汽化潜热（kJ/kg）
Re	雷诺数
s	熵 [$kJ/(kg \cdot K)$]
T	热力学温度（K）
t	摄氏温度（℃）
u	比内能（kJ/kg），速度（m/s）
V	体积（m^3）
v	比容（m^3/kg）
W	功率（kW）

W	比功（kJ/kg）
X	混合工质质量浓度
x	湿蒸气干度

希腊字母

α	对流换热系数 $[W/(m^2 \cdot K)]$
ε	理论制冷系数或制热系数
λ	导热系数 $[kW/(m \cdot K)]$，输气系数
η	效率
ξ	浓度
ρ	密度（kg/m³）
φ	空气的相对湿度

上标/下标

0（数字）	蒸发参数
c	临界参数
g	干空气
k	冷凝参数
q	空气中的水蒸汽
r	制冷
th	理论循环

缩写及含义

EER （Energy Efficiency Ratio）制冷机的制冷能效比
COP （Coefficient of Performance）制冷或热泵的性能系数
SEER （Seasonal Energy Efficiency Ratio）制冷季节能效比
HSPF （Heating Seasonal Performance Factor）制热季节性能系数
IPLV （Integrated Part Load Value）综合部分负荷系数
APF （Annual Performance Factor）全年性能系数
PER （Primary Energy Ratio）一次能源利用率
EVI （Enhanced Vapor Injection）增强蒸气喷射

参 考 文 献

[1] 吕灿仁. 热泵及其在我国应用的前途 [J]. 动力机械，1957（2）.

[2] 吕灿仁. 我国铁道干线客车运用热泵采暖的技术经济意义 [J]. 铁道车辆，1966（4）.

[3] 吕灿仁，马一太. 运用热泵提高低温地热采暖系统能源利用率的分析 [J]. 天津大学学报，1982（4）.

[4] 王飞波，马一太，吕灿仁. 燃气机热泵的试验研究的节能效果分析 [J]. 新能源，1988（1）.

[5] 杨昭，马一太，吕灿仁，等. 空调热泵系统 R22 替代的理论分析及实验研究 [J]. 工程热物理学报，1996，17（2）.

[6] 陆亚俊，马最良，徐邦裕. 热泵 [M]. 北京：中国建筑工业出版社，1988.

[7] 蒋能照. 空调用热泵技术及应用 [M]. 北京：机械工业出版社，1997.

[8] 周远，王如竹. 制冷与低温工程 [M]. 北京：中国电力出版社，2003.

[9] 张昌. 热泵技术与应用 [M]. 北京：机械工业出版社，2008

[10] 彦启森，石文星，等. 空气调节用制冷技术 [M]. 北京：中国建筑工业出版社，2010.

[11] 中国制冷学会. 中国制冷行业战略发展研究报告 [R]. 北京：中国建筑工业出版社，2016.

[12] 马一太，代宝民. 热泵在开发可再生能源领域的作用及其贡献率的计算方法 [J]. 制冷学报，2016，37（02）：65 - 69.

[13] 郝然，杨亚华，梁路军. 喷气增焓多联机技术应用蓝皮书产品篇 [M]. 天加环境科技有限公司，2018.

[14] 马一太，田华，刘春涛，等. 制冷与热泵产品的能效标准研究和循环热力学完善度的分析 [J]. 制冷学报，2012，33（06）：1 - 6.

[15] 马一太，李敏霞，田华. 二氧化碳制冷与热泵循环原理的研究与进展 [M]. 北京：科学出版社，2017.

[16] 王伟，倪龙，马最良. 空气源热泵技术与应用 [M]. 北京：中国建筑工业出版社，2017.

[17] 张鹏顺，陆思聪. 弹性流体动力润滑及其应用 [M]. 北京：高等教育出版社，1995.7.

[18] 吴业正. 往复式压缩机数学模型及应用 [M]. 西安：西安交通大学出版社，1989.

[19] 马国远，李红旗. 旋转压缩机 [M]. 北京：机械工业出版社，2001.

[20] 邢子文. 螺杆压缩机——理论、设计及应用 [M]. 北京：机械工业出版社，2000.

[21] 吴业正. 制冷压缩机 [M]. 北京：机械工业出版社，2011

[22] 宁静红. CO_2 跨临界循环滚动转子式压缩机的研究 [D]. 天津：天津大学，2003.

[23] 高秀峰，郁永章. 涡旋齿端圆弧类型线修正概述 [J]. 流体机械，2001，29（1）：25 - 29.

[24] 司玉宝. 涡旋式空气压缩机动力特性及涡盘变形的研究 [D]. 西安：西安交通大学，2002.

[25] 靳林芳. 涡旋式汽车空调压缩机的型线修正及性能研究 [D]. 西安：西安交通大学，2000.

[26] 张立群，罗友平，刘永波. 涡旋压缩机工作特性的研究 [J]. 流体机械，2003，31（3）：1 - 5.

[27] 江波，畅云峰，朱杰，等. 涡旋压缩机内部泄漏的流态分析 [J]. 压缩机技术，1998，2：21 - 23.

[28] 杨骅，屈宗长. 涡旋压缩机泄漏研究综述 [J]. 流体机械，2003，31（11）：23 - 26.

[29] 顾兆林，郁永章，冯诗愚. 涡旋压缩机及其他涡旋机械 [M]. 西安：陕西科学技术出版社，1998.

[30] 黄辉. 双级压缩变容积比空气源热泵技术与应用 [M]. 北京：机械工业出版社，2018.

[31] 同济大学制冷与低温工程研究所. 换热器设计 [DB/OL]. https：//wenku. baidu. com/view/b5bbb90515791711cc7931b765ce0508763275ed. htm.

[32] C. D. Pérez-Segarra, J. Rigola, M. Sòria, et al. Detailed thermodynamic characterization of hermetic reciprocating compressors [J]. International Journal of Refrigeration, 2005 (28): 579-593.

[33] K. Suefuji, M. Itagaki, A. Murayama, et al. Development of a high efficiency refrigeration compressor [J]. International Journal of Refrigeration, 1981, 4 (5): 255-264.

[34] Fagerli B. CO_2 compressor development. Presentation on the CO_2 workshop, Trondheim, 1997.

[35] Jurgen SUB, Horst Kruse. Heat transfer phenomena inside the cylinder of CO_2 compressors and the influence on their efficiency [C]. The proceedings of the 2nd IIR-Gustav Lorentzen Conference on Natural Working Fluids, Norway, 1998.

[36] Jurgen Sub, Horst Kruse. Efficiency of the indicated process of CO_2 compressor [J]. International Journal of Refrigeration, 1998, 21 (3): 194-201.

[37] Tadashi Yanagisawa, Mitsuhiro Fukuta, et al. Basic operating characteristics of reciprocating compressor for CO_2 cycle [C]. 4th IIR-Gustav Lorentzen Conference on Natural Working Fluids, Purdue, 2000: 331-338.

[38] Pettersen J, Hafner A, Skaugen G. Development of compact heat exchangers for CO_2 air-conditioning systems. Int J. Refrig, 1998, 21 (3): 180-193

[39] Yang Zhao, Zhao Haibo, Fang Zheng. Modeling and dynamic control simulation of unitary gas engine heat pump. Energy Conversion And Management, 48 (12), 2007: 3146-3153.

[40] 马一太, 王派, 张启超, 等. CO_2热泵热水机发展现状 [J]. 制冷与空调, 2018, 18 (10): 67-71.

[41] 刁乃仁, 方肇洪. 地埋管地源热泵技术 [M]. 北京: 高等教育出版社, 2006.

[42] K. Endoh, T. Kouno, et al. Instant hot-water supply heat-pump water heater using CO_2 refrigerant in a transcritical cycle [C]. 7th IIR Gustav Lorentzen conference on natural working fluids, Trondheim, Norway, 2006: 27-30.

[43] 王如竹. 吸附式制冷新技术 [J]. 化工学报, 51 (4), 436-441.